全球化时代下的地域主义建筑

——扁平世界的山峰与谷底

Architecture of Regionalism in the Age of Globalization

——Peaks and Valleys in the Flat World

[荷]利亚纳·勒费夫尔
[荷]亚历山大·佐尼斯 著

黄卿云 孙昱晨 译

中国建筑工业出版社

著作权合同登记图字：01-2014-8242号

图书在版编目（CIP）数据

全球化时代下的地域主义建筑——扁平世界的山峰与谷底 /（荷）利亚纳·勒费夫尔，（荷）亚历山大·佐尼斯著；黄卿云，孙昱晨译．—北京：中国建筑工业出版社，2017.10

ISBN 978-7-112-21195-1

Ⅰ.①全… Ⅱ.①利… ②亚… ③黄… ④孙… Ⅲ.①建筑理论 Ⅳ.①TU-0

中国版本图书馆CIP数据核字（2017）第219406号

Architecture of Regionalism in the Age of Globalization: Peaks and Valleys in the Flat World / Liane Lefaivre and Alex Tzonis，ISBN 9780415575799

责任编辑：李　鸽　董苏华
责任校对：焦　乐　李欣慰

全球化时代下的地域主义建筑——扁平世界的山峰与谷底

Architecture of Regionalism in the Age of Globalization——Peaks and Valleys in the Flat World

[荷]利亚纳·勒费夫尔
[荷]亚历山大·佐尼斯　著
黄卿云　孙昱晨　译

*
中国建筑工业出版社出版、发行（北京海淀三里河路9号）
各地新华书店、建筑书店经销
北京京点图文设计有限公司制版
北京建筑工业印刷厂印刷
*
开本：787×960 毫米　1/16　印张：17　字数：305 千字
2018 年 1 月第一版　2018 年 1 月第一次印刷
定价：65.00 元
ISBN 978-7-112-21195-1
（26838）

目　录

自　序

地域主义：挑战永不止息

今天，距离“批判性地域主义”这一概念的初次提出已逾四分之一世纪了。那是在20世纪70年代末，后现代主义还统治着那一时期的设计思潮，一群欧洲年轻设计师决定挑战主流，提出了另一种介入设计的思路。[1]

自第二次世界大战后期以来，当时建筑界的主流思想——现代主义，已生产了大量功能失调的建筑与不甚美观的城市设计。后现代主义，顾名思义，旨在替代现代主义成为新的主导。最初，后现代主义迅速崛起，甚嚣尘上。然而不久，大家就发现，后现代主义与现代主义失败得如出一辙——原因在于，同那些“现代主义”先驱者一样，后现代主义依旧试图推进武断、普适的全球化模型，全然不顾建筑所在不同地区的环境特征、社会特性以及文化特殊性。

与之相反的是，那批被我们称为“地域主义者”的年轻建筑师，却将他们的建筑所处地域的各种特性——生态、社会及文化特征，作为优先考虑的对象。

为了表达这些建筑师的特殊精神，我们沿用了“地域主义”一词。“地域主义”并不是这些建筑师独享，也非一个新的概念。我们借这个旧词以表现这一新运动，是对长久以来建筑师们在这方面做出的努力的尊重与延续。这些建筑师反对独断、标准化和普适性的设计方法，并试图寻找另一种方式设计建筑、景观及城市，这种方式将珍视地域的特性，重视其独特的环境、建材，特殊的文化性质，以及特别的生活方式。

此外，我们也想表明，当下的地域主义相比曾经的地域主义有着自己的优先考虑和问题所在。地域主义在不懈追求分散化、自主化和个性化的同时，不再专注于“种族解放”和“民族主义”，也不再关注“沙文主义”、“分离主义”和“商业主义”。

地域主义通常反对集中化和普遍化，而支持分散化和自主化。然而，历史上的不少运动与地域主义联手，为增强现有社群联系、创立新的自然群体结构、维持当地资源与文化做出贡献。而有时，地域主义也将群体局限于有限的信仰体系中，使群体中的个体想象自己是一个“虚拟社群”中的一员；使人群部落化，分裂已有社群。还有时，地域主义也被用作促进某些旅游业发展的理论支撑，并使得当地有限的物质和文化资源受到破坏。

相似地，“地域”这一概念本身也经历了不少转变，尽管不像“地域主义”经历的转变那样彻底。对于古地理学家来说，地域是客观自然的地表分隔，是一处由边界、地貌、路径、植被和天气定义的有行政区划意义的区域。到18世纪末，“地域”概念更多地和人相关，而非自然属性，例如语言的连续与分割、宗教信仰、种族划分和经济状况，或是一些对于当地人意义非凡的精神层面元素，这些元素定义了地方、归属与社群。

与民族主义难以捉摸的特征相似，地域主义也存在明显不断变化的特征，[2] 为了帮助抓住这一特征，并对过去与现在地域主义的不同侧重点加以区分，我们认为将“地域主义”这一概念与康德哲学中的批判性方法相结合十分必要，这一结合强调了在诉诸设计实践之前反思地域主义的信念与假设的重要性。本书中展开的历史调查也是这一批判性方法的一部分。

批判性的历史调查帮助我们了解在文化、社会和政治需求不断变化的大环境下，地域主义的演变过程。通过这一研究我们发现，地域主义既不是一种逝去的潮流，也不是对从前竞争的重复，它如同一场持续的、不断创造出新的相异而多样化地域的进程，与另一在历史上同样不断演化的重要运动进行激烈的对抗，这一运动就是：全球化。

现在，全球化企业和跨国公司、全球化网络和联盟，还有全球化机构，在建筑、城市、景观设计建造中占主要地位。他们推广普适、集中化的设计模型，将他们的创造性与毁灭性一同强加于环境、文化遗产和人类社群中。

我们坚信，批判性理解下的地域主义对未来将是一个弥补不足的至关重要的选项。

相比于我们对于地域主义30年来的不懈研究与写作，创作此书的故事相对简短。至于此次出版，我们要感谢对于此书的写作有过帮助或是在我们长期的研究中给予灵感与支持的同事和朋友们。

提到在早期批判阶段的支持，我们想要谢谢卢修斯和安玛丽·伯克哈特（lucius and Annemarie Burckhardt）、查尔斯·柯里亚（Charles Correa）、阿尔比·萨克斯（Albie Sachs）、瓦内萨·瑟坦博（Vanessa September）、巴尔内斯（Ed Barnes）、路易斯·费尔南德斯·加利亚诺（Luis Fernández Galiano）、胡安·安东尼奥·费尔南德斯·阿尔巴（JuanAntonio Fernandez Alba）、迈克尔·莱温（Michael Levin）、马文·马莱哈（Marvin Malecha），斯派洛·阿莫金斯（Spyro Amourgis）、中村俊夫（Toshio Nakamura）、卢锡安·尔维（Lucien Hervé）、安德烈·史梅凌（André Schimmerling）、格哈德·费尔（Gerhard Fehl）、理查德·博梅尔（Richard Pommer）以及荷

兰的克劳斯亲王基金。随后我们要感谢给予我们建议，与我们进行探讨以及给予我们有效的回馈的吴良镛、斯坦・安德森（Stan Anderson）、中村俊夫（Toshio Nakamura）、杰弗里・郭（Jeffrey Kwek）、罗伯特・塞格雷（Roberto Segre）、布鲁诺・史达诺（Bruno Stagno）、里克・戴蒙德（Rick Diamond）、珍・弗朗西斯・德文（Jean François Drevon）、卡拉・布里顿（Karla Britton）、阿尔贝托・维拉尔・莫维拉（Alberto Villar Movellan）、斯特拉・帕帕尼古劳（Stella Papanicolau）、彼得・里奇（Peter Rich）、伊恩・洛（Ian Low）、黄耀正（Hoang El Jeng）、王才强（Heng Chyekiang）、卢永毅，安杰利・萨克斯（Angeli Sachs）、菲利普・贝（Philip Bay）、玛姬・托伊（Maggie Toy）、道格・凯尔・鲍（Doug Kelbaugh）、格温多琳・赖特（Gwendolyn Wright）、约翰・卢米斯（John Loomis）、克里斯多夫・本宁格（Christopher Benninger）、拉姆布莱萨・纳杜（Ramprasad Nadu）、杜尔迦南德・巴尔萨瓦（Durganand Balsavar）、安妮・惠斯顿・斯派恩（Anne Whiston Spirn）、尼扎・艾萨亚（Nezar AlSayyad）、米开朗琪罗・萨巴蒂诺（Michelangelo Sabatino）、伊桑・比尔金（Isan Bilgin）、俞孔坚、张珂、王路、王澍、李晓东、李煜、郑时龄、Tian Sun、李凯生、恩瑞克・米拉雷斯（Enric Miralles）、圣地亚哥・卡拉特拉瓦（Santiago Calatrava）和约里・凡・欧曼仁（Joeri Van Ommeren）。感谢佛利兹・施乐德（Fritz Schröder）的友谊与帮助。另外，没有乔治娜・约翰森（Georgina Johnson）的坚定支持，本书也难以出版。

前 言

地理学的终结？

未来，世界将会是什么样的？有些人声称世界正在变得越来越“平坦”。他们所谓的“平坦”并不是地平说学会所说的“地球的形状扁平如碟”；相反地，他们认为，地球作为一处理想的栖息地，那些地域之间或地域内阻碍交流的障碍——如距离、山峰与谷地等，已经被消除。[1]

为了理解地域的组织方式，约翰·海因里希·冯·杜能（Johann Heinrich von Thünen）——德国作家、土地拥有者，同时也是现代区域科学与规划的重要先驱之一——曾写过一本启蒙科普书《孤立国》（The Isolated State，1826）。在书中，他想象了一个一定范围内的理想“孤立国”模型，这里既没有阻隔居民交流的山峰和谷地，也没有方便居民行动的道路存在。这是一种极为抽象和简约的观察世界的视角：国的正中被一个带有市场的中心占据，环绕的土地被切分为区域并以同心圆方式向外发散。最内圈生产蔬果和奶制品，第二圈生产燃料与建设材料，第三圈种植农作物，最外圈放牧供屠宰的牲畜。农民步行搬运物品与牲畜。他这抽象的描绘是对于当时世界上绝大部分德语区生活的真实写照，也帮助当时的地主们更好地组织他们的地产。这一设想很简单，但却引入了一些关键的规划类别，例如“中心”、“区位”以及根据功能、租金和产量进行“分区”。更重要的是，它将地区间的距离与获利和成本联系起来。保罗·克鲁格曼认为，这是当代经济学家与规划师工作的新起点。他提出，如果用通勤者代替农民，这个模型有助于我们更好地理解城市和地区的空间结构，同时发现地域的集中化或分散化中对于土地价值与生活质量的隐含意义。

当然，若要解释不断变化的时间空间下所有的人类生活与现代建筑、城市和地域的复杂性，这一模型太过简单与局限。很多研究者试图在研究中逾越这些折射出封闭的农业经济局限性的限制因素。瓦尔特·克里斯塔勒（Walter Christaller）就是其中之一。他独创了一个新模型：模型由嵌套的六边形图案构成层级系统，以表现现代人类居所的多样性。和冯·杜能一样，克丽丝塔勒的模型也假设了一片物理性质上的“平”地，尽管少见，但是与波兰和乌克兰平缓的自然地貌十分吻合。在第二次世界大战中，纳粹军队将克丽丝塔勒的观点应用于他们的全球化计划，成功地于20世纪40

年代初期将波兰与乌克兰开拓为殖民地。[2]

和冯·杜能的模型一样，克丽丝塔勒的模型极大地激励了新一代区域科学家、规划师和城市设计师投身地域研究。他们全神贯注地关注城市化、城市生长与扩张带来的现实问题。[3] 这一代研究者尝试建立更真实而非简化的模型，以表现"不平"的区域风景。这些风景因无形的政治、法律和文化"摩擦"而景致各异，同时抵抗着世界不断变得"平面"和"全球化"的步伐。[4]

"全球"一词，同"平面"一样，并不是指几何形状，也并不指球体本身。"全球"一词帮助我们将未来的理想世界具体化。在这理想世界中，地域间的交流最大化而抵抗最小化；交通与电子通信——包括互联网络消弭了中心与外围的差异，而这一差异已给世界带来诸多痛苦；[5] 国家边界、地方法规和官僚统治不再束缚人民；每一地域都可以轻松而迅速地享有平等的资源。"全球"，被美国运通银行首席经济学家认为，是"地理学的终结"（《纽约时报》，3 月 28 日，1992）。

有观点认为，一个平面而全球化的世界，能带来更好的生活——这种生活将免去人们为跨越障碍和距离与其他地域取得联系而付出的代价与苦痛。但全球化的世界真是如此么？

然而与其对立的呼声也很强大，反对者认为，新技术与制度的发展看似战胜了对于地域交流的抵抗，但并没有真的带来一个"平坦"的栖居地，而是演变为财富的分配和环境与社会品质的分化（但从财富的分配以及环境和社会质量的方面来看，并没有真正地带来一个扁平的世界）。事实往往是经济繁荣与环境富裕的顶峰不断上升，而贫穷与环境破坏的谷底一再深陷。

这种观点还认为，全球"扁平化"在统一自然、观点和特性的同时，也仅仅统一了由生态多样性、生活方式和文化财富差异性带来的独特的"山峰"与"谷地"（这种观点还认为，随着全球的"平坦化"，唯一变得平坦的却是生态多样性的峰与谷，生活方式以及伴随着本性、观念和个性的文化遗产）。"地理学终结"观点的反对者认为，全球化带来的贫穷、焦虑和愤怒远多于快乐。他们反问，为什么地域主义——坚信地球由多样的地域构成，不是一个更好的选择？建筑学能在何种程度上实践这种选择？这就是在本书中我们试图探索的难题。

图名目录

第一章

地域与皇家古典

关于“地域”建筑的环境因素和政治含义的探讨，在当今全球化浪潮的大环境是十分热门的议题。这类讨论在历史上的首次出现，是在奥古斯都时期（公元前63年~公元14年），第一任罗马皇帝在任期间的拉丁语著作《建筑十书》（*De Re Architecture*）中。书中指明了“地域”建筑的特性，并将其与我们今天称为“古典”建筑的希腊和罗马建筑相提并论,但“古典”一词并未被维特鲁威（Vitruvius）采用。

维特鲁威将这本著作献给至上的统治者，古罗马皇帝恺撒·奥古斯都（Caesar Augustus），因为奥古斯都“统治了世界帝国”；他赞颂奥古斯都，因为“罗马受惠于他的胜利与凯旋”，也因其对于罗马公共建筑建设的支持。用罗马历史学家苏维托尼乌斯（Suetonius）的话说，奥古斯都“发现了一座砖砌的城市，却留下了一座大理石砌筑的城市”。

《建筑十书》是现有的描绘古代建筑的最杰出著作。从我们已知的事实和书中写作的语调推断，维特鲁威是当时罗马智者中的翘楚。他渴望参与建立一套政治理论，以期树立一种“罗马人是世界帝国统治者”的身份认同。因此，毫无疑问，维特鲁威写作此书的目的实用而紧迫：新的帝国急需一套通用的设计资料集和适用于大尺度建造项目的建设规范，与通用的经济、法律和文化规范一起，建立一套集中化的全球秩序，向世界的“平坦化”迈出重要的第一步。

这本书试图涵盖设计过程的方方面面，从建筑与城市，到机械和军事防御，并全方位地参考了哲学、自然科学、天文学、生理学、声学和医学知识。维特鲁威作为一个工程师、建筑师和作家，试图在卢克莱修（Lucretius）的哲学框架下尽量涉及所有这些议题。因此，他相信建筑形式由自然因素决定。他在书中写道，自然中不会发生的事，在人工构筑中也无法迫使其发生。在第四书中，他表明，要将建筑知识归纳到“一个完美的规则”（*Perfectam Ordinationem*）中，这个“完美规则”是一个普适的规则系统，它不允许任何“不完美”的存在，所有事物都遵循理性（*Habet Rationem*）。

在这种精神的指引下，他发表了希腊罗马式建筑与其“类型”[他称之为属（Genera），这来自亚里士多德（Aristotelian）的自然种类说]——多立克、爱奥尼和柯林斯柱式，它们的“部件”、“构成”和组织完全遵循比例与对称。之后，他将目光转向了另一“类型”的建筑，一种不受制于这些规则的，地域建筑。

作为一个理性主义者，在对建筑进行分类并阐明不同类型之间的区别后，维特鲁威试图去解释是什么使它们不同。他将属于某一地域（Regionum）的“地域”、“类型”建筑（Genera Aedificiorum）与希腊罗马建筑相比较，认为是不同的自然环境赋予了它们的“与生俱来”的各异特征。或者说，是建筑所属地域包含的物理环境成就了建筑的多样性。这一理论并非首创，它的提出至少可以追溯至希波克拉底（Hippocrates）（公元前 460 ~ 前 370 年）的一篇论著《论空气、水和环境》。这篇文章探讨了人类与环境之间的关系。

有趣的是，除了建筑，维特鲁威在书中还探讨了使得世界呈现出不同特质的“地域”的政治意涵。气候和自然条件不仅影响建筑物，也同时影响了人类。所以他认为，如同自然条件（*Natura Rerum*）对建筑的影响一样（北方严酷的气候决定了建筑物需要拥有显著坡度的屋顶，而南方则相反，需要更多平屋顶建筑）。类似的极端环境因素也造就了在体格和习惯上都迥异的人群（图 1.01）。

另外，维特鲁威也指出，存在一种“适宜”的环境，孕育出合理适度的建筑和适应性强的人群。而这正是罗马人所栖居的环境，罗马人所创造的建筑。“适宜”的环境因素优越于极端环境因素，因此，只有适应性强的人能与建筑共存。相应地，在这样安定和谐的环境中建造的建筑和生存的人群也更平衡稳定。这一理论中的一些观点也将在希罗多德（Herodotus）的《历史》一书中被提及。例如书中，希罗多德认为希腊的气候是“理想的”、适宜的，与塞西亚的严寒气候和埃及的炎热气候都大为不同。相似地，希波克拉底在论著中也声称，得益于适宜的气候，欧洲人要比亚洲人更加勤劳。

通过这些观察，维特鲁威得出了一个政治性结论：他认为，由于处于适宜的地域，罗马人特别勇敢坚韧，从而可以克服那些更南或更北部地区的人群（例如德国人或非洲人）所有的缺点。罗马人被分派到了这片“理想而适宜的地域中，是为了统治世界”。有意思的是，希波克拉底的论著还认为，正是因为环境与气候，欧洲人才不需要倚赖于暴力专政，然而亚洲人却被独裁者统治。

图 1.01　四种地域性住房与四种古典神庙（图片来源：Dell'architettura by Giovan Antonio Rusconi，1590）

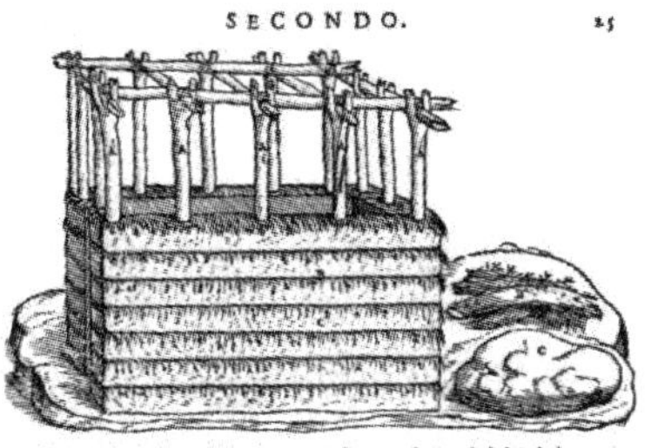

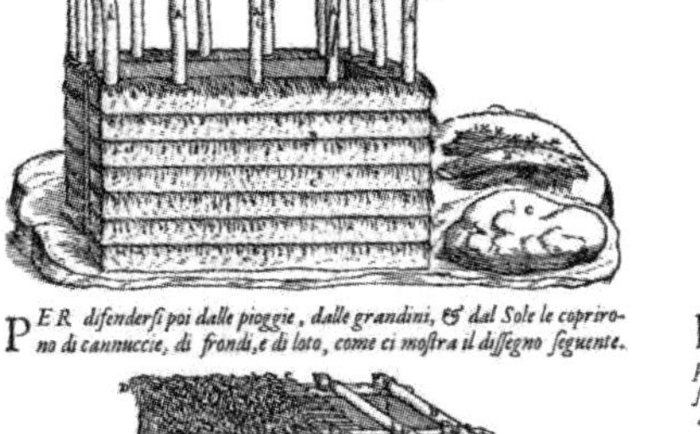

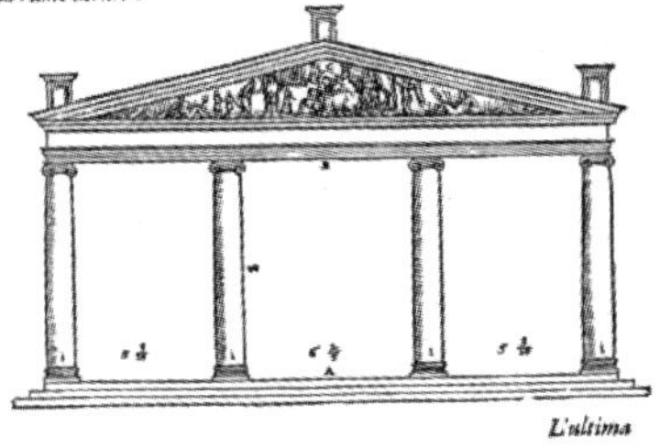

这一环境—政治理论对建筑方面有着如下启示：罗马（“古典”）建筑理应被广泛地应用于全球。很显然，维特鲁威的逻辑推理有些自相矛盾。一方面，从自然和理性的角度来说，他认为建筑同人一样，适应于其所处地域的环境，并因此产生了多样性与差异性。而另一方面，他又支持将罗马（“古典”）建筑作为一种政治上“至高无上的”、普遍而规范的教义——

如同统治世界的罗马人一样，广泛地应用于其他地区，忽略建筑与其所在区域特性的相互适应，从而创立一个规范化、古典化和全球化的世界。尽管历史在《建筑十书》中仅占有极小的篇幅，但即使在当时的评价体系下，书中维特鲁威对于历史的叙述也令人记忆深刻。通过回顾历史，维特鲁威很可能已经认识到，即使是古典的希腊罗马式建筑也不是普适的，这种建筑也是对地域适应的结果。

在此后的岁月里，维特鲁威关于地域建筑的唯物主义理论将会伴随着建筑作为建立民族认同感的载体得以生存延续。在 19 世纪与 20 世纪初期的建筑理论中，它也将会作为种族主义和沙文主义理论的化身继续出现。但它也是关于特定环境气候因素与人居环境的地域多样性之间关系研究的出发点，这一理论研究成果最终导向了地域主义运动。

在《建筑十书》出版之后不久，普鲁塔克的《谈音乐》也问世了。普鲁塔克在书中给出了古代的和声、“模式”、音阶和音乐“种类”详细的历史起源，也阐述了从亚洲、色雷斯和埃及引入的音乐对于古希腊创意曲创作的影响。相对地，维特鲁威对于多立克、爱奥尼和柯林斯柱式起源的论述则显得简短、奇异，带有故事性色彩。不过，在伟大的埃及史学家希罗多德（他将大部分希腊成就归功于非希腊人群）的著作中，我们可以找到线索，证明希腊建筑的许多重要组成部分实际上都源自其他非希腊地区。然而多少有点儿荒谬的是，尽管普鲁塔克是一位致力于挖掘希腊音乐源起中非希腊人贡献的学者，他却攻击（做同样研究的）希罗多德，并将其称为“野蛮人的朋友”。[1]

古典所谓之纯粹

众所周知，19 世纪和 20 世纪时，曾有过一场不小的争论：拥有纯粹的种族血统的地域主义团体，是否能够因此拥有合法独立的民族主义权力和占领统治其他领土的帝国主义权力？在这样的背景下，希腊罗马式建筑到底是独创、纯粹、自发的，还是通过“借用”其他文化发展而来的？这是一个非常重要的问题。[2]

在这些争论中，有一个观点被一再重申：希腊建筑与古典传统是对于一类特殊的人群——来自北方地区的雅利安人（Aryans）原始而纯粹的表达。这个故事的现实寓意在于，作为西方建筑与文化创立的基石，希腊建筑与文化是朴实和纯粹的。托伯特·哈姆林（TalbotHamlin）[3] 在 1940 年描述古典建筑的创立时提出的，古典建筑源于“雅利安语系里金发的爱奥尼亚人（Ionians）和多利安人（Dorians）”两者的融合，也是他们创造了爱奥尼柱式和多立克柱式。关于雅利安人的“纯粹”的概念，通常是和雅利安人的“优秀”相结合的。1943 年 1 月，为正处于第一次世界大战中的“战火星球”而担忧的德国纳粹哲学家马丁・海德格尔（Martin Heidegger），将肩负神圣使命的德国与古希腊相比较，他认为这两个国家都是孕育“诗人与思想家”的民族，并致力于“拯救西方世界”。[4]

希腊古典建筑中并不纯粹的地域性起源

而事实上，希腊古典建筑和“纯粹”二字丝毫不沾边。在接下去的论述中我们会发现，希腊古典建筑不过是不同的地域建筑的混合体。

大量的证据表明，希腊建筑，如同大部分希腊文化所表现的那样，并不是能由一个天才式人物独立创造完成的。希腊人和此前的米诺斯人

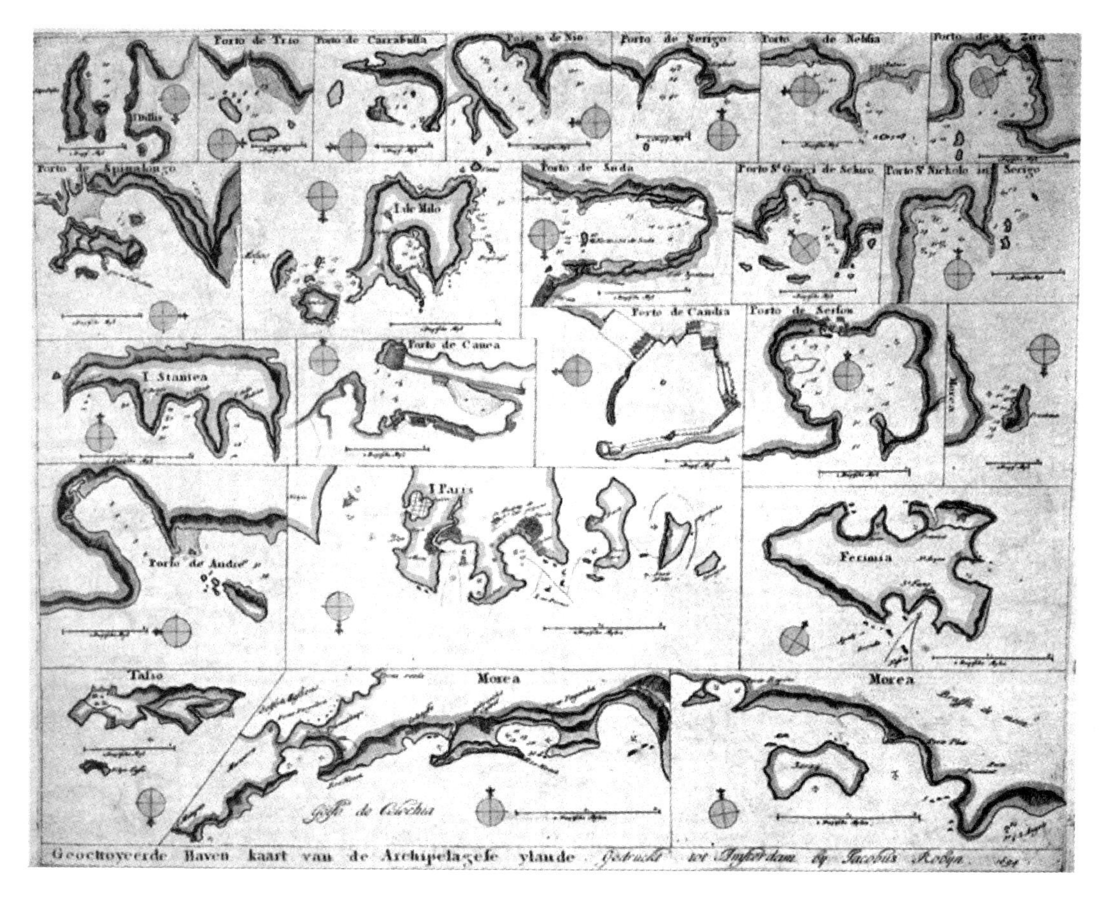

图 1.02　地中海的各个海湾形成了群岛［图片来源：Jacobus Robyn（Amsterdam，1694）］

（Minoans），都是地中海区域文化的一部分。他们临海而居，分散在海水冲刷而成的岛屿或是深邃大海的海岸，建立起与各个海港之间漫长的海上航线。他们“扬起蓝色的船首，驾着黑色的空船”，穿行在海上，将分散各处的族群紧密联系，织就了一张几乎遍布全球的网络，使得食物、材料、工艺品、劳动力、技术与信息的交换成为可能（图 1.02）。

荷马（Homer），希腊伟大的建筑师之一，在其著作《奥德赛》（17 卷 380 页）（*Odyssey* [XVII380]）中，将木匠和建造者比作是不固守一处的，在“无尽大地”的不同地域间穿梭的手艺人。亚里士多德也认为，工匠是不停移动的，因此他们大多是城市的移民而非市民。当他们声名初显，我们却发现雅典大多数伟大的陶匠和瓶画师都来自外邦。但古希腊人并不因此担忧他们文化的纯粹性与真实性，相反，他们始终欢迎地域化的材料，使用地域化的材料，并将其重组到一个通用系统中。甚至连希腊多神教中的神灵家族——十二神，也有着希腊地域外的本源。希腊人引入了这些神祇，把他们安进了一套结构明确的概念框架中。基于这个框架，希腊人构建和深化了他们的物理、文化和社会环境。[5]

如我们所见，希腊人靠海而居，创立了（在当时）“全球化”的交流网络，联结了地中海各个沿海区域，通过与它们合作、通商，进而占领了这些区域，也因此把世界“平坦化”了。这一“希腊奇迹”的独特之处在于，他们通过重新设计与整合，不断进行着探索、发现、补充，系统化、转化与创造。

在大约公元前 2000 ~ 前 1100 年间，在现在的希腊南部地区有着重要的聚居地、高密度的城市中心，并被当时所谓的米诺斯人（Minoans）和迈锡尼（Mycenaeans）占据。绵延的海上航线将他们的聚居地连接起来，并为他们提供了更有营养的食物、上乘的建筑材料和技术、工艺品，以及劳动力和信息，最重要的是从外邦引入了新鲜的思想与知识。这些新知识元素经过“分裂与融合”的再创造，带来了一系列提升居住环境质量的发明，构筑了尺度更大、空间配置更合理的建造肌理和令人瞩目的穹隆顶墓结构。绘画技艺得到了提升，书写规范也被确立，地中海区域变得越来越“平坦”起来（图 1.03）。

而后，在公元前约 1100 年，大部分社会与文化进展被一个所谓的“黑暗时期”（Dark Age）所取代，并逐渐销声匿迹。出于未知的缘由（已知原因之一是由于多利安人这一新族群的到来），人口稠密的“都市”、建成的城市中心被去城市化，并被分散的“部落式”村庄所取代，成为一个缺乏组织、协作松散的社会，劳动力的分工也更低级。书写被忘却了，卓越的知识成就——包括我们曾在米诺斯人和迈锡尼人的实践中发现的精细的设计理念与施工技艺，还有他们联系地中海各地域的海上贸易网络都逐渐消失了。

但是，这个新的“黑暗时期”或许并不像我们曾想的那样黑暗，它的到来带来了社会群体的内向化和自足化，使得希腊南部进入了一个地域性的“去全球化”新篇章。[6]

虽然如此，在大约三个世纪以后，不明原因地（有一些学者认为是由于农业技术进步带来的产量过剩刺激了航海业的复活），这些分散聚居地的新旧居民们再次呈现出有组织的聚集模式。但在社区尺度增大、财富迅速累积的同时，并没有表现出失去自治。“城邦”（Polis）的时代由此开始。区别于同时代的其他概念，例如“城市”（City）、“城镇”（Town）或者“城市国家”（City-state）（指一种与密度和城市生活相关的聚居方式）。“城邦”

图 1.03 皮洛斯卫城（公元前 1300 年）

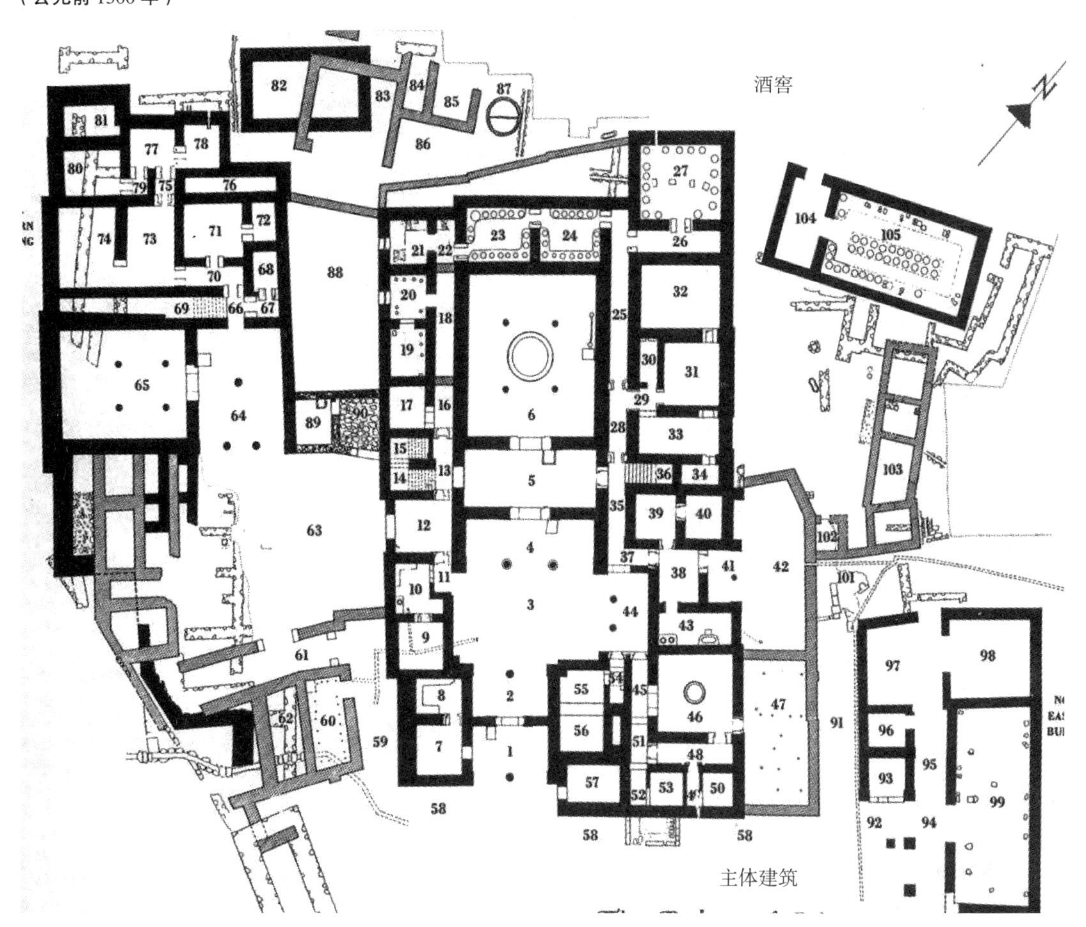

可以是一些相互关联的小部落或小村庄分散于一片区域内。其特点在于它是一个相对自治的机构，一个相对集中的政府。也因此，“城邦”有助于将原本分散和不断迁移的聚落集中并固定下来。[7]

当经济、法律和政治环境正风云变幻之时，在公元前七八世纪，许多城邦的居民投身航海业。他们驶至地中海地区，重建了贸易与文化通道，建立了殖民地，并再一次运输起了物资、劳动力，当然也传播了设计思维和建造方式。当地的建造和生活水平由此得到进一步提升。

分散式的社群模式建立起了希腊的人文地理，并且在克里特文明与迈锡尼文明瓦解、新移民迁入和城邦建立之后的古风时期，这一模式也一直保留着。[8] 第一批社群在这里建立圣殿以宣示对这片土地的主权。而后来者则沿用了这些建筑来巩固种族特征，并建立了国家边界。[9]

波利尼亚克认为，圣殿自身的神学属性使得宗教仪式、游行和定期集会常在此举办，而这些活动又放大了它作为一种地域性政治空间象征的作用。圣殿展现了一种领域控制，并认同这种占领的合法性。它甚至表达出了一个城邦与邻邦之间更为微妙的合作、抗争与中立的关系。

通常，城区外的圣殿和与其相关的宗教活动有助于凝聚、重建并维护一个分散社群的民族认同感。

正是在这影响深远的时期，在希腊大陆及其殖民地，那些分散各处的小型聚居地在合作竞争与冲突的框架下共存，发展出了多种多样被后世称为“地域”建筑的建筑风格——例如“多立克”与“爱奥尼”柱式，也带来了希腊以外的地中海地区建筑样式的“分裂与融合”。

从地域化的希腊到泛希腊体系

直到雅典人将我们上文提到的各地域都纳入了一个泛希腊体系中，古典建筑才开始被视作一个完整统一的系统来讨论。

在一个自治的城邦，各城通过合作、竞争甚至冲突的大框架互相联系，新颖独特的设计元素起到了“标签”的作用：它们展现并代表了所属的地域和起源。正因如此，在瑙克拉提斯（Naucratis）——由来自安纳托利亚（Antolia）（即小亚细亚）米勒斯（Miletos）的希腊人于公元前556年在埃及建立的第一个希腊贸易殖民地，他们将一种将领母题用在了为殖民之神阿波罗（Apollo）修筑的神庙中。这一母题源自他们的故土，是一圈缠绕颈上的悬挂着树叶、莲花和嫩芽的围带。在位于意大利南部的殖民地，这种“标签”式表达则截然不同。来自安纳托利亚的希腊人在如今的马赛建立了殖民地，他们使用多立克柱式——一种类似悬挂的棕榈叶状母题，来表达小亚细亚地区的地域特征。几个世纪后的公元2世纪，当来自帕加马(Pergamon)的国王阿塔罗斯二世（Attalos II）为雅典城邦捐建举世闻名的柱廊（带顶步道）时，他也使用了同样的将领母题（尽管已经被弃置了350年）来表明他和其他捐建者的小亚细亚地区身份。

在泛希腊主义教堂建筑中，也有这种对于地域特征的引用与表达，并形成了一种融合希腊各个地区的体系。这其中最重要的圣殿，就是位于奥林匹亚（Olympia）的泛希腊奥运会（Panhellenic Olympic Games）会场和皮西安竞技会（Pythian Games）会场。[10] 皮西安竞技会会场于586年在德尔斐(Delphi)建成。德尔斐被希腊人谨慎地称作世界的“肚脐眼儿”(中心)，而在此举办的皮西安竞技会则是一项被认为由太阳神阿波罗亲自发起的盛会。竞技会意在邀请“全世界的人民”来到这里，并得到关于未来问题的解答。和奥林匹亚城相似，德尔斐城起初是一个定期举办歌唱比赛的城市，渐渐地，歌唱比赛演变成了体育竞技。德尔斐城的重要性与知名度很大程度上与8世纪第一次殖民热潮息息相关：教堂与教会专门负责为殖民地的创立和选址提供建议，也由此建立了新社群与原社群之间的纽带。[11]

这些希腊城邦迫切地渴望在特殊活动之外，以一种更为持久的方式参与到建筑的设计建造中，城邦之间展开了在建筑结构设计、选材和施工等质量方面的竞争。有趣的是，尽管处在当时普遍通用的“古典”建筑氛围中，不同地区建造制度下的建筑细部仍显现出了各异的地域特征。

奥林匹亚城与德尔斐城的选址也至关重要。这个地点应该位于每一个独立聚居地的领土范围之外，可达性相当，并能够平等地服务于它们。奥林匹亚城和德尔斐城的节庆盛典都在8月或9月初举办，它们的领土不可侵犯，相聚于此的希腊人必须遵守神圣的休战协议。然而尽管如此深思熟虑，这一凝聚、统一希腊各族群的能力依然受到限制。

自古以来，人们不断尝试建立联盟。在7世纪左右结成的德尔斐邻邦同盟（Amphictyonic League）是一次较早的尝试，但并未带来更深远的结果。公元前477年，波斯人（Persian）在普拉提亚战役（Battle of Plataea）中战败，雅典人（Athenians）在结集盟军上占据了主动。他们集合了超过159个独立城邦，并在提洛岛（Delos）上设立财政中心。这一最初旨在结成防御体系抵抗波斯军的联盟，在之后渐渐变得越来越像一个各联盟成员都受希腊控制并向其缴税的帝国——一个与亚洲帝国截然不同的现代化帝国：中央集权但是不独裁，同时向归顺的联盟成员推广民主政治制度。

伊克蒂诺（Ictinus）说：地域之外，有普适之道

454年，雅典人成功地将提洛联盟（DelianLeague）的资产由提洛岛转移至雅典。不久之后，雅典卫城的帕提侬神庙和其他建筑便拔地而起，坊间传言这些建筑是挪用联盟的财产建造的。巧的是，正当这些促使希腊各地域整合成为广泛联盟的政治举措实施之时，伊克蒂诺设计了帕提侬神庙，为建筑设计带来了重大的革新。他将爱奥尼柱式与多立克柱式应用在同一建筑上，迈出了将分散的地域建筑风格整合统一的第一步，也迈出了普适的建筑体系建立发展的第一步（图1.04）。

大约同一时间，或更早一些，伊克蒂诺还设计了位于巴塞（Bassai）的阿波罗神庙，在这个设计中，他在爱奥尼柱式和多立克柱式的基础上加入了一种新的柱式——柯林斯柱式，以表现他在整合建筑风格上的尝试。434年，穆尼西克里（Mnesicles）在雅典卫城山门的设计中重复了这种尝试。这些尝试的深远意义在于，通过建筑功能与样式的结合，他们试图将建筑分区的方法系统化：多立克柱式用于神庙的外廊，爱奥尼柱式用于神庙的内部，而柯林斯柱式则被爱奥尼柱式包围。这一框架的形成意味着地域化的建筑类型正在褪去他们的地域特征，逐渐成为普适的系统中的一部分，进而形成一种适用于世界任何地域任一建筑的“古典”标准。[12]

如今我们很难理解，当初的雅典人，以及和之后的希腊、罗马人为何

图1.04　阿波罗神庙（巴塞）

要将地中海地区的丰富多样的地域性设计方式整合进普适的设计体系中，创建古典建筑。有一个十分聪明的解释是：正如在其他知识领域，例如哲学、地理学、物理学和诗学中一样，总存在着一种追求，试图寻找一套连贯完整的方法去分析和构建这个世界；因而在建筑建造中，也存在着一种探索，试图通过对历史的梳理，找到建筑设计与建造的普适之道。事实上，希腊人在面对不同地域的神祇时也进行了类似的尝试，我们在之前也已提到过，他们创造了十二神体系。

但是，对于古典建筑的发展，还存在着另一种同样强势的政治观点。该观点认为，希腊人，特别是其中的雅典人，被统一和主宰希腊世界的欲望所驱使。从这一角度看来，使古典建筑整合的驱动力是一种普通的政治诉求——消除一切地方性的偶然因素、自治可能和细部特征。

最终，提洛同盟成了希腊各地域城邦团体中的不稳定因素，并引发了之后的伯罗奔尼撒战争（Peloponnesian War）。404 年，同盟解散。希腊人保留了提洛同盟的入侵“亚洲”的“野蛮”特征。其他的军事同盟试图在希腊的城邦和自治区外建立全球化联盟，然而对于希腊人来说，忠于城邦和家族远比忠于一个更加全球化的联盟来得重要。[13]

公元前 338 年，希腊城邦在最终因为在洛尼亚战役（Battle of Chaeronia）中战败而被马其顿国王菲利普二世（Philip II）的军队以武力统一。当维特鲁威正创作《建筑十书》、讨论“地域”建筑相关问题的时候，希腊城邦成为罗马帝国的一个地区。但是即便是如此，罗马和古典建筑也未能逃离“地域化”的命运轨迹，我们将在下一章节讨论这个问题。

第二章

第一份地域主义建筑宣言

在维特鲁威撰写《建筑十书》1200年后，我们再次回到罗马。此时，罗马已是一个基督教国家，而古罗马城也不再是帝国首都所在地。据官方记载，330年，康斯坦丁大帝（Emperor Constantine）将罗马帝国的首都迁至君士坦丁堡（Constantinople）（今土耳其伊斯坦布尔），也就是我们所说的新罗马（New Rome）。而在古罗马城，还有奥古斯都（凯撒大帝）在公元前7世纪执管的14个地区，除了建筑废墟与空地，什么也没有留下。

罗马帝国与古罗马城已经持续衰落了至少300年。城中只留下属于帝国政权与基督大主教的建筑遗迹。大主教自称是圣彼得（Saint Peter）的继承人，也是“第一任大主教”，并因此是拉特兰（Lateran）地方财产的合法拥有者——康斯坦丁大帝曾将拉特兰割让给主教。古罗马人口曾一度收缩至约30000人的最低点。大部分居民住在古废墟中或搭建于废墟间的简易住所中。他们中的一部分人已忘记了自己是谁，也有人认为自己是古代罗马人的后裔，但是这个罗马已不再是奥斯瓦尔德·斯宾格勒（Oswald Spengler）笔下的“统治阶级”（Herrenvölker）。

就是在这样一个罗马，一个历史的讽刺与悲剧交织的地方，建立了第一座由政治意愿推动主观建造的地域主义建筑。建筑中运用地域性元素来维护当地居民的主权，也让当时业已衰败的古罗马得以独立于教皇国家之外，不被这个建立中的新的全球化帝国所裹挟。这个建筑就是今天我们所熟知的克利斯奇府邸（Casa dei Crescenzi），这是一个规模相对较小、样子古怪的防御性住宅。它有着怪异的形式，初看之下外立面布满了怪异的装饰与神秘的铭文。建筑历史学家W·S·赫克歇尔（W. S. Heckscher）曾尝试破译这一建筑的意义，解释这段铭文，并重塑其中的故事。

克利斯奇府邸位于圆形的胜利者海克力斯神庙（Circular Temple of Hercules Victor）和波图努斯神庙（Temple of Portunus）[有时也被错误地称作佛坦纳维利斯神庙（Temple of Fortuna Virilis）]附近。它是古罗马建筑的杰作，建造于1040～1065年间，也有记载称工程直至1100年才竣工。

与神庙的古典秩序不同，克利斯奇府邸杂乱地充斥着从古罗马建筑中拆解出的各种元素与碎片：古代雕塑、古代檐壁、古老的装饰物、涡形花样、植物和神秘的铭文——这一切对于现代人来说的确难以理解和接受（图 2.01）。

建筑外立面上有一条我们现在仍能读懂的铭文，它清楚地用利欧六步格诗告诉我们，这座建筑是由尼古拉斯（Nicolaus）建造的。尼古拉斯是克利斯奇与提奥多拉（Theodora）之子，克利斯奇家族的成员之一。那么，这位尼古拉斯·克利斯奇到底是谁？他又为什么要选择这种拼贴罗马建筑风格元素的建造方式呢？

赫克舍认为，尽管建筑立面外表杂乱，但克利斯奇府邸（Casa Dei Crescenzi）的建造是有明确意图的：它坐落在两座古罗马时期建造的布局高

图 2.01　克利斯奇府邸（罗马）

度有序的神庙之间，旨在为古罗马的复兴提供支持。[1]

克利斯奇希望利用由古罗马元素构成的建筑来复兴城市的做法并非独创。自800年以来，越来越多的建筑如克利斯奇府邸一样，将从古罗马建筑中拆解出的建筑碎片再利用。这种拆旧筑新的尝试从459年就已被批准，甚至在北欧地区也有这一类型的建筑。

那么，在北方地区复兴的尝试是否与在克利斯奇府邸的尝试有着同样的意义?

古典的再度全球化

查理曼大帝（Charlemagne）是北部统治者。800年，他从教皇利奥三世（Pope Leo III）手中接过王冠，成为罗马皇帝。对于他来说，复兴意味着已衰落的罗马帝国将在他的庇护下重振雄风，他的统治地位也将因为这一全新的、可以与古罗马帝国相比拟的全球化帝国的建立而巩固。他位于亚琛（Aachen）的宫殿自他加冕之日就开始建造，设计摒弃了地域式特征，转从罗马帝国的全球化原型中提取元素。同样的建筑还有由康斯坦丁大帝下令建造的特里尔（Trier）的巴西利卡（*Aula Palatine*）（310）。康斯坦丁大帝将帝国的旧制度与基督教会的新制度融合一体。查理曼大帝坚信并试图说服所有人，自己就是新的康斯坦丁大帝，并带着这样的信念建造着自己的寝宫。而与此同时，教皇利奥三世也在罗马展开了个人的复兴建设计划，并自称是复位的罗马帝国统治者。他的拉特兰宫（Lateran palace）仿建自罗马帝国建筑先例——具体地说，就是从君士坦丁堡的帝国宫殿中提取建筑元素。[2]

查理曼大帝并不是假装与教皇结盟的第一人。在他之前，他的父亲矮子丕平（Pepin the Short），加洛林王朝法兰克王国 [Franks（752 ~ 768）of the Carolingian dynasty] 的第一任国王（752 ~ 768），也是这么做的。虽然官方记载丕平的皇位来自推举，但实际上他是在752年篡位夺权当上国王的。因此，他赠予军事防卫权，请教皇将其帝王之位合法化。教皇斯蒂芬二世（Pope Stephen II）于754年在巴黎（Paris）的圣丹尼斯教堂（Basilica of St.-Denis）对丕平施予膏油，并授予他与古罗马密切关联的罗马贵族头衔。此后，丕平在756年突袭意大利，为保卫教皇打败伦巴第人，并将夺取的土地赠予教皇以巩固教皇国的稳定。基于同样的文化政策，查理曼大帝巩固并扩展了教皇的权财，强化了国王与教皇之间的联盟，并提出了一个更符合实际的提议：借复兴罗马帝国之名，建立一支全新的全球化力量。教皇亲自为他加冕，这为由帝王和教皇共同统治下，全球化的神圣罗马帝国奠定了基础。帝教双方拥有独立的法院与独立的行政框架，这一机制与古罗马帝国的单方统治很不相同。共同统治的双方一起承担重新团结分散地区并抚平地区间差异的重任，而罗马城废墟就是这些地区之一。

在第一个千禧年来临之际，这个在集中政权统治下再次全球化的任务，丝毫不比最初建立帝国容易多少。在维特鲁威时期，那些居住在深林远域的古德国诸侯的军事抵御曾是十分血腥的 [罗马人在条顿堡林山役（Battle of The Teutoburg Forest）中战败，随之而来的复仇式屠杀，使欧洲山林尸体遍布，这是人类历史上最具创伤性的事件之一]。在查理曼大帝执政时期，精明而好斗的德国诸侯对于全球化的抵抗更为复杂，帝国需要付出艰辛的外交努力，也不能放弃残酷的暴力。在后罗马帝国时期，如同米诺斯和迈锡尼帝国瓦解后一样，到处是自生自灭的兵营与聚居地，还有大量支离破碎、人口剧减和去城市化的地区。这些地方被遵循地方风俗习惯的未开化诸侯占领，他们甚至不使用货币流通。自 5 世纪以来，有能力做复杂手工艺品和懂得古典罗马帝国文化与建筑规范的人越来越少。法国艺术史学家亨利・弗西林（Focillon）在他的著作《1000 年》（The Year One Thousand, 1969）中说道，到了 1000 年，世界上将“只会生产无形与无用的产品”和建造内饰“粗俗”、缺乏秩序的建筑。事实上，很多地方诸侯成员的祖先们乐得看到这种全球化的罗马秩序的瓦解，也找不出理由在其复兴之时伸出援手。罗马形制将再次被普适的形式所取代，尽管它的复兴意味着“罗马帝国统治下的和平时期”的归来，意味着文化、艺术和法制的回归，也意味着货币的再次引进与流通。但不管是教皇还是帝王，都无法独自战胜来自自己领地内诸侯的殊死抵抗。

一国之君可以集结军队，但他需要教皇为他提供在认知、法律与制度上都绝对普适与“神圣”的体系。1155 年，当绰号红胡子（Barbarossa）的腓特烈一世（Frederick I）加冕为王之时，他建立了“神圣”罗马帝国，帝王与教皇之间的联盟更为紧密。腓特烈一世致力于建立通行的法律制度与完善的行政机构，以此来确保集中化与全球化在罗马城与其他被顽固的地方诸侯占领的区域同步地顺利推进。

共和制下的地域主义

大约同一时期，克利斯奇府邸始建，设计中运用了罗马建筑元素以示复兴（古罗马）。然而，对克利斯奇来说，这种复兴是对帝王与教皇的全球化计划的一种反对。

从赫克舍的研究中我们可以知道，克利斯奇是12世纪中叶罗马市市民，共和党领导人，也是一个著名的“地域主义者”。1143年，他带头反抗教皇英诺森二世（Pope Innocent II），并努力将罗马市民从帝国与教会的统治中解放出来。为了表明地域主义运动的爱国性与政治性，尼古拉斯·克利斯奇决定借由建筑来公开传达他独立的政治见解。他使用了一种新的建筑构成方式，将古罗马建筑废墟中的部件加以重组，得到了全新的为人称道的结果。为了确保意图的准确传递，尼古拉斯在建筑外立面上镌刻了一段利欧六步格诗：“Romae Veterems Renovare Decorem”（拉丁语：古罗马，焕新颜）。

对于克利斯奇与其地域主义派系来说，这段铭文十分重要：复兴意味着“参议院的革新”；也意味着在独立的罗马，共和政体的地域主义政府的创建。在其共和主义的愿望中，罗马是一次更大范围的地域主义共和运动的一部分。在当时，这一运动波及意大利北部的一些城镇，并已经在那里尝试建立了一些地方自治的执政机构，以抵御神圣罗马帝国逐步将世界“平坦化”的进程。约1164年，旨在保卫自治权利的伦巴第联盟（Lombard League）成立。这一联盟包括了例如米兰、博洛尼亚、维罗纳和威尼斯等意大利北部地区最重要的地域主义市镇。就像神圣帝国认为复兴古罗马帝国存在合理性一样，伦巴第联盟的成员市镇也被由元老院（Senate）执掌的共和制罗马所激励着。

与其他意大利显赫家族[如奥尔西尼（Orsini）家族和卡特尼（Catanei）家族]一样，克利斯奇为了表达对于地域主义的罗马共和国的主观支持，在建筑方面还作出了更多努力。在这场对抗“野蛮的”帝王与教会的异域统治的斗争中，共和主义最卓著的尖兵就是科罗纳（Colonnas）家族成员。[3]

理查德·克劳塞默尔（Krautheimer）曾提到，如果在国会山上放一个“罗马时代”复原的方尖碑，“那将会是议院、罗马公社与罗马共和国复苏的最好象征”，就像元老院内雄伟的带拱廊礼堂是罗马公社的象征一样。[4] 短命的罗马公社激进主义力量走得比地域主义和共和主义还更远一些。这一运动的领导者之一布雷西亚的阿诺德（Arnold of Brescia，1090 ~ 1155）是阿伯拉尔（Abelard）的学生之一。他主张精神权力与物质财富互不相容，致力于宣扬苦修与放弃权力。[5]

然而，元老院与地域主义共和的理想没有持续很久。1155年，在腓特烈一世的帮助下，教皇阿德里安四世（Pope Adrian IV，1154 ~ 1159）再次全面控制了罗马。布雷西亚的阿诺德被罗马教廷作为叛教者进行审讯，处以绞刑后焚尸。罗马公社被彻底废止。罗马，“帝国的母亲”，这个重新建立的庞大帝国，终于从其宿敌“地域主义”的手中解救了出来。时机已经成熟，我们也可以将关注放到帝国的全球化战略上去了。

第三章

建满花园别墅的“扁平”群岛

腓特烈一世终结了由地域主义共和党人对罗马的内在威胁，拥护查理曼大帝对教皇的许诺，保护教皇对于罗马的世俗统治免受各方威胁。1155年前，国家已十分稳定，罗马做好了继续重建和开拓的准备，力图重回独一无二的世界中心地位。

如前文所说，教皇利奥三世——这位看起来与查理曼大帝的建造计划和康斯坦丁大帝的杰出建筑和城市建设成就有着“友好竞争”关系的统治者，在他的任职期间展开了一项重点建设运动。现在，到了为保障教会日渐庞大的运作创造新建筑类型的时候了，这些新建筑将为展现教会至高无上的权利提供所必需的舒适与功能。因此，13世纪伊始，出现了一种新的建筑。它在为这些新的需求提供空间的同时，延续了复兴计划与普适思想，是此次教会全球化运动的核心所在。

1198年，就任教皇后不久，教皇尼古拉斯三世（Pope Nicholas III）着手改造一座曾属于教皇英诺森三世的宫殿的室内空间，将其扩建并加建了室外空间。建筑由尼古拉斯使用——他生于罗马，本名乔瓦尼·加塔诺·奥尔西尼（Giovanni Gaetano Orsini），是一个典型的罗马人；这一建筑向外界传递了教会的全球化地位。但设计中建筑空间向室外景观展开、建筑内部空间与外部空间整合，这些做法都是十分“地域化”的。这样的建筑意向取自当地——为了让使用者更好地享受罗马的地中海气候，当地的建筑在设计上都有这种特点。

这个建筑包含了一个封闭的小花园，花园为建筑空间提供了类似“秘密”户外空间的场所（Giardino Segreto）。同时，建筑还有一个更大的带门禁的花园，园中有精心挑选的树种和动物。这样一大一小两个花园的形式并非尼古拉斯初创。大卫·科芬曾评论，[1] 在“豪华的宫殿”中建造“室外的房间”已是当地的一种传统做法。另外，这些时髦的罗马花园与厄巴纳庄园（Villa Urbana）中古罗马式的古典传统也有联系。与位于乡间、隶属农场地产的罗斯卡庄园（Villa Rustica）不同，厄巴纳庄园将城市建筑构造与乡村建筑相融合。在罗马时代，这种整合建筑与花园的复合体的出现，是为了迎合帝王、贵族与富豪人士的需求，在距离城市中心不远的地方创造一处能与自然相交流的空间，将商业、行政功能与身心享受相结合。

在教皇尼古拉斯三世执掌时期，罗马人可以通过文字记载对古代庄园略知一二，这其中最重要的一段文字来自于小普利尼（Pliny the Younger）。小普利尼是一位律师、作家，也是庄园爱好者——他个人拥有三个庄园，而他的叔叔老普利尼（Pliny the Elder）则拥有多达七处。这段文字描述了他位于托斯卡纳（Tuscany）地区的托斯基庄园（Villa Tusci）和在离罗马城不远处海岸边的月桂庄园（Laurentium）。但最为吸引人的文字还是关于玛达玛庄园（Villa Madama）的描写。这座庄园位于马里奥山半坡，是由拉斐尔（Raphael）设计的。[2]

此外，哈德良皇帝（Emperor Hadrian）位于帝沃利的庄园遗址，也能为尼古拉斯时期的罗马人提供关于古代庄园 / 花园建设的第一手翔实资料。帝沃利庄园（Tivoli Villa）包含庭院、花园，还有约 30 栋建筑，建筑功能涵盖娱乐、行政与学习场所。有意思的是，这个庄园的建筑虽然是按照当时普适的经典希腊罗马式标准建造的，它的一些结构构筑却与非哈德良皇帝统治的意大利外域一些地区的建筑密切相关。

这些教皇制度下罗马的新式花园别墅借鉴了古代罗马建筑的元素，传递出“复兴”的政治意愿，并在古老罗马的世俗贵族与教会贵族之间建立起联系。同时，这些庄园也塑造了一种地域化的乡居生活方式，即精英阶层的享乐主义生活——它与基督教核心价值完全不相关（但却迅速地渗透扩展开来）。就如同一座夏季度假行宫也可以同时迎合行政、学习、社交、娱乐、学习等多种需求，其功能很快就覆盖了全年的各个时间（图 3.01）。

新出现的室外空间尤其适合举办新式典礼与筵席，提升了政治与娱乐的结合度。宴会大多在花园中举行，园内摆满从周边地区引进的艺术品、雕塑、壁画与装饰品，活动氛围也因此更热烈。这些物品由当代的艺术家们根据特殊的政治肖像标准设计，而标准则是由诗人、历史学家和外交家们依照古罗马或希腊神话和历史制定的，意在渲染活动重塑“古典”的氛围，用普适的模型证明现在并规范未来。16 世纪 70 年代，皮罗・利戈里奥（Pirro Ligorio）在帝沃利庄园的设计中，将庄园与帕纳塞斯山（MtParnassus）类比；1601 年前后，雅各布伯・德拉・波尔塔（Giacomo Della Porta）在阿尔多布兰迪花园（Garden Villa Aldobrandini）的设计中率先使用了海克力斯柱（Pillars of Hercules），它象征着统治世界的力量；贝尔尼尼（Bernini）在阿尔多布兰迪花园别墅和 1620 年左右位于巴尼亚亚的兰特庄园（Villa Lante）中，设计

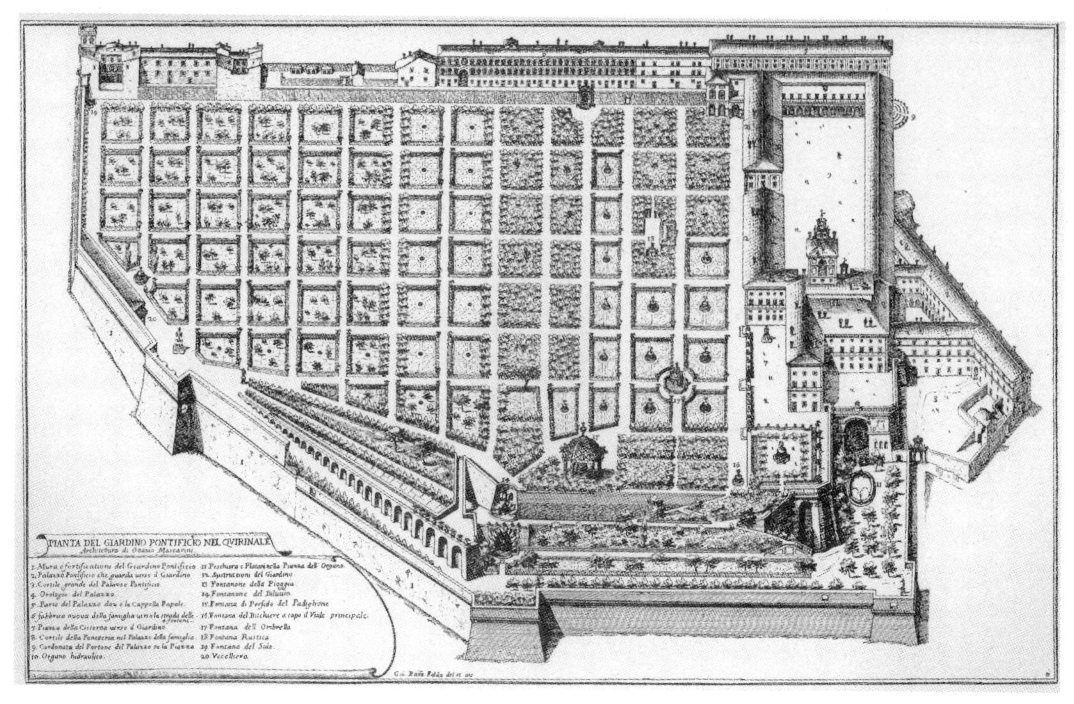

图 3.01　奎里纳尔教皇花园（Giovanni Battista Falda 设计）

了一组海神雕塑群，也意在进行类似的政治类比。不需要借助当代艺术家之手，只是将古罗马的出土文物——这些真正的古雕塑放到新式的花园与庭院中，就可以达到同样的政治效果。这其中最为著名的一个案例应该是 16 世纪前期，梵蒂冈宫殿中的贝尔维德雷庭院（Vatican Palace of the Belvedere Court），这是一个 16 世纪早期的雕塑花园，由设计师布拉曼（Bramante）于 1505 年设计。就连这个室外庭院中种植的月桂、橄榄、桃金娘、苦橙和悬林木等植物，种植位置都是以古代经典文本中的模型为基础选定的。

此外，在花园别墅的设计中，为了表达教会统治下的新全球化帝国与古罗马帝国的类比，还有一种更为深刻而抽象的方式——依照普适的古典建筑标准来进行花园别墅的空间组织。相对于那些存留下来的、因时间推移而面目全非的罗马式庭院，花园别墅更显得优秀。通过同时期的书籍中描绘花园别墅的瑰丽绘画，特别是 G・B・法尔达（G.B.Falda）笔下壮观的鸟瞰图，我们不难发现，花园别墅的设计中既有维特鲁威的建筑规则，也不乏亚里士多德哲学（Aristotelian）的古典诗意 [3]。

我们还能发现，这一时期的园林中，园子各部分组合与建筑功能排布的规则十分相似。在同时期最重要的建筑类著作中，阿尔伯蒂（Alberti）的《论建筑》（On Building）第九卷第四章（book IX，ch. IV）就有相关描述。

该章简要探讨了园林设计，主要内容集中在建筑形制的比例控制上。阿尔伯蒂在文中指出“在建筑庭园设计中最为推荐使用的图形是圆形、半圆形及类似图形”……“树木的种植必须完全平直，且每两棵树之间都有所关联”……也就是说，图形必须完全对称。文中传达的基本信息是，园林设计时的空间结构组织应该遵循和建筑设计一样的符合常规与秩序的普适规则。

与此类似，在同时期其他著作中也提到，不仅是简单的几何形式，例如正方形、圆形、长方形和其他可平分的形状，更复杂的原形，例如四分图形、四倍组合和二等分、三等分图形也是值得推荐的。

这种规则带来了建筑与园林空间之间的深度整合。如同我们在教皇尼古拉斯三世的庄园中所见，建筑的“内部房间”与“外部空间”互为完型，组合成了完整统一的整体。数不清的设计方案在这一规则指导下产生：在著名的美蒂奇庄园（Villa Medici Garden），设计者巴尔托洛梅奥（Bartolomeo Ammanati）将景观以三等分或四等分的方式插入建筑总图。而在希尔·伯拉蒙蒂（Bramante）设计的丽城广场（Belvedere Court）中，空间结构组织则更为宏大而复杂，旨在建立一种教廷与皇室、教皇与帝王之间的类比。在伯拉蒙蒂的其他设计中，也大量运用了古罗马建筑的相关元素来组合出全新的模式：多米提安（Domitian）的运动场、帕雷斯提娜（Palestrina）的修道院，甚至是在凯撒大帝自己位于帕雷廷山（Palatine Hill）上的寝宫中。空地、台地、承重墙和阶梯被整合在一起，使得室外空间达到了当时建筑空间所远不能及的空间品质。类似的空间组织成就也在维尼奥拉（Vignola）设计的法尔奈斯庄园（Farnese Gardens）（1618）和菲利庄园（Villa Pamphili）（1645 ~ 1653）中得到体现：在古典的空间组织规则下，整个庄园恰如其分地展示了普适的秩序规则。

这些结合了简单秩序与抽象美的庭院空间令人称奇。同时，在抽象的规则、普适的古典秩序与内在的整体逻辑指导下，这一时期的建筑师似乎忽略了场地和地域中已有建筑的特征。那些庄园的建设往往需要重塑整片场地的原有景观：大量的挖掘、平整和土方搬运正是“让世界变平坦”（Flattening the World）字面含义的写照。此类工程收获的评价也是喜忧参半。曾有人这样描述安巴尼庄园（Villa Albani）（1769）：“在这里，一切操作都跟自然背道而行……本来场地是并不平整对称的缓坡，却不得不从一个地方挖土，填到另一个地方去[4]。”

在这样严谨刻板的框架下，偶尔的“不规则”反而不是被忍受，而是受欢迎、甚至“有意而为”的。很多花园根据神话故事情节设置了象征性的构件，试图将观者带入野性与荒莽之中，其中最令人瞩目的是由维西诺・奥希尼（Vicino Orsini）建造的位于博马佐（Bomarzo）附近的圣心森林（Sacro Bosco）。在他的合作者——出色的建筑设计师、肖像学家和花园“编剧”皮洛・利戈里奥（Pirro Ligorio）的帮助下，奥希尼为完成圣心森林的建造花费了整整 40 年，直到他 1583 年去世。但是，即使是在这一杰作中，花园的“不规则”设计仍然与场地本身脱节。

在混凝土场地上建造出理想化的模型，不仅意味着与自然特征的暴力对抗，也预示着对人为建造的地域性构筑物的摧毁，这其中也包括古老的街巷。有时，这种侵略式的设计会引起当地居民的消极对抗，例如建于蒂沃利（Tivoli）的埃斯特庄园（Villa d' Este）（又称千泉宫），红衣主教伊波利托・埃斯特（Cardinal Ippolito）为了建园“违背民意，摧毁穷苦居民的房屋，在市民不遵照主教旨意时骚扰市民”。1568 年，主教被告上法庭，但原告并未胜诉。[5] 当时，罗马的地域主义党派已消失多时，因此没有人为个人的财产权利据理力争。

直至 17 世纪后半叶，罗马的花园 / 别墅式复合建筑逐渐被熟知、推崇并在欧洲大陆仿效推广。同时，意大利艺术家对于花园别墅设计的垄断也逐渐式微。举个例子，有言论称阿尔巴尼别墅（Villa Albani）及花园的设计是受法国设计师影响；佩恩菲力别墅（Villa Pamphili）则被错误地归功于著名法国园艺家安德烈・勒诺特尔（André Le Nôtre）。而事实上，勒诺特尔仅仅在 1679 年造访了这一花园，别无其他。

书籍是将意大利古典建筑标准对外传递，并建立普适性的建筑与花园设计方法的一个重要载体。1547 年，由杰出的法国人类学家让・马丁（Jean Martin）翻译的法语版维特鲁威著作终于出版。但更重要的途径是人与人之间的交流。在勒诺特尔的造访之前，就有法国建筑师和艺术家到罗马学习。同一时期，意大利建筑师与艺术家在查理七世（Charles VII）和路易十二（LouisXII）统治期间也会到法国开展设计。弗朗索瓦一世（Francois I）希望确保在古典复兴运动旗帜下设计的所有最完美出色的项目都出自法国。如同教皇和神圣罗马帝国国王一样，他坚信建筑和艺术能将他的政治计划和建立全球统一帝国的理想公开并合法化。

从技术上看，这些宏图有显而易见的说服力：那时的法国建筑大部分延续了地域性、中世纪的“哥特”手法，从建筑的构造、立面细节的处理都不难看出。1515 年，弗朗索瓦一世亲自参与建造的第一座建筑——布瓦洛城堡（Château of Blois），和之后 1519 年建成的由意大利建筑师多梅尼科・科尔托塔（Domenico da Cortona）[他于 1495 年和老师朱利亚诺・达・桑迦洛（Giuliano da Sangallo）一起迁居法国］设计的尚博尔城堡（Château de Chambord）中，建筑的独特尖顶也传递了哥特手法。这两个作品都采用了功能性创新元素——特别是尚博尔城堡，同时也引进并建立了普适性的古典标准。

朝着共同的“全球化”目标，弗朗索瓦一世曾于1516年宴请了列昂那多・达・芬奇（Leonardo da Vinci）（那时的他是个有着神秘声誉的老头）。在读完意大利建筑师和作家塞巴斯蒂安诺・塞尔利奥（Sebastiano Serlio）的著作《建筑七书》（I Sette Libri Dell'architettura）后，他又于1540年和1541年宴请了塞尔利奥。

地域主义者菲利贝尔・德洛姆（Philibert de L'Orme）

法国建筑师们也纷纷前往罗马，希望获得“新古典”式设计的第一手知识，这其中就有菲利贝尔・德・洛姆（Philibert de L'Orme）。菲利贝尔是石匠的儿子，出生在里昂，并在里昂读书。繁荣的里昂是法国的经济中心，也是意大利文艺复兴影响法国的起点。1533 ~ 1536年，菲利贝尔在意大利生活和工作。在1541 ~ 1548年，他回到法国，在枫丹白露宫园（Château de Fontainbleau）工作。随着作为建筑执业者的名声渐长，也因他在古典建筑和古典文化上的深刻造诣，1547年，菲利贝尔受命于亨利二世（Henry II）的情人——黛安・德・波迪耶（Diane de Poitiers），设计阿奈庄园（Château d' Anet）。和法国大多数城市一样，德勒城（Dreux）附近的地势比罗马周围地区更为平坦，这也使得普适的古典主义和全球化文化在此更容易被理解与接受。据雅克・安德鲁埃・迪塞尔索（Jacques I Androuet du Cerceau）的雕刻作品记载，菲利贝尔设计的建筑与花园的组合形成了一种严密的古典形制。安东尼・勃朗特（Anthony Blunt）这样评价他的阿奈城堡和其他作品：“菲利贝尔・德洛姆的设计十分古典，但并非是对任何罗马模式的模拟与效仿。”[6]

事实上，菲利贝尔致力于创建一种全新的“法国柱式”。在1550年受亨利二世之命设计的维莱克特雷公园（Parkof Villiers-Cotterêts）小礼堂中，菲利贝尔就应用了这种柱式。这与他当初刚从意大利回法国时的意图正好相反。当时，如他在著作《指导书》（*Instruction*，1559）中写的，他认为自己肩负着将“好建筑——也就是古典建筑的普适标准引入法国”和“消除古老野蛮的当地人的建造方式”的重任。事实上，当1559年亨利二世去世之时，菲利贝尔失去了主要客户，才转而调研“法国柱式”的问题所在。这是法国人第一次作出相关论述。他拒绝遵守已建立的意大利普适主义标准，倡导引入创造、革新与效率，并推广地域主义与民族主义相结合的观点。他主张：

在不同的国家与地区，建筑师可以自由地创造新形式的柱子，例如拉丁人和罗马人创造了塔司干柱式和混合柱式，雅典人创造了雅典柱式。在拉丁人与罗马人之前很久，多利安族的建筑师就创造了多立克柱式，爱奥尼亚建筑师设计了爱奥尼柱式，柯林斯人设计了科林斯柱式。那么，谁又能阻止我们法国人创造自己的“法国柱式”呢？

菲利贝尔认为，这种（与古典）分离的观点的基础，是源自差异性而非普遍性。新的法国柱式必将源自“对于上帝给予的大自然中实物的模仿：树木、植物、禽鸟、动物……模仿自然如何将他们创造得各不相同”。再者，由于法国本土缺少可以完整建造与承担塔司干柱式（Tuscans）的特殊大理石，他建议使用一种对建造商更有说服力的方式，用法国当地产的石头作为模块叠加成柱[7]（图 3.02）。

用一种地域主义—民族主义者的思维，菲利贝尔进而开始对“法国柱式究竟该什么样”提出建议。他认为法国柱式“装饰物必须更倾向于自然，且应该是法国疆土上出现的东西”。例如，装饰柱基、柱头、线脚、柱面和飞檐是可以使用一些“这一国家特有的”元素，例如百合花，还有皇室与诸侯使用的其他图案。[8]

不同于菲利贝尔创建一种地域性建筑的尝试，与他同时期的大部分建筑师更专注于完善古典标准或者立书著作将其推广至法国甚至全球。其中最重要的莫过于莫列特家族（The Mollets）。雅克·莫列特（Jacques Mollet），他很可能是菲利贝尔的一个合伙人，与他的儿子克劳德（Claude）和安德烈（André）一起致力于设计、建造和记述基于普适标准的古典主义花园。

克劳德·莫列特的著作《剧院规划与园艺》（Théâtre des Plans et Jardinages，1652）在法国出版并远播境外；安德烈·莫列特的著作《花园的乐趣》（Le Jardin de plaisir）在瑞典出版。他曾于 1651 年在斯德哥尔摩宣扬过普适的古典主义花园理念，为当时的瑞典王后克里斯蒂娜（Queen Christina）和英国国王查理一世（Charles I）设计花园。

也许，对普适的古典主义标准的全球化作出最大推动的，是雅克·安德鲁埃·迪塞尔索（Jacques I Androuet du Cerceau）的著作，《建筑书》（Livre d'architecture）和《法国最美的建筑》（Les Plus Excellents Bastiments de France）（1576，1579），两书在法国和世界各国都一再印刷，出版量惊人。

雅克·安德鲁埃·迪塞尔索也是一位杰出的建筑师。1558 ~ 1568 年间，他为查理九世（Charles IX）设计了夏尔勒瓦尔宫苑（Charleval）。我们对于

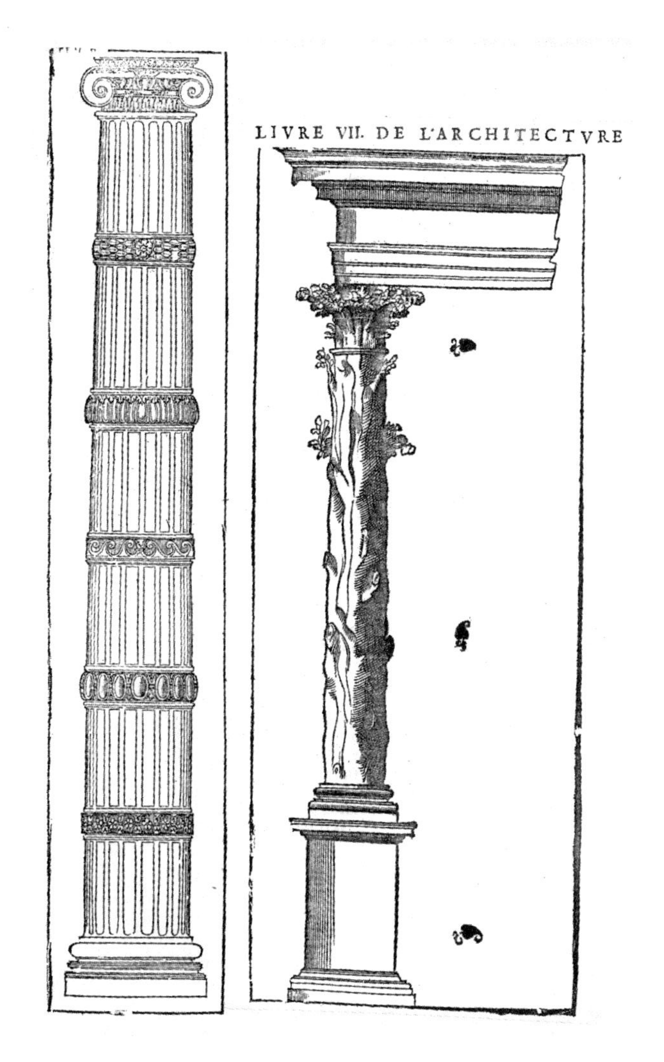

图 3.02　菲利贝尔·德洛姆：自然化的法国柱式（French Order）（图片来源：The First Volume of Architecture，1567）

这一作品的认知大部分来源于其中受到意大利先例影响的雕刻艺术，以及设计中暗藏的塞利奥（Serlio）的卢浮宫规划，但是这一设计中严格的组织性和整体连贯性，以及在空间分割上的创新，和对于宏大尺度的使用又是十分法国的——凸显地域特征但并非地域主义（也就是说，有意识有策略地推广地域性价值观）。

随着花园别墅这一建筑形式在罗马的兴起，它带着强大而理性的魅力，征服了法国贵族阶层，他们将古典主义设计标准看作是对空间秩序的系统性创造。然而，和在罗马一样，尽管花园别墅有着理性的魅力，但在弗朗瓦索一世的支持下，仍存在着一种由全球化、集权化和普适主义推动的政治化动态。

空间秩序与绝对权力

弗朗索瓦一世的全球化野心是有两面性的，伴随着国家地区的重组，它是国际化与国内化的混合体。1530 年，弗朗瓦索一世对于吉约姆·波斯特尔（Guillaume Postel）的任命，表达了他在政治视角和文化普适性上的立场。吉约姆·波斯特尔是一个致力研究普适性地域发展的学者，同时也是语言与律令方面的专家。弗朗瓦索一世任命他为新成立的公共教育与研究机构——也就是当时的法兰西皇家学院，今天的法兰西学院的教授，主讲数学与希伯来语。

学院的成立、对波斯特尔的任命，都是弗朗索瓦一世为了证明“世界知识与艺术的中心在法兰西而非罗马或意大利”而作出的努力。另外，弗朗索瓦一世于 1536 年和苏里曼大帝的奥斯曼帝国（Suleiman the Magnificent）建立了东—西全球轴心国关系，波斯特尔是这一决策的关键顾问，这也体现了对于他的任命的实际价值。

与此同时，弗朗索瓦一世计划通过以下几种方式重组法兰西帝国：按照 16 世纪和 17 世纪古典城堡 / 庄园复合形式建设国家，根据普适的古典主义标准中的内在逻辑不断推进这一计划，用一种统一的模式征服不同地域与独特个体。这一计划旨在消除地域特性与地区自治，建成一个和谐的城邦。这是弗朗索瓦一世统治并建立一个和谐的全球化帝国这一宏伟计划的重要组成部分。为达成这一目标，国家需要在已高度独特化的地域中建立一套普适的中央集权式控制体系。这些封建领地一直受地方贵族统治，很多地区内的居民甚至不会说法语。另外，也需要将相同的管理方式应用到自 15 世纪以来就被财阀控制的所有封建领地。弗朗索瓦一世还计划牵制地方最高法庭的权利，因为这一机构往往维护地方经济利益，推崇地方法律法规，支持地方着装风格与传统自由，保护当地政府的自由自治与封建领地所享有的权利。地方权利势力也因此更支持教皇而非国王的经济诉求。

创立绝对的普适法规，将法兰西领土上的封建领地与市镇中央集权化、标准化也有着直接的实际原因：为财政税收创造一套既有效又高效的组织模式，支持军营日渐昂贵的开支。

各领地都对这一集权统治奋力抵抗，不论是城区或乡村，有的地方甚至发生了由当地贵族或农群体民联合带领的暴动。农民阶层饱受苦难，他们是饥荒与时疫的受害者，更是目睹国家军队自己家园领土上临时驻扎在的目击证人。在 1636 ~ 1637 年间，卢瓦尔河和加伦河地区（Loire And

Garonne),昂古莱姆(Angoulême)、勃艮第(Burgundy)和佩里戈尔(Périgord)都发生了一系列的叛乱，并在1660年代扩大到所有法兰西领地：1662年在布洛奈（Boulonnais），1664年在朗德（Landes）和加斯科尼（Gascony），1665年在里尔（Lille）和苏瓦松（Soissons），1666年在敦刻尔克（Dunkirk），1669年在亚眠（Amiens），1670年在朗格多克（Languedoc），1676年在雷恩（Rennes），还有1674 ~ 1675年在波尔多（Bordeaux）爆发了最为重要的一次叛乱。

在神圣罗马帝国时期，状况要略好一些。当时的封建领地与市镇在集中皇权统治下可以享有更多的独立空间。当时，出现了许多“自由”自治的城市，如自由帝国城市（Freie Reichsstädte），防御性市镇（Landstädte），以及由选举出的市民组成委员会管理的自发形成的市镇。自15世纪中期就已发挥作用的政治地域主义随着时间的推移，到17世纪时，反而已变得越来越偏向于贵族的寡头政治，而并非真正的独立了。

“后威斯特伐利亚”（Post-Westphalian）新环境

1648年，一项意义重大的外交事件暂缓了全球化与中央集权化的趋势，这就是《威斯特伐利亚和约》的签订。最初，国会签署和约的意图在于结束血腥而无谓的30年战争，这一战争牵涉许多欧洲国家，包括法兰西、神圣罗马帝国还有一些自由帝国城市。

《威斯特伐利亚和约》背后的含义深远复杂。但其中最重要的一条是，自此，他们找到了一种方式，严格意义上将主权国家视为没有特权的存在。这就意味着放弃继承自中世纪的重建古罗马帝国上付出的努力。除此之外，《威斯特伐利亚和约》也指明，从法律角度上讲，所有主权国家都是平等的。此举意在通过增强封建领地和国家自我决定权力来约束中央集权与全球化的势力。从另一个角度来说，《威斯特伐利亚和约》适用于（规范）国家的主权，与某个个人或民族的霸权无关。同时，它也更不会关注到一个半世纪以后展开的关于国家主权如何出现的问题。

在《威斯特伐利亚和约》签署的同时，城市的动乱和几个重要贵族阶级之间的复杂斗争惊动了巴黎和整个法兰西——投石党（The Fronde）甚至第一次在巴黎设置了路障。投石党威胁称将会颠覆自弗朗索瓦一世以来，法国在合理的行政管理上作出的所有努力与取得的成就。

最终，战火由枢机主教马扎林（Cardinal Mazarin）点燃。他追随皇室长久以来集权统治的政治策略，帮助国王充实国库。面对当时社会降低苛捐杂税、叫停官僚主义聚会、加强最高法院（Parlement）权力的需求，马扎林的做法是，逮捕当时巴黎高等法院的领导并于1648年八月剥夺了最高法院法院操作权。

由此我们得知，高等法院是一个支持传统地域主权的保守派机构，它不完全认同国王的激进政治策略。随着压力逐渐累积，1649年，马扎林决定冒险，他护佑当时年仅十岁的国王一起逃离了巴黎。

同时期在英格兰发生的事件可以解释这次惊慌失措的出逃。和法国面临的事态一样，英格兰的一些地方也发生了地域性暴动。人们暴动的原因之一是反对“圈地”政策（Enclosures），这一政策使得农民失去了他们长久以来享有的在公共区域的放牧权，将公共区划归于地主用以增加耕地财产，进而提高国家的农业产业效率。一时，出现了“掘地派”（Diggers）和“平等派”（Levellers）两个激进组织，从字面意思理解，他们致力于“铲除”和“推平”圈地边界。同时，宗教在当时的英国也扮演着重要的角色。已逐渐成长的国王查理一世代表的中央集权势力和由国会领导的地域主义派别之间发生的对抗，在这一时期也同样重要。和马扎林一样，1629年，很大程度上是出于税收与经济的原因，查理一世解散了国会，并将一些国会成员投入牢狱。之后的整整11年，查理一世像一个“个人统治者”（Personal Ruler）一样独断，有人称他为“暴君”。

地域主义者的反抗

17世纪中叶，是一段欧洲地区面临险峻危机的时期：从西班牙的安达卢西亚（Andalucia）到意大利西西里（Sicily）和俄罗斯，到处是领地运动、抗议和反封建起义。1652年，在科尔多瓦（Cordoba）和塞维利亚（Seville），当地居民成立了一个可以被称作“公社政府”的组织（a Sort of Commune Government）。1653年，瑞士叛军在短短几个月内达到了25万人，其中大部分是农民出身。

英格兰的状况与之类似。1648年前后，由于气候恶劣，粮食歉收和物价飞涨，农村地区的矛盾急剧恶化。在伦敦境内，激进组织“平等派”在短短几天时间内收集到10000个签名，又在其他场合收集了另外10000个签名，大力推广“自由的英格兰人民”权利的思想。在他们与1649年4月20日发布的纲领（Standard）中包括了一份激进“声明”，这份声明的对象是“英格兰当权者”和“世界上所有的统治力量”：

土地（作为上帝创造的恩惠于所有人的公共财富），被教师和统治者用树篱围成圈地，其他人则被迫成为农民或奴隶；也正是这片造物主本意为所有人提供公共资源的土地，现在被人为买卖，成了一部分人的财产。

这一“声明”构想了一个全球化的世界：

所有的敌意都会消失，因为再没有人敢于在他人领土寻求主权，也没有人敢随意杀人，更没有人会意欲得到比别人更多的土地；因为一旦他统治、囚禁、压迫甚至杀害自己的同类，不管出于什么样的原因，他都是创世的破坏者。

同年，掘地派运动之歌唱响了暴动的集结号：

起来，神圣的掘地者们，……

我们的家已被人推倒，……

贵族终将下台，穷苦者才该戴上皇冠。

起来，拿起锄头、铁锹和爬犁……

我们现在就行动，为我们的自由，为最终的胜利。

现在就起来！

但这首歌的结尾发出了一个让人无从辩驳的邀请——“用爱征服他们”。

当马扎林紧张地带国王逃离巴黎时，查理一世政权终结，对他的审讯也随之而来。查理一世用法国政治哲学家博丁（Bodin）的言论为自己辩护，声称作为“一个绝对的统治者，他的权威……不能与他的臣民共享”。作为回应，法庭澄清，被审讯的并不是王权制度，而是查理一世本人，这是两个不同的概念。

1649 年 1 月 30 日，查理一世被斩首。君主独裁的中央集权政治被搁置一边，人们开始寻求君主、国会和地区之间新的平衡。但是这一新平衡仍没有回答中央集权时期农村地产由相对少数的地主所有的问题。这一时期，一种不和谐、愤怒、恐慌和失落感在英国盛行，一首诡谲而模棱两可的诗正好捕捉了这种情绪，诗名叫作《在阿普尔顿宅之上》（Upon Appleton House），创作同年，查理一世被处决，平等派暴动被克伦威尔（Cromwell）将军镇压。这首诗献给托马斯·费尔法克斯勋爵（Lord Thomas Fairfax）（1612 ~ 1671），他和克伦威尔一样是一名军人，但并非完全赞同克伦威尔的行为。诗作者是费尔法克斯女儿玛丽的老师——安德烈·马维尔（Andrew Marvell）（1621 ~ 1678）。

诗篇开头以辩论式的陈述批判了来自意大利、法国等的“外国”建筑师和“外国”形制的入侵，和随之而来的浮夸又浪费的古典主义建筑的应用——这也正是费尔法克斯抵制的：

为何建造这些不合理的建筑？

难道人类建造的不守规矩的建筑还不够多？

之后，马维尔将这些荒唐的人类构筑物与原始主义适应于地域和环境的建筑并置比较，以说明后者的功能性与严谨：

野兽用他们的兽穴向我们传达：

鸟儿搭建起等身的鸟巢；

乌龟把穴顶搭得很低，

这高度与龟壳正好适应；

没有生物喜爱虚空的空间，

他们用身体丈量他们的领地。

不管怎样，在费尔法克斯的宅邸，

……所有一切都有所组织……

如同自然，有序而亲切：

与我们之前探讨的法国花园城堡式建筑和罗马庄园的设计不同，费尔法克斯宅邸在设计上不受荒诞而迷信的维特鲁威式古典主义标准支配。

正交体系里的正圆！

这神圣的数学，

本就该有任何形状，

像人与人各不相同。

当设计居所时，

是否所有设计都回应了使用？

……

房屋建于土地之上，

如同对自然恩惠的注记。

设计的产生并不需要规则帮助，设计来得自然而然：

……这儿的一切都如此自然而自由，

仿佛她曾说，把一切都留给我。

……

芬芳的花园，成荫的森林，

深深的草甸，还有那清澈透明的水波。

正是马维尔在诗中赞美的地方和建筑，重塑了传统的地域社群、社会公正与和平：

在这片贫瘠荒芜的平地上，

平等派作势画起了图案，

村民追逐牲畜，一如往常，

动物，还是要生活在亲切的成长之地。

在这样的语境下，马扎林将国王从首都转移他地也有了理由。和在英格兰一样，此时的法国上下也充斥着同样的愤怒与混乱。不过，相比于英格兰，法国社会相对稳定，在政治上也没那么反君主独裁。贵族阶层正在混战中。中产阶级群体将信任寄托于过往（即皇权统治），而非本已混乱不堪的贵族阶级——他们在贵族手里从没得到过什么好处，也因此不愿意与皇权为敌。而农民阶级，正苦于找不到任何理由和以上任一阶层结成联盟。不过，1648 ~ 1652 年，部分投石党占领了波尔多（Bordeaux），这是为数不多的结成了广泛联盟的地域主义运动之一：在这一运动中，地方高等法院、资产阶级既得利益者、当地商人与工匠团体，还有下层阶级、天主教徒和新教胡格诺派（Huguenots），结成了统一的联盟。他们声明“只有平等才尽善尽美”，并表明“掌握财富的少数人”才是制造矛盾的根源。

对于运动发起的原因与背景，很多人有过多种不同的解读。其中包括鲍里斯・波克内夫（Boris Porchnev）的纯马克思主义解读，[9] 将这一运动解释为阶级斗争框架下的中产阶级与无产阶级共同抵抗政府的行为；还有罗兰・莫斯涅（Roland Mousnier），他站在相反的立场上，将这场对抗解读为一部分贵族群体与其他阶级混合的地域主义力量联合（而非阶级联盟），共同抵抗法国日渐强大的君主独裁统治。[10] 然而，由于每一种论断都关注于不同的背景资料，论点之间也并不相互排斥，且不说意识形态的原因，这些论断是可以被同时接受的。无可非议的事实是，独裁统治下，君主为了控制各封建地域而不断提高赋税、压榨臣民，这一行为引起了几乎所有阶级和领地联盟的愤怒与不满，包括地方贵族与庶民。所以在“三十年战争”（Thirty Years War）时期，当政府对百姓的苛税高到令人无法承受时，这一矛盾危机终于爆发了。

马扎林，因为他用中央集权统治手段充实国库、创建税收机制，成了国民反抗的众矢之的。大部分的民众（贵族和普通人），尽管他们更赞成当年封建领地自治的景况，但仍然愿意对国王施以同情。法国国王之所以能逃脱险境，原因之一在于，由不同群体集结而成的投石党们频繁而没有实际缘由地内斗，从而未能形成一条真正的抗争前线。这样一来的结果是，路易十四口中蔑视的“混乱”情境，正是当时现状，引用英国哲学家托马斯・霍布斯（Hobbes）对“无政府状态”危险性的评价——“所有人都互相敌对”。直至 1652 年 10 月，国王路易十四回到巴黎。有言论称，路易十四对于“混乱”的延误和他将其铲除的决定，影响了之后他绝大部分的政治与文化决策。

路易十四平定世界

如路易十四在他的回忆录中写的那样，为了弥除投石党运动时期的“混乱”记忆，在1668年，他甚至下令焚毁了所有与这一运动相关的公文，只选择性地“复制”了其中的一部分存档。作为一国之君，他继续沿着弗朗瓦索一世设定的路线，尝试将秩序带回国家治理中，继续对封建领地实施中央集权管理，约束地方高等法院的自治权利，亲自任选一些主要城市的市长并严肃镇压一切分离力量。在这段时期最重要也是最先发生的一个事件，是对尼古拉斯·富凯（Nicolas Fouquet）的解职。尼古拉斯·富凯是当时的财政大臣，也是传奇般的沃勒维孔特（Vaux-le-Vicomte）花园城堡的所有者。

这一建筑是16世纪后半叶意大利战后时期建造的众多花园城堡之一，集法国园林之大成。借用艾瑞克·奥西诺(Erik Orsena)的画作“骄傲‘群岛’”所表达的含义，在17世纪到来之前的这些建筑，构筑物与世独立，和其所处的地域几乎没有任何联系。其中有一部分是国王的资产，宣示着他不断扩大的统治疆域。[11]还有一些则是属于地方贵族，乃至一些效仿贵族的中产阶级。就如同罗马在上一个时代曾用花园别墅来昭告世界一样，通过这些花园城堡的完美空间组织，法国也在向世界展示并宣示着自己的世界中心地位。然而，由于法国当时的政治文化环境复杂，这些建筑作品的出现也可以被理解成是竞争的一部分——国王用其在与贵族的较量中宣示自己的中央统治地位，而贵族则在相互攀比中试图散布独立自治的讯号。

沃勒维孔特花园城堡建造于1658 ~ 1661年间，由安德烈·勒诺特尔（Andre Le Nôtre）担任园林设计，路易·勒夫（Louis Le Vau）任建筑设计，夏尔·勒布朗（Charles Le Brun）担任装饰设计。这三位才华横溢的设计师密切合作，为法国带来了古典主义形制。和许多花园城堡一样，古典主义所要求的宏伟壮丽意味着需要拆掉很多农户的房子，确切地说是要拆掉整整三个村庄。这一拆迁的结果是沃勒维孔特花园城堡成为全法国乃至全欧洲最为壮观和完美的花园城堡式建筑。设计师在每一处细节上仔细琢磨，每一个元素都被反复推敲，使得元素之间和细节与整体都能够相互辉映。这一庞大的建筑设计得如同古希腊或古罗马神庙，它创造了一个和谐的空间，一个现实世界中的封闭世界。

1661年8月，城堡一经建成，富凯便决定在自己的花园城堡中举办舞会，大宴宾客。显然，他这么做再愚蠢不过了：当路易十四和他并行于城堡与花园之间，欣赏着这在当时的法国无双的表演、建筑、珍馐和音乐，路易十四心中燃起的不仅是嫉妒、愤怒，还有猜疑。时年22岁的路易十四虽为国王，但与富凯的财富相比，可以说是一无所有。之后不久，在1661年9月，经过路易十四的精心筹划，富凯被火枪手副队长，著名的达达尼昂（d’Artagnan）逮捕。

事实上，当时路易十四和他的亲信，刚被任命为御前会议成员的让-巴普蒂斯特·柯尔贝尔（Jean-Baptiste Colbert），确实在富凯的管理中发现了财政上的违规行为。更重要的是，他发现，作为财政总监的富凯是法国经济低迷的最重要原因，他的财政措施更是完全与国王倡导的紧缩、集权的规划背道而驰。逮捕富凯的行政原因路易十四在1661年9月写给母亲的信中说得很清楚：他明确表示将不再设立“财政总监”的职位，并计划“自己掌握自己国家的财政动态”。

新的政府完全以国王路易十四为中心，依托于一些素质高又“狡诈”的出身卑微的中产阶级辅佐。路易十四亲自任命了政府领导成员，他们所有人都有着圣西门（Saint-Simon）的特征。高高在上的贵族阶级被排除在了这一政府之外。中产阶级新贵之一柯尔贝尔（Colbert），作为建设总管，在国王未来的国家建设中起到了重要的作用，并在1664年被任命为财政审计长。

为了使中央集权和“平定”法国的计划顺利推行，柯尔贝尔认为，十分有必要在国王与才干非凡、积极主动的富裕中产阶级之间实现强强联盟。他希望通过旧宫殿卢浮宫的扩建使国王路易十四成为巴黎真正的居民。一开始，他们为这一项目选择的建筑师是意大利建筑师吉安洛伦索·贝尔尼尼（Gianlorenzo Bernini）。贝尔尼尼曾为教皇效力，他被认为设计天赋异禀，是同时代最伟大的设计师与艺术家。

但是，柯尔贝尔对贝尔尼尼并不十分满意。他意识到，此次建筑师的选择是对之前法国对于罗马的依赖的延续，对于建筑与艺术的普适标准的捍卫，而这两者，他一个都不想要。在由弗朗索瓦一世构思的长远计划框架中，法国是全世界的领军者。但柯尔贝尔希望法国能成为建筑艺术普适标准的保管者与决断者。因此，他说服国王路易十四建立了一系列学院：科学院（1666）、音乐学院（1672），还有他亲自成立的建筑学院（1671）。通过这些学院的建立，柯尔贝尔希望不仅能打破法国对于罗马作为世界智慧的中心的依赖，而且能使人不再一味遵循维特鲁威式的标准与教条。在皇家科学院创立之后，柯尔贝尔指示学院成员重新定义建筑学的普适标准（如果真的存在的话），这一标准需要基于现代科学。这次，他的队友是查尔斯·佩罗（Charles Perrault），[12]一位医学博士，也是科学院成员：他在建造方面有着惊人的知识，是维特鲁威研究专家，还翻译过维特鲁威的拉丁语著作。当时，佩罗刚建立了一个新的基于证据的理论，反驳陈旧理论将维特鲁威式作为建筑普适标准的存在。他反对维特鲁威，并声明建筑标准并不受自然中的“积极”法则的约束。它们是像朝廷礼仪一样的规则：是由皇室权威和权力中心设置的“独断”的规定。这一新鲜的理论暗示着法国已完全脱离罗马和维特鲁威式的制约，可以自由地发展、应用和传播自己的设计标准。以这种方式，佩罗从古典的希腊罗马式传统中解放了法国国王和法国朝廷，并让他们可以“武断地”制定文化与社会准则，相信“一切都不受制于自然”。从某种意义上说，佩罗正在将路易十四生涩的理念对外传播：“君主即国家”，君主等同国家，国家是君主的人工产物，国家是路易十四用艺术与他正牢牢把握的朝廷规则创造出的。但与此同时，在另一方面，作为一名早期“觉醒者”，他对于“专制制度”比对“绝对权利”本身更忠诚。因此，佩罗在暗中为所有希望宣誓独立的个人与地区提供了独立的可能性。

查尔斯·佩罗试图说服学院成员接受他的观点，但是最终失败了。这下，我们要感谢柯尔贝尔的支持与谋略：他成功地羞辱了贝尔尼尼一番：收回了在卢浮宫扩建项目上的委任，并将他派回罗马。佩罗被聘为卢浮宫扩建项目的建筑设计师。

然而柯尔贝尔并未说服路易十四将卢浮宫作为自己的家和政治大本营。路易十四自有其他计划，这一计划正渐渐占据他最多的精力：在距离巴黎17公里外的凡尔赛（Versailles）（他父亲曾在此有一座狩猎行宫），建一座属于他自己的世界上最完美的花园城堡。凡尔赛因优越的自身微气候而著名，选址于此表明国王并未放弃将巴黎作为法国中心，而是用一种与柯尔贝尔不同的策略框架看待世界局势，在这个新框架中，中产阶级不再扮演如此重要的角色了。也就是从这一刻开始，他的计划与柯尔贝尔的计划分道扬镳。

也有人说，路易十四还未从投石党之乱的阴影中走出来。他害怕投石党再起尘嚣，因此希望能够远离巴黎，以此作为一种自我保护。所以，他迁至凡尔赛的决定，是对于自己臆想中的投石党之乱带来的持续困扰的一种回应。路易十四精通军事，他坚信，在一场大型暴乱运动中，卢浮宫无法为自己提供可信的安全保障。他设想建成一座“超级花园城堡”，通过物理上的包围，来吸纳、控制并强行制约贵族阶级中的离散势力。他将自己的“超级城堡”想象成了贵族阶级的“超级监狱”。而柯尔贝尔认为，远离喧嚣的政治权力中心，迁至一个孤立的“远郊”无疑是十分错误的选择。

路易十四为沃勒维孔特花园城堡折服，并深深嫉妒着它所达到的高度，因此，他决定聘请勒诺特尔作为凡尔赛宫项目的设计师，给予他一切需要的协助建成一座最美的首都——路易十四将凡尔赛花园城堡不仅看作是建筑和花园的集合体，也看作是世界的新中心。

勒诺特尔在凡尔赛宫的设计上借鉴了沃勒维孔特花园，建筑与环境合二为一，并青出于蓝而胜于蓝。沃勒维孔特花园有的，凡尔赛花园也都有。花园、建筑和雕塑都严格遵照最高秩序排放。树木被砍伐、土地被平整，水流也被拉直重塑，一切都服从于方案最至高无上的基调设定。这一作品在其内部组织上越整体连贯，就越失去了它与外在真实环境的纽带与关联。与计划相反，取代旧乡村而建造的毗邻宫殿的“新城”，原本旨在为宫殿的仆人、随从等提供住房与服务业，尽管有着开放城市的一切特征，却终未克服凡尔赛本身的孤立所带来的影响（图 3.03）。

1682 年 5 月，整个法兰西宫廷从巴黎前往凡尔赛，这也是凡尔赛城第一次发挥为其规划的功能。自此，法国“建造”了一座首都，它主要体现在形式上，还有普适秩序的理念上，它是国家的中心，所有除它以外的领地，将来世界上所有除它以外的国家，都将被它控制、统一和“平定”。

然而，如柯尔贝尔所预见，尽管在短时期内，凡尔赛城成功地创造了全新的世界环境，但是从长远看来，它加剧了封建领地衰退和国家分化。作为

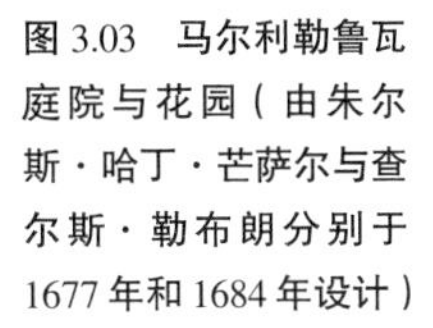
图 3.03　马尔利勒鲁瓦庭院与花园（由朱尔斯·哈丁·芒萨尔与查尔斯·勒布朗分别于 1677 年和 1684 年设计）

在经济上极为敏锐的法兰西政府财政大臣，直到最后，柯尔贝尔自己也没能弄明白，那个时代，法兰西与国际经济之间的复杂关系究竟如何。他的思维被当时的经济模型，所谓的重商主义，牢牢约束住了。他认为，对于国家来说，花钱进口商品就如同失血。这种思维也是他希望学院能够在从服装到建筑的设计与制造方面，掌握并输出实际知识与专业技能的根本原因。在这样的经济模型中，各封建领地除了承载重不可负的课税负担，别无他法。

不堪重负的封建领地

柯尔贝尔没有意识到经济现状比他所想的要复杂得多，但还是有人意识到了，查尔斯·戴维南特（Charles Davenant，1656 ~ 1714）是其中之一。通过对同时期英国经济现状的调查，他得出了（与柯尔贝尔）不同的基于经验主义的结论。他在《论东印度贸易》（Essay on the East India Trade）一文中，讨论了“贸易平衡”（Balance of Trade）概念，并表明，他反对重商主义这种保护主义理论——这种保护（特别是在针对印度进口产品对英国纺织品执行的保护）会使我们违反时代步伐地叫停全球化进程，但事实上，只有贸易行为能长期利于英国的贸易平衡。戴维南特在高税收政策上也与柯尔贝尔持相反意见。他认为，从长远角度看，时下柯尔贝尔在法国推行的高税收的政治策略，正在毁掉封建领地。

而柯尔贝尔对于法国封建领地的思考则相对而言过于简单了。和路易十四一样，他将这些领地作为自给自足的存在，认为它们存在的唯一目的就是纳税皇室。他竭尽所能使行政税收有效运转。同时，为了达到这一目标，路易十四颁布法令宣布，将所有的土地财产有附加条件地出租给农民，而国家才是这些财产的所有者。在这样的律法逻辑下，当食物短缺时，各个封建领地无权直接建立财产联系。这导致了周期性的大饥荒和长期的农民起义。这是一个不可持续的整体系统，它最终会导致巴黎中产阶级和旧制度下的贵族阶级的不堪重负，更不用说皇室家族本身。

1689 年，即路易十四迁都凡尔赛 7 年后，英国议会通过了《权利法案》（Bill of Rights），这一法案宣告了公民的权利与自由，也限制了皇权，规定没有议会的同意，国王不可以擅自搁置、免除或执行法律。它还保障了人民“选举议会成员”的自由和“在议会的发言、讨论和诉讼”的自由。与法国相反，在英国，权力被转移到另一方手上——远离了中央集权和“平坦化”模式，掌握权力的是一个分散而去中心化的、拥有土地财产与商业财产的阶级。

第四章

“敬问这片睿智的土地”

到了 18 世纪末期，除了伦敦皇家交易所，几乎所有的地方都长得像法国的古典花园城堡一样了。而伦敦皇家交易所如此与众不同，甚至于当人们第一眼看到这座建筑时，完全不会将它与古典主义建筑相较——因为古典主义作为一种建筑形式，已席卷了法国上下的所有城郊、乡村与群岛；而皇家交易所则是英国首都伦敦的一个独特地点。如果我们将两者并置就会发现，在一个更抽象的层面上，它们代表了全球化与地域主义的两种不同途径，也是当时西方世界格局组织的两种手段。

法国领土中的花园城堡，包括凡尔赛宫，是一种“自上而下”的设计，是古典主义普适模型的表达，但古典主义在创造了世界的同时，也关上了另一个世界，这就是它对地域特征的打压。新教政客、剧作家、散文家约瑟夫·艾迪森（Joseph Addison）[1] 曾这样描述英国伦敦的皇家交易所：它是“一个自由、开放的集会地，为本国国民和外国人共同探讨私营商业事务提供场所”;它是一个“大都会”、一个“全世界”的“大商场”，一间“大会议厅”,在这儿“各个国家都可以有他们的代表”,“被海洋隔开的”或是“生活在同一大陆的两端”的人们,可以在保有他们各自独特的地域特性的同时,走到一起。

伦敦皇家交易所与法国园林的秩序、庄严、“数学美感”带来的排他性恰恰相反，如奥森那（Orsenna）所说：在交易所里，我们能“看到一个莫卧儿大帝（The Great Mogul）的臣民加入了俄国沙皇（The Czar of Muscovy）的方阵”,“人们只通过走路的方式和语言互相区分”,他接着说道,“有时候不小心撞到一个美国人，而有时又挤进了犹太人群，还会闯进荷兰人的队伍”,甚至不同的时候,我会觉得自己“是丹麦人、瑞典人或者法国人”,“更神奇的是我还会幻想自己是古老的先哲，当被人问道自己是哪国人时，我回答,我是这个世界的臣民”。艾迪森也赞同全球多样性的存在,他补充道：

大自然似乎有着对世界上所有不同的地区都有着独特的关爱，它看到了人类之间共通的联系与纽带，明白世界不同地区的人们会因为某种原因互相倚赖，也会因为共同的志趣紧紧相连，所以自然便把福泽散布到它们全部。

比亚当·史密斯（Adam Smith）早65年，艾迪森就认为，尽管“作为个人”，一些人只是“个人资产繁荣殷实”，但是，他们实际上无意间“推动了整个公共资本前进”。“贸易，虽没有为大不列颠帝国带来领土的扩展，但在某种程度上为我们创造了另一层面的帝国”——但他忽略了一些事实：当时的西班牙正进行着所谓的西班牙王位继承战争，而英国正与法国战事连连——此时，是直布罗陀海峡割让予英国的两年前。

和凡尔赛宫一样，艾迪森笔下的伦敦皇家交易所日后成为动荡的社会背景下的规范化样本。它为资本市场带来“倍数增长的富人，并且让我们业已定型的地产无限增值，价值远超过去；同时，它还引入了其他不动产业类型，它们和地产一样有价值”。另外，和凡尔赛宫“监狱式”的全球化策略不同，艾迪森盛赞伦敦皇家交易所带来的全新的全球化环境，这个环境如同解放的列车，在这里，曾经的“权势阶级的诸侯、臣爵”现在也“愿意为更好的利益而谈判，在之前，大概只能在国家财政部门见到他们。”

睿智的土地

艾迪森，和查尔斯·佩罗一样，拒绝接收一切“普适”教条，例如古典主义建筑。他还反对普适的设计标准，只要它们来自于以前，那即使是“现代的”，他也不接受。对他来说，“来自以前”意味着它就是佩罗口中的“非原地域”的。他希望设计是直接由自然力量驱使和限制而得到的。

佩罗不是一个敏感的政治动物。他认为，在投石党力量渐起、社会动荡不安的时候，跟从普适标准无可非议。1651年9月3日沃赛斯特（Worcester）议会的胜利，1688年的大革命（Glorious Revolution）胜利、英国人权法案（Bill of Rights）的制定，还有1707年5月1日，英格兰与苏格兰结盟后，在伦敦威斯敏斯特大教堂里大不列颠议会（Parliament of Great Britain）的建立（所有这些事件都弱化了君主政体，使得非集权制成为可能，并强化了议会的权力）之后，艾迪森被一种热情淹没了。他知道存在一种全新的生活方式和幸福模式，它们并不来自于迷信与教条，而是生发于自然。他对于一个建立在自由之上的全球化世界充满着乌托邦式的乐观，这种情绪在一年之前（1710年4月20日）的《闲谈者》（Tatler）刊物中就已经表达过了。这本杂志是他和理查德·斯蒂尔（Richard Steele）在1709年共同创办的。在那篇文章中，他向读者描述了一个自由世界的梦境：他发现自己飞翔在阿尔卑斯山脉上方，“置身于那些裸露破碎的岩石与峭壁之中”，但在他们之上，当他“飞至顶峰时，……是一个雪中的阿尔卑斯”，一个“极乐之境……这片幸福的疆域……是自由之神的领地……它被繁茂的鲜花覆盖，但又不似通常被划分为区域和花园；它杂乱地生长着……以它们最为繁茂和无秩序的方式”。然而，这篇文章最后有一个批判性的结论，它并未针对法国的集权政治，而是反对英国土地政策中的“圈地运动”，这一运动通过地方议会决议的方式，推广了对于地域特征的中央集权化管理，并将农民从他们所属的地域中驱逐出去。在他梦里的飞行中，他坚称自己飞越了一片全新的幸福之境，“这片闪光的土地是如此的令人愉悦，……因为它没有布满篱笆与围墙”。

在艾迪森在《闲谈者》上公开发表了他的梦境的两年后，安东尼奥·沙夫茨伯里伯爵（Anthony，Earl of Shaftesbury，1671 ~ 1713），一位辉格党（Whig）政客、哲学家、作家，发表了一篇宣言《人、风俗、意见与时代之特征》（Characteristics of Men，Manners，Opinions，Times，1711），明确地将新的政治领域观点与建筑结合了起来。《习俗》一文强调，在法国实践并推广的普适、古典、“维特鲁威式”的教条，还有被引入英国并推广的同类标准，是专制并具有压制性的，与立足于自然的自由的（设计）方法相悖，也无关乎特殊的地域特征。这篇文章与上文提到的艾迪森的文章有许多异曲同工之处，并且比后者更加歌颂并支持全新的政治与设计思维：

我歌颂自然在创造万物时的秩序感，为万物体内蕴含的美感而欢庆，为所有极致而完美的源泉和本义而快乐。万物没有界限、神秘而令人费解。在这种无限中，一切思索都迷失；幻想停止翱翔；疲倦的想象是徒劳的，因为最终会发现这片汪洋没有尽头，没有彼岸；即使它翱翔至最远，也不会比出发点更接近终点，哪怕只接近那么一点点。

在赞美无矩可循的自然（“这野性令人愉悦……在原始的荒野中，我们能更快乐地凝视自然”）的同时，他也攻击了充斥着“人造的迷失和虚伪的野性”的宫殿。之后，话锋乐观地一转，宣布一个尊重独特、自然和自由的新世界已经来临：

这片土地上的智者和伟大的先哲最终取得了胜利。我无法再克制自己胸中对于一个自然世界燃烧的热情。在这里，闯入了原始境遇的艺术和人类的自负与任性都无法破坏它与生俱来的秩序。粗砾的岩石、青苔覆盖的洞窟，不规则而未加工的岩穴，还有断流的瀑布，带着天然的骇人野性，将“自然”诠释得淋漓尽致。他们终将更加迷人，展现出宏伟壮丽的景致，远好过那些如同笑柄似的王侯花园。

同年（1711），亚历山大·蒲柏（Alexander Pope），英国古典主义诗人，发表了他反对古典主义、赞同地域主义的诗作《论批评》(Essay on Criticism)[2]。这首诗创作于1709年，当时的蒲柏只有21岁。他在诗作中指出，所有的创作者必须“首先遵从于自然……无上正确的自然”；“古老的准则被发现，而非被制定”，它们“属于自然，自然让它们条清理晰”。同时，蒲柏在诗中引用了许多继承自“先人”的观点，并书写了一段古典传统的微型历史。他同意“学习批评的热潮在法国最为强烈”，“但是，我们勇敢的不列颠人”，与奴性的法国人不同，“我们鄙视外来的法则 / 我们仍未被征服也无须所谓文明 / 我们为自然智慧的自由而抗争，这是大写的自由 / 我们仍然对抗所谓的罗马古典”。蒲柏在他的作品中向我们展示了一个边界受限的地域，在这里，一切古典主义普适学说的构成标准都被公然地、系统性地否定和反转了。

除了理论上的思考之外，蒲柏也尝试设计了一个花园。这并不奇怪，因为在18世纪的英国，许多在新景观设计创造上的尝试是由地产主而非园艺师完成的。他的作品是位于特威克纳姆的一所休息寓所，在专业的园艺师约翰·赛尔（John Searle）的帮助下，他从1719年着手设计。1745年，在蒲柏去世后，赛尔公开了设计平面，设计中对于古典主义母题和不循规蹈矩的形式的大胆应用值得所有人称赞。寓所包括一处令同时代人羡慕的洞穴，还有一条溪流。他如同打造花园里的重要景观一般打造这条小溪。溪流被人们赞美为“蒲柏先生幸运的意外”。在1731年一首献给伯灵顿伯爵（伯爵本人也是一位与他有着相同的建筑理念，在自然特别是地域方面志同道合）的诗中，蒲柏也描述了自己的建筑追求：

（私人信件：信件IV，致理查德·波伊尔，伯灵顿伯爵）

种植、建造，做一切你之所想，

……请勿将自然遗忘……

敬问这片睿智的土地；

……

前进的道路上尽是不可预知的美，

……我们抓住机遇，从此出发。

行文将结，他作了一个大胆的民族主义预言，认为英国从地域本身出发的设计方式终将赢得胜利：“骄傲的凡尔赛宫！光环陨落。”

一年之后，艾迪森在《旁观者》(Spectator)杂志（1712年6月23日）中再次发问，重回关于设计标准的基本的讨论，将自然、特征和与政治自由相关的地域特性——“人类意识天然地反抗外界一切如同约束的东西，也倾向于幻想自身处在这样一种限制之下最广阔的境界便是自由之境”。为了强调多样性的重要性，他还写道：“我们将会愈来愈感受到这种多样所带来的欢欣，因为它不是来自单一体系规则的东西。”

这一观点在之后一期《旁观者》中得到了深入解读。不过这次，艾迪森首次在抵抗普适的古典主义教条时引入了一个新的论据，这就是在世界的另一端，中国的建筑传统。在这次论证中，艾迪森呼应了威廉·汤普（William Temple，1628 ~ 1699）——一位自由主义政治家、外交家和随笔作家——在1692年的一篇文章，文中第一次将中国的造园方式与西方设计手法做了对比：

“西方园林里的树植，每每相互呼应，距离固定。但中国人对这点表示十分不屑：一个会从1数到100的孩子就能做到，把树一棵接着一棵地种成一条直线。”[3]

再一次，自然世界在与古典形制的比较中占据了上风：“源于自然的作品与源于艺术的作品，它们都是想象力的满足与展现，我们应该发现，与前者相比，后者并不完美，存在不少问题。”在后文中，艾迪森写道：

在大自然粗犷不羁的创作笔触中有着更多大胆而巧妙的东西，这是艺术细腻的笔法与装饰所不能及的。处在狭小地域里，即使最规整的花园或宫殿中的美景，想象力也会瞬间飞升其上，去寻求更大的满足：而在广阔的自然之境，眼界可以上下徜徉，没有约束。

他将遵循普适的几何规则而设计的古典欧洲园林称为“规则和线条的表达……树木被等距排列，修剪成统一的树形”，“圆锥形的树、球形的树、金字塔形的树”，“都被修剪成了数学形象”。在中国人眼中，这种头脑简单的做法简直可笑。

到了1715年，新设计运动的充分发展，促使斯蒂芬·斯威特则（Stephen Switzer）——一位园艺师和作家发表了一本名为《贵族、绅士和园艺师的娱乐》（The Nobleman，Gentleman，and Gardener's Recreation，1715）的书。在这本书中，他较早地提出了对于英国园林历史梗概作简要梳理的意愿。在他的下一本书《平面图法》（Ichnographia，1718）中，这一想法被进一步扩大。在之后的文章《乡村平面图法》（Ichnographia Rustica，1741 ~ 1742）中，他毫不犹豫地提出了自己基于常识的疑问：“为什么我们要斥巨资，只为夷平丘陵、填平谷地，而它们却正是自然之美之所在？”为什么有人可以肆意摧毁地域给予土地的原样，去应用一种偏颇的标准？为什么不反过来想想“这片土地好的地方”，并将“当下的情状”视为一种机遇？

斯威特则被誉为引进“观赏性农场”（Ferme Ornée）一词第一人，这个词被用来描述“将园林的功能和利益与娱乐相结合”的实践。有趣的是，他向我们提供了一个“法国当时最聪慧的天才们（在园林设计上）的实践”，而法国在当时却是用保守的观点主宰世界。他认为自己“是这类农场式园林设计的推动者，随后这一方式在大不列颠被广泛传播应用”。从史学观点上看，他的说法也许并不准确，但是从另一方面说，斯威特则清晰地指出了两种不同的园林设计方法逐渐凸显的冲突：一种是由对“奢华与荣誉”的渴求引导的，最鲜明的代表则是法国当时的花园城堡建筑；一种是追求“利益最大化”的，以英国贵族团体（所建造的园林）为代表。斯威特则的支持者，巴蒂·兰利（Batty Langley）——一位园艺师和著名作家，在他的著作《造园新法则》（New Principles of Gardening，1728）中写道：“英式园林设计中的完美花园是既有利益输入又赏心悦目的。”这本书在当时广泛流传。

而对于英式园林设计这一独特设计方式的可读记载则出现得更晚，这就是 1771 年，霍勒斯·沃波尔（Horace Walpole）的《试论近世造园》（Essay on Modern Gardening）。沃波尔是一位著名的作家、史学家、政治家，也是一位想法独创且有影响力的业余设计师。在书中，他尝试追溯新英国地域主义运动兴起的线索，并寻找全球化主义者倡导的法国古典设计标准没落的原因，找到那个人们猛然意识到普适标准的“荒谬”与“潮流转向，不能久矣”的瞬间。沃波尔认为查理·布里奇曼（Charles Bridgeman）是这一转型时期的代表设计师，但也赞扬真的改革者威廉·肯特（William Kent，1685 ~ 1748）。据沃波尔的文字介绍，肯特于 1709 ~ 1729 年在意大利求学并工作，后回到英国。他精通建筑学古典主义标准，并对当时由法国画家克劳德·洛兰（Claude Lorrain）引领的风景绘画发展十分熟悉。

沃波尔对于肯特的评价既有赞扬又有批评。他认为肯特是重要的改革者，他解救园林设计于“拘谨规整”的古典标准之间，并使设计与自然环境更协调。但是他也对于肯特改革导向的这种“新潮流”心怀忧虑：“新时尚如同新的信仰，常常会把人们带入极端的对立中”。他甚至怀疑肯特以“给真实以更多空间”为名，在无趣的场地上种植枯树的真实动机。最后，他承认了肯特的重要改革者地位，因为他“将自然代入了规划设计”，并创造了“Kent”这一令人难忘的短语。“Kent”代表着跃过围墙的限制并发现“一切自然之境皆是花园”。它概括了英式花园运动的更深层次影响，是在于激发人们重新定义文化、技艺与自然之间的关系。尽管沃波尔对于这一全新的设计手法中的激进内涵非常犹豫，但是他承认，新的设计手法与全新的生活方式紧密相关：“生存方式彻底改变了，但人们却还在建造宏伟的宫殿，这些地方逐渐成了其所有者浮夸的隐居地，职能给参观者带来转瞬即逝的愉悦。”他成了一个民族主义者，变得以“富有而骄奢”为傲。“随着一次次的改革中对于限制的不断消解，每一次进程都是一系列的图画，而这个国家则越来越图像化”，这就是这一新的英式设计方式给人的印象。另一方面，“限制”的消除意味着地产界限的消失，取而代之的是“矮墙”（ha-ha）（沃波尔将这一设计策略归功于肯特，但事实上这是肯特借鉴了法国护城河设计后得到的），它带来的视觉效果，恰恰反映了一个观点：圈地内的经济政策应该是不可见的。然而，1678 年，乔治·梅森（George Mason）在他影响广泛的《论园林设计》（Essay on Design in Gardening）中写道，这种旨在与“实际地产”相区别的“下沉的围墙”事实上本身并不受人欢迎，并且“必然损坏景观的和谐”。

另外，沃波尔自己在面对英国的未来时，尽管依旧有着他辉格党的乐观（“当这些改革终于取得辉煌成就之时，这个小岛这片土地将享受景观带来的无上荣耀”），仍站在一个独立历史学家的立场上发出这样的警告：它也许会带来“野蛮退化、繁文缛节和隐逸”。

当沃波尔的书籍付梓发行的时候，有着非常多的由新英式设计方法推进的项目正在构思或建造中。很多人慕名参观膜拜这些建筑，其中就有卢夏宅院（Rousham）和斯陀园（Stowe）。肯特在这两个设计中都发挥了重要的作用（图 4.01）。

地域巡游

威廉·吉尔平（William Gilpin）就是斯陀园的参观者之一。他为这一作品写了一本叙述性导览，题为《花园的对话——白金汉郡斯陀园》，1748 年发行。从此，斯陀园因其“风景如画”而闻名。但是与之前提到的所有作者不同，相比于自然景观，更吸引吉尔平的是园中的“人造景观”——“帕拉迪奥式桥”、“升起的方尖碑”、“金字塔”、“友谊殿”、“自由庙宇”、“模仿古典建筑审美”的“多层城堡”等：

> 它们如画一般，满足了人们的想象。它们是对山水景致的最好补充……多样而优美的人造景观被安置于园林的不同位置，形成了最赏心悦目的景象。

鉴于这本《花园的对话——白金汉郡斯陀园》更多地专注于斯陀园中的构筑物与雕塑，若干年后，1782 年，在新书《在怀尔河与南威尔士等地区的观察：以绘画美学为重点（1770 年夏）》（Observations on the River Wye and Several Parts of South Wales, etc. Relative Chiefly to Picturesque Beauty）

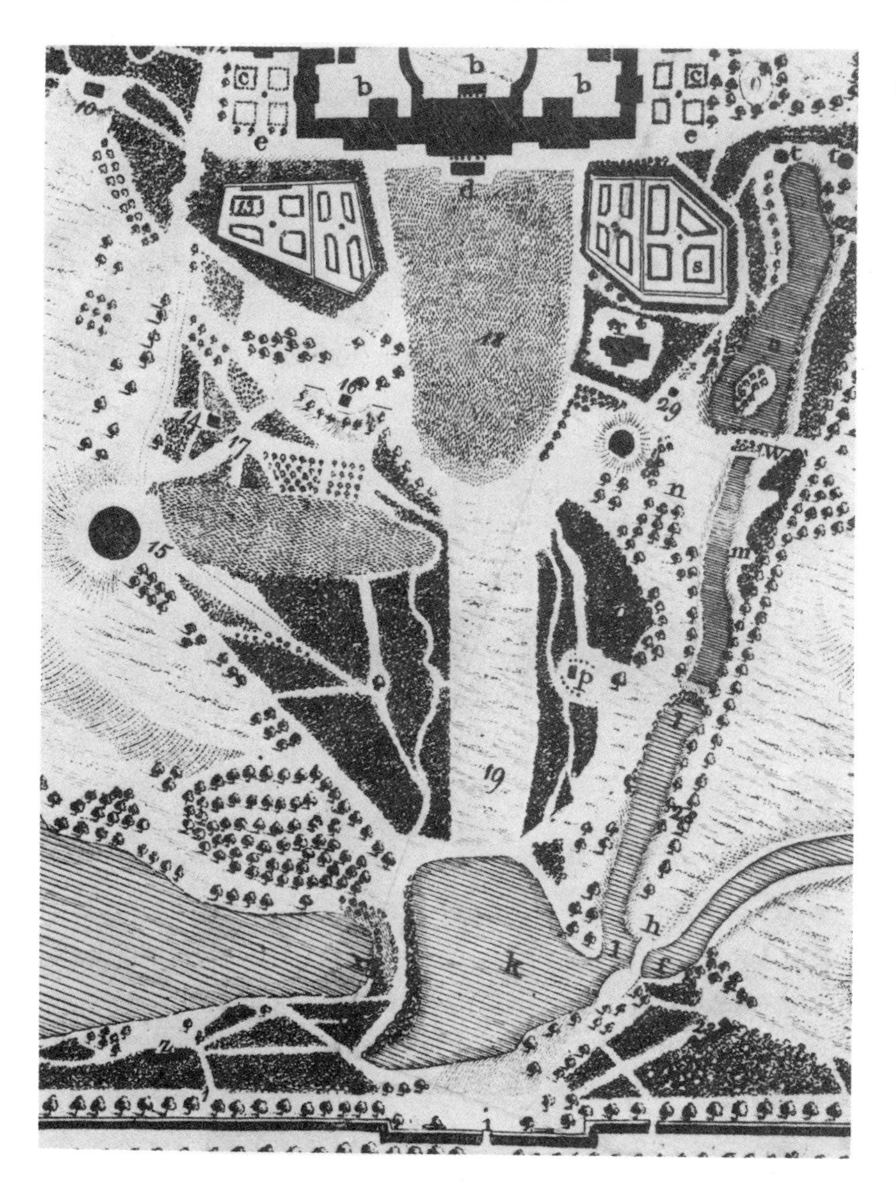

图 4.01 斯陀园平面（图片来源：Guidebook, Benton Seeley，1744）

中，吉尔平将目光投向了自然。他本人为这本书创作许多优美的画作，并希望这本著作能够指导读者如何画风景画——事实上，他的本意更是在为英国大众传递一种新的“心态”，教会民众如何将自然看作一幅画，这与克劳德·洛兰在作品中传达的十分相似。

《观察》一书只有只言片语提到了建筑，大部分篇幅都名义主义地描绘“自然”——“森林、胡泊、岩石和高山”，试着把握地域的在时间、空间和氛围上的独特特征：

天空、山峦与谷地都被一片巨大的积雨云裹挟，一片朦胧。而之后我们将看到一场罕见的暴风雨怎样大大补偿我们：视线穿过云层的罅隙，一切瞬息万变，直到太阳冲破云层投射下金光。在浅灰色的乌云之下，这一片灿烂的景致都被蒙上了眩光。

基于“如画性”（Picturesque）的巡游，吉尔平还创作了其他书籍，引领了一股以参观英国各个地域并寻找地域独特景致为时尚的风潮。其他作者也写作了同主题的著作。甚至相应的讽刺著作也出现了，例如威廉·库姆（William Combe）的《辛泰克斯博士的寻找“如画”之旅》（Tour of Dr Syntax in Search of the Picturesque，1809）。

我们很难确切知晓为什么会兴起如此的风潮，也不知道具体发生了什么。寻找答案最简单，也是最受质疑的方法之一，是将这种发展与材料变化相结合。然而仍会有人想问，这场对地域和自然特质的迷恋是否也与18世纪中期英国农业经济繁荣息息相关？毫无疑问，它的出现是农业管理技术的发展和辉格党贵族阶级对于地产的持有共同影响的结果。17世纪时期社会的统治阶级是贵族阶级，他们“打破了信仰对社会稳定带来的沉重负担”[引用自劳伦斯·斯通（Laurence Stone）]，“尝试各种革新与可能的新方式”[引自爱德华·柯克爵士（Sir Edward Coke）]。与他们不同，新的统治阶级更积极与务实，并对每一个地域的发展潜力与每一种形式的产业都充满信心，包括农业。1780年展开的圈地运动使得耕地可以为其所有者创造前所未有的高效利益，“圈地运动”相关法规带来的政策鼓励，也是这一新贵族阶级信心的来源。但从另一个角度看，地域重新获得关注并不是所有人都希望的。圈地运动在带来耕地产量及效率提升的同时，意味着农民们失去了他们传统的放牧权利。

如此的经济发展与提升进程持续了差不多一个世纪，带来了对于自然景观和传统社群的破坏甚至毁灭，当时的知名作家们掀起了一场通过撰写批评文章来保卫地域的风潮。

早在1728年，巴蒂·兰利（Batty Langley）的《造园新法则》（New Principles）一书问世。这本书汇集了作者渊博的学识与尽心的说教。此外，在书中，作者仍毫不犹豫地攻击了那些自以为是的潮流推进者：“那些卑鄙的生物（通常是纨绔子弟）挥霍重金”圈地的同时，也毁掉了自然最原始而伟大的美丽。

之前我们已经说过，18世纪初期，当新英式园林发展伊始，它的初创者们就表达了对于“睿智的土地”的尊敬，他们“用乐观的态度思索自然与原始的旷野”，认为这些比“人工与捏造”的办法高明许多。到了18世

图 4.02 通向护城河的哥特式入口

纪中叶的 1744 年，也就是威廉·吉尔平撰写他的著作《花园的对话——白金汉郡斯陀园》的同一时期，菲利普·约克在自己的《日刊》中赞扬了斯塔德利皇家花园。而事实上，公园中的维纳斯神庙、海克力斯神庙、哥特式尖塔和中式的景观与建筑，都与当地的“自然”、“场地”和地域几乎毫无关系。在场地中唯一重要的原有建筑，是一处“旧庄园废址”，但是由于无法将这处地产买下而未被纳入花园中。不过，菲利普自己也写道：“如果可以，它定将是公园中一处高贵的所在”（图 4.02）。

土地“改良运动”（Improvements）与失落的地域

土地“改良运动”旨在使各领域的生产更加高效，并更贴合于新的美学趋势，却完全忽略了不同地域的特性和不同地区人群的生活方式。此外，土地“改良运动”推平土地、伐空树木，同时也拆毁土地上原有的建筑，将原住户赶出他们的栖居领域，而这些独立农户在圈地运动中就已经饱受困苦。这一新兴的贫困群体并未被忽视，甚至为了方便管理，被别样的重视了起来。在1697年，一项法律规定，贫民们，特别是在圈地运动后被迫迁离家园的穷人，必须穿着带有红色或蓝色字母“P”的衣服。在吉尔平1770年写的《在怀尔河地区的观察》（Observations on The River Wye）中，他在叙述了“如画”之后，描绘了蒙茅思郡（Monmouth）（现威尔士郡）西多会丁登修道院（Cistercian Tintern Abbey），这一著名建筑遗迹在之后被浪漫主义画家特纳（Turner）绘入画中。吉尔平在叙述中称丁登修道院“除了其他以外”有一种“孤独的姿态”：

贫穷而无家可归的人们尤为引人注意。他们住在小小的棚屋里，棚屋分布于修道院的废墟间。而住在这里的人，除了乞讨，也似乎没有其他生计。（这种氛围）就像一片土地一旦被无奈与怠惰占据，就再无法发展。

在安德鲁·马维尔（Andrew Marvell）创作《在阿尔普顿庄园上》（Upon Appleton House）近一个世纪之后，奥利弗·哥尔德斯密斯（Oliver Goldsmith）（1730 ~ 1774）在诗作《荒村》（The Deserted Village）（1770）中，讲述了一个被土地“改良运动”征用，村民被逐出家园的村庄。这首诗深刻地表达了土地“改良运动”给地域带来的现实与社会等方面的破坏性影响，被认为是一曲愤怒的抗议与悲歌。

在诗中，哥尔德斯密斯生动地描绘了在土地“改良运动”推行之前，村庄欣欣向荣、农户快乐富足的景象：“温柔的奥本！最可爱的平原乡村 / 健康和富足激励着勤劳的少年人”，“种种游戏让人欢愉”，“谦卑的幸福给景色增添了妩媚”。

和普鲁斯特（Proust）一样，他通过对比唤起了人们对于过去的感性回忆，但和普斯斯特不同的是，哥尔德斯密斯还将批判性与政治性并置：

我的青春之所在，……
我常在这草地上漫步，
……
我频频驻足，将每一处美景欣赏，
树荫遮蔽的茅屋，耕车犁过的农场，
永不停歇的溪流，繁忙运作的磨坊，
整洁的教堂俯瞰着附近的山冈。

这是土地“改良运动”之前的社会景象，古老的聚居地，是农户们工作游憩的地方，不同年龄的人相聚于此，组成社群：

当劳累减轻，让位给农闲的娱乐，

村里男女老少放下手中的活计，

来到伸展的树枝下尽情地游戏！

在树荫下轮流进行多样的消遣，

年轻人办比赛，老年人作裁判。

但是现在，“一切充满魅力的景象全部消逝”，“看得见暴君之手伸入你的茅舍间/凋敝颓败使青葱渐渐黯淡/唯一的主宰者控制了全部的地域”——时至今日，“暴君”（tyrant）这个词语还意指绝对专制的独裁统治者。

这片土地不再是曾经团结的农户的家园。它不再由地域区分，而是被不同的经济状态分裂：

财富堆积如山，人民衰朽腐烂。

王公显贵有的发达，有的式微；

随风兴衰生灭，轻易有如吹灰；

而粗莽的农民，是乡土的精英，

一旦遭到毁灭，便会后继无人。

……

但世道骤变；商业势力冷酷无情侵占土地，把乡村少年赶出家门；

沿着林间空地，曾有村庄星罗棋布，

如今让位给笨拙的浮华和庞大财富。

原本充斥着各种声响，让人敏感辨认的自然环境，那些场景中“甜美的声响”；过去在“夜幕降临之时”，“村庄的低语升起，在远处山上萦绕”，而现在则是一片沉寂；“鼎沸的人声退去”，社群间的交流也被抑止。

远处低矮的小屋……

乡村活动家谈话时目光意味深长，

新闻比啤酒味更陈，众口传讲。

……

农场主和剃头匠不再讲述奇闻，

樵夫的谣曲不再众口流行传唱。

本已消失的当地社群间原本紧密的联结被一种新的不平等秩序所取代，“富人愈加淫乐，而穷人则越发衰颓”。

……那些高傲而富有的人，

强占了贫困的人赖以生存的空间，

筑起他的湖泊和偌大的花园；

筑起他的马厩，库房和犬舍；

而他自己，懒洋洋地蜷眠于丝绒华锦，

孤独感占据他的躯体，

他愤愤地轻视村庄曾有的绿意；

……

哦，贫困的人又该何处定居？

写到圈地运动，他说：“哪怕是穷光蛋，也会被断然拒绝。”因为根据一系列“圈地条款”，传统的为牲畜提供食物的公共土地，被禁止进入。

但歌尔德斯密斯在诗歌的结尾还是乐观地畅想未来：“骄傲的商业帝国迅速崩溃”，同时，受压制的“自给自足的力量才能与时间抗衡”。

在其他作品中[威廉·古柏（William Cowper，1731 ~ 1800），《任务》（The Task）卷三：花园，1785]，景园设计师朗塞洛特·布朗（Lancelot ‘Capability’ Brown），“万能的布朗”（1716 ~ 1783），作为最为成功的土地“改良运动”践行者之一，因像个“无所不能的魔术师”遭到攻击。诗中这样描述：

庄严的古建筑倒下了，

这曾是我们祖先的栖居之地，

这片不分种族的墓地，

被一座毫无美感的宫殿取代。

古柏并不认为土地“改良运动”潮流、“时代的榜样”的产生是由地域的原生之美和自然智慧所驱动的。社会往往是由利益与虚荣主宰的。与那些“被乡村景观之美所吸引而希望拥有地产”的声称恰恰相反，地产是经济对象，它“被人盯上后，就会迅速被宣传并拍卖掉”。再没有哪个农民会是土地与地域的拥有者了，他们仅仅是土地“路过的客人，刚来不久，就被排挤驱逐”。这就是为什么到最后，不仅仅是地域与自然环境，还包括城市都“吸引人”了；“大自然的树林”因为“不值得我们喜爱”而被抛弃。但是古柏提出了一个问题：这些“所有的空气”、“明亮的阳光与密林”是不是都不如：

城市里的烟囱制造的，

烟尘与雾霾；

让我们的喉咙呼吸污浊，

整日整夜；

贸易交换带来的拥堵，

和成千上万的车轮带来的如雷的噪声？

古柏还在诗中写了一个说教式的小故事，讲了一个“地产商的故事”。故事中，地产商对于拥有更多毫无意义又昂贵的建筑物有着狂热而不可抑制的欲望，这最终摧毁了他。之后，在诗歌的结尾，“到了最后…/ 他叹着气，启程离开了他的建筑王国”。在“竞选州长”、“公众集资和高利贷”的尝试失败之后，他最终选择结束自己的生命。

18 世纪末期，曾控制这英式园林设计的政治与文化价值观念逐渐被质疑，“如画”风格也不再那么受人热捧。园林设计变得更加标准化，遵循自上而下的规则，而非自下而上的将场地与地域的独特潜力考虑其中的设计策略。[5]

作家们又开始反对法国式的设计策略，相比于地域主义者，他们更像是民族主义者，保护一种标准和一种新的因果关系，维护着“古老英格兰的睿智”和新英式园林中的“英国特征”：

伟大的自然才不用操控：她不能忍受，

任何不属于这片土地的外来的美丽。

……

来自当地人的支持，好过所有称赞。[6]

无独有偶，尤夫德尔·普莱斯先生（Sir Uvedale Price）在他广为传播的文章《如画讨论——与庄重和美丽相比较》（Essays on the Picturesque, As Compared With The Sublime and The Beautiful，1794）中表明，“没有什么国家……（如果我们期待中国）……的土地所表达的艺术发展能与现在的英国相比拟”，并且，“英式园林在审美上有着必然的优势”，使得国家本身成了一所“景观学院”。

然而，作为一个 18 世纪中叶形式主义的尖锐批评者，普莱斯有时也会对当时的政治、道德和美学运动持批判态度，并不惧于指出新的景观实践的负面影响。他认为，如画已背离了它的初衷。现在的如画受到形式主义理念的驱使，成了一种时髦，甚至同化了古典花园的所有缺点。“以前，一切都在方形或平行四边形的控制之下；现在，一切又在圆与椭圆的切分之下：形式主义仍旧存在着，只不过换了一种形式而已”。这种全新的时髦是十分“畸形的”。

这些改良派的初衷无疑是正面的，他们希望破除形式化、重建自然。但是我们必须记住，那些明显而规律性的曲线，不加修饰、简单而坚韧，看似没有直线图形宏伟，却并不比直线更自然或更不形式化。连续不加修饰地使用曲线可能会更单调，显得矫揉造作，并往往令人不适。

从保守派的角度出发，普莱斯对威廉·肯特的作品甚至也颇有微词。在书的最后一章中，他指责肯特并未像“改良运动”承诺的那样保护地域（特征），而是毁了它们。他写道：肯特“和其他改良派一样”，对地域“不加区分地破坏”。1794年，法国正处在恐怖统治的腥风血雨下，英国则举行了针对英政坛改革派的“叛国罪审判”，这些思想上的波动可以视为是这些重大事件的回响。

但普莱斯并不是个头脑简单的保守派。他善于在文章中抵制所谓的土地“改良运动”，批判权力者打着进步的幌子行全球化之实：“改良运动的整体体系是专制的。一切必须开放；所有障碍都要被推平；房屋、树林、花园，都被清除一空。”他对于这种“抹除独特特征、让所有（地域）乏味而千篇一律”的做法居然没有被制止表示十分惊奇。难道不该做些什么来表达我们“对专制的抵制”（Our Repugnance To Despotism）么？当二战后的英国在工党政府领导下推行的中央规划政策被广泛批评时，普莱斯的这句诘问被多次引用。

在战争年代，普莱斯对错误的爱国主义表现得十分谨慎，他警示道：

在我看来，当沃波尔和梅森称赞英式园林的时候，他们一定带有爱国主义的心情，并且为国家的这一荣誉倍感兴奋。这种爱国情绪会使他们在主观上忽视现象的负面影响，而这，也会让他们将自己置于被责难的境地……但我认为，如此这般推广一种模式系统难逃责难，因为它一旦被普及，将会是对整个欧洲面貌的毁灭。

而沃波尔则很乐观，他认为“英国向世界输送了正确的花园设计模式”。他越来越厌烦“其他国家对我们的审美品位的模仿与腐蚀，是时候让世界统治在英国的翠冠之下”。事实上，他还有一个十分势利的念头，他认为“英式花园”无法适应推广于整个欧洲大陆，因为建造花园的高昂成本使它只适合那些富饶自由的国度。但是只有一个例外，那就是“德国，他们的王子在宫殿和乡间别墅上不浪费一分一毫，他正是我们最可能的模仿者”。而事实也是如此。

第五章

从装饰的农场到民族地域主义的崛起

许多从英国返回欧洲大陆的游客和越来越多的18世纪早期在欧洲流通的出版物都在讨论，英国的景观设计有了重大改变：那里出现了新式的园林建筑，打破了传统的教条，包含了自然的地域主义价值。英国人欢迎访客前来参观他们的“英式花园”，正如霍勒斯·沃波尔（Horace Walpole）向乔治·赛尔温（George Selwyn）写道，他们觉得这些亲英狂（Anglomanie）很谄媚可笑。[1]

出乎沃波尔预料的是，许多欧洲人开始认为，“英式”景观设计会是个不错的选择，能将他们从传统标准中解放出来。这不仅仅是一时兴起。

法国精英社会中那些寻求新“娱乐”、“消遣”和“快活”的人接受了“英式地域主义”，将其视为远离“无聊”的新流派。[2] 在这其中，吸引他们的是反传统和打破常规的精神。他们最近也从意大利引入了相似的“装饰性的”“如画”流派（Genre Pittoresque），主要运用于建筑内饰和家具设计。到了18世纪中期，“如画”流派已经成为既定的趋势，而建筑院士热尔曼·博法尔（Gabriel-Germain Boffrand）对此十分失望。他并不喜欢这种“曲线和直线的混乱组合”（1752 ~ 1757），认为这“难以忍受、琐碎和劣质”（1771）。另一位重要的建筑师和理论家布隆代尔（J.-F. Blondel）在他的书《建筑学》（Book on Architecture）中（1745）无奈地承认道，“如画”流派已经比“古典传统”的准确性更重要，成了一种“时尚”。[3]

作为在英国和欧洲大陆常常被提及的新流派，尽管“英式”的景观设计或“如画”流派一反传统，但却有别于最初法国人所谓的“如画”流派。从梅索尼耶（Juste-Aurèle Meissonnier）的著名设计书《画室与工作室》（Dessinateur de la Chambre et du Cabinet du rai）可以了解到，“如画”流派是抽象的形式主义，用严谨的方式扭曲了古典形态，并采用了新发明的投影几何学技巧。[4]

启蒙运动者的地域

另一方面，在18世纪后半期，新的英式景观设计转变成了形式主义的时尚，这在英国本土也遭到了各种非议。但至少在前期，它代表着一系列的新理想：自由、自然和地域。法国知识分子不觉得这无聊和过时，反而认为这很吸引人。启蒙运动者是新兴的"公共知识分子"团体，他们用文字表达自己的批判思想。对他们和改革官僚主义者及贵族而言，英式风格的景观不仅仅是形式主义和享乐主义。他们不仅以美学的角度，还从政治上的新思维方式来看待英式风格：它体现了对专制教条、中央集权和全球化的反对，对自由特许经济政策、国家地方化管理和自然法则的支持。

夏尔·德·塞孔达，孟德斯鸠男爵（Charles-Louis de Secondat，Baron de La Brède et de Montesquieu）就是其中一名知识分子。他是一位很有影响力的政治哲学家，他的理论影响了美国宪法，在关于未来区域的主要辩论中，欧盟至今还引用了孟德斯鸠的话。在他最具影响力的著作《论法的精神》（De I'esprit Des Lois，1748）一书中，孟德斯鸠解释了为什么全世界不同的人和国家之间有如此大的区别。他提出了这样一个理论：除了种族和遗传对人的体质或行为有影响外，人类的差异是由环境造成的。正如我们所见，这个理论并非原创，其根源可以追溯到古代，追溯到法国政治哲学家让·博丹（Jean Bodin）。[5]

大约在1731年，孟德斯鸠结束了在英国的长达18个月的游历，回到了法国。在英国，他了解到了人、体系、思想运动和园林建筑。回国后，他根据英式园林风格在拉布雷德（La Brède）建造了法国最早的英式花园。在花园的建造期间，孟德斯鸠开始准备写《论法的精神》。该书中，他批判了通过法的普遍性来治理国家的理念。在他去英国之前已经完成的著作《波斯人信札》（The Lettres Persanes，1721）中，他就提出了这个观点。这是一部有趣却又悲剧的书信体小说，体现了东西方在政治和生活方面的不同观点。小说中时常暗示，文化是不能比较的，但他的结论没有体现不可避免的冲突，而是指向宽容和相互了解。

此外，孟德斯鸠强调了地区气候在塑造人们性格和决定合适的政府方面的重要性。他辩称，不同地区的气候会影响人体内的纤维，从而导致人们在性格、感觉和行为上的差别。有些人害怕，有些人多情，有些人容易被寻欢作乐引诱。"你必须要鞭打俄罗斯人……（才能）让他有感觉"，他说道。孟德斯鸠在英国和意大利观看了同一部歌剧，内容相同，连演员也是一样的。但他却惊讶地发现，这两次体验有十分明显的反差。一部很平静，另一部却很激动（XIV，ii）(《波斯人信札》中的篇章)。最后，根据他的环境地域主义理论中的观点，“君主制……在富饶的国家更常见”，而像“古代雅典”这样土壤贫瘠的地区，共和制政府更常见，因为政治自由能弥补土地耕种方面的不足。

最后，在《波斯人信札》中，孟德斯鸠宣扬了多元、宽容和尊重地域特色，还表达了他对法律一致性的质疑（XXIX，xviii）。他认为，就算是针对共同信仰的群体，也不能“无一例外”地采用相同的交易和征税度量衡。但尽管孟德斯鸠接受各种不同的理念和制度，他也承认：“‘中国人最不喜欢生事’，就算整个国家采用‘同样的法律’，对他们来说也‘没什么区别’。”就他个人而言，他向往的是自由、地方多样性、特殊主义，这些理念可以从他拉布雷德庄园的“英式”设计得以体现。

位于上塞纳省白鸽城（Colombes in Hauts-de-Seine）的乔利磨坊（Moulin Joly，1754 ~ 1772），其“英式”设计更明确地体现了新的政治和经济观。该建筑的所有者和设计师是克劳德 - 亨利·瓦特雷（Claude-Henri Watelet）（1718 ~ 1786），一位专为国王寻找藏品的富有收藏家，同时他也是一名作家、画家和园林专家。乔利磨坊被视为“装饰的”农场（Ferme Ornée）。这个词是由瑞士人提出的，指的是用来休闲，但也包括如地方特色建筑、乡村小屋、磨坊、马厩、蜂房和牛奶场等生产设备的建筑。乔利磨坊取得了很大的成功。许多重要的当代艺术家和贵族都前来参观，其中包括休伯特·罗伯特（Hubert Robert）、弗朗索瓦·布歇（François Boucher）（他很崇拜这座建筑，可能受到了其设计的影响），还有玛丽·安托瓦内特（Marie Antoinette）。

地域与重农学派（Physiocrats）

时至今日，瓦特雷出名的更大一部分原因不是他的花园，而是他创作的一本极有影响力的书《花园试验》(Essai Sur Les Jardins，1774)。书中的许多想法都是从一些英国作家的书中借鉴的，尤其是托马斯·惠特利（Thomas Whateley）的《现代园艺观察》(Observations on Modern Gardening，伦敦，1770)，瓦特雷将这本书译成了法语。与英国作家的观念相同，瓦特雷认为自然的混乱性比“规则性”更讨喜。这本书不仅仅是形式上的宣言，其中包含了一些关于如何建造新式花园的实用的细节说明，还有关于法国乡村复兴的哲学和政治观点。瓦特雷在书中说道，现代的城市居民有很强烈的“回归自然”的欲望。“如果运用了管理艺术”，农场将会是集“经济”与“感官享受”于一身的既实用又美观的理想目的地，能轻易把凡尔赛宫比下去。瓦特雷的观点不仅仅来源于英国作家，还有重农学派，也称作经济学家（Les économistes）。他们对农业改革和法国地区的复兴尤其感兴趣。重农学派是一个大约在 1760 年间出现的非正式的改革者团体，团体主旨在于响应法国乡村的经济、政治和社会危机。当时到处都是一些实际的问题，重农学派是用理论模型解决实际问题的第一人。皮埃尔·塞缪尔·杜邦（Pierre-Samuel du Pont）在他的书《自然的主宰》（Physiocratie，1768）中阐述了重农学派的观点，从此重农学派获得了名声。

农学家也考虑到了相同的问题，但他们更注重实际的、科学的务农方法。同时，他们也关心农民的幸福和尊严。正如贝尔德（Béardé de l'Abbaye）在 1762 年所说，他们认为农民的繁荣是丈量一个国家经济福利的最好标准。

最早的重农主义者之一，查尔斯·伊雷内·卡斯特尔·圣皮埃尔（Charles-Irénée Castel de Saint-Pierre，1658 ~ 1743）引入了“适用性”的概念来证明，现存的封建制度在法国是没有未来的。现代经济学先驱弗朗索瓦·魁奈（François Quesnay）在这方面的贡献更大。他研究了法国的货币流，发现了货币流之外的“贫瘠阶级”。他反对农奴制，认为这不仅“压制了国内的所有竞争和活动”，还是“可憎的罪行”。

和其他重农主义者一样，魁奈强烈批评法国政府为求资本而忽视地域性的土地政策。他很崇拜孔子的政治哲学，认为可以借鉴中国的国家管理模型。重农主义者希望国王身边强而有效的行政机构能成为改革的原动力。然而与此同时，他们又支持自由主义，反对政府干预经济。

1754 年，路易十五听从魁奈的建议，放宽了谷物定价的规定，降低了征税，向建立自由经济迈进了一步。到了 1764 年，谷物的出口完全由供求机制控制。然而，像歉收等外部力量反映出了自由贸易的有限适用性。1770 年，自由贸易法令被废除。

除了瓦特雷的乔利磨坊，受到重农主义“地区反思”观念的启发，该时期法国还出现了其他类似的实验性工程。其中最重要的一座建筑是伏弗莱侯爵勒内·路易·吉拉尔丹（René Louis de Girardin，Marquis de Vauvray，1735 ~ 1808）设计的埃尔芒翁维尔公园（Ermenonville Park，1763 ~ 1776）。尽管吉拉尔丹的理念与重农学派不谋而合，他却对臭名昭著的让·雅克·卢梭（Jean-Jacques Rousseau，1712 ~ 1778）十分钦佩，而卢梭是启蒙运动者，还常常批判重农学派。

像孟德斯鸠和瓦特雷一样，吉拉尔丹也造访了英国，参观了英式花园，其中就有斯陀园。1763 年，他决定在离巴黎不远的小镇埃尔芒翁维尔定居，也按照英式风格设计了花园。有了画家休伯特·罗伯特、苏格兰园艺家和100名从英国带来的工人的帮助，吉拉尔丹按照英式设计，结合现有的自然景观，建造出了一座全新的花园。像瓦特雷一样，吉拉尔丹也考虑到了其中的批判性政治、社会和哲学含义，从卢梭的作品中提取了一些激进的思想。还有一个相同点是，花园完工后的一年（1776），吉拉尔丹出版了一本书《风景的构成》（De la Composition Des Paysages，1777），里面提到了新式的花园设计，还邀请了卢梭来参观他的作品。

1778年5月28日，在泰雷兹·莱维塞尔（Thérèse Levasseur）的陪同下，卢梭带来了手稿，登门拜访，其中包括他从1776年开始创作的最后一部作品《一个孤独漫步者的遐想》（Les Rêveries Du Promeneur Solitaire）。卢梭对自己在埃尔芒翁维尔的所见兴奋不已，说愿意在这儿住上一辈子。卢梭在到达后的一个多月就去世了，留下了包括《遐想》在内的手稿，在他去世后出版。

卢梭的地域主义宣言

卢梭早期的作品震撼、鼓舞、煽动了许多年轻的欧洲人。相较之下，《遐想》更像是一部自传，没有政治意义，更忧郁和自省，反思了他的流放经历、社会损失，以及回归自然"疗法"，尤其是在"漫步之五"和"漫步之七"6中。当时他被驱逐出日内瓦（Geneva），待在比尔市（Bienne）的一个湖心小岛上。卢梭说道，他与大自然的接触渐渐愈合了社会隔离的伤痛。他指的不是广义上的自然，而是某一处详细的、具体的感官体验。他漫无目的地游荡，让他的船随波逐流，没有计划，没有目的，"什么也不干"，就这么闲着。

像其他重农主义者一样，卢梭赞成回归到有创造性、自给自足的世界。但他建议的达到目的的方法与他人完全不同。重农主义者追求高效的农业生产，运用现代知识和技术进行区域改良，但他们不想改变土地所有权制度的基础，也不想触碰王权制度。但卢梭坚信，法国乃至全世界需要改变他们的生活方式，他相信领土内的权利分配，赞成转变当前中央集权的趋势。

20多年之前，卢梭发表了《论人类不平等的起源和基础》（Discours Sur l'origine et Les Fondements de l'inégalité Parmi Les Hommes，1755），其中正面讨论了穷人和富人间的巨大差距，震惊了整个欧洲。他的这个想法始于1737年。当时他走在蒙彼利埃的大街上，看到一些豪宅的旁边，竟是"粪肥和泥土"搭建的"极其简陋的村舍"，心中无比悲痛。他觉得这些人"很可怜"，"很难想象人能生活在这样肮脏和污秽的地方"。他赞成消除所有不平等，取消像巴黎这样的中心地带的特权。他还提倡重新定义财产体系和国家历史继承，回归自然条件。

数年后，在他最重要的政治宣言《社会契约论》(Du contract social, 1762）中，他详述了同样的观点。他在书中指出，科西嘉岛（Corsica）上居住着勇敢的人民，他们为自由而战，总有一天这个小岛能让整个欧洲无言以对。两年后，1765 年，他起草了《科西嘉制宪意见书》(Projet de Constitution Pour la Corse)，将他关于国家清算和地域回归的想法运用到了具体实例中。

1729 ~ 1755 年的科西嘉暴乱后，科西嘉人民宣告科西嘉岛作为主权国家，要求卢梭提出建议。《科西嘉制宪意见书》涵盖了政治思想、人类学推测，以及对科西嘉岛的具体实用建议。与他先前的著作相同，在《科西嘉宪法》中，卢梭认为地域主义不仅可以替代集权化和全球化，还是更好的管理全球人类居住的方式。当时的社会将名望和荣誉视为最高的民族价值，而卢梭一反政治文本的传统，声明科西嘉“不会是最出名的国家，但会是快乐的”，“全世界最快乐的农民在橡树下管理国家大事”(Bk. iv)。

与当代政治作家相比，卢梭很少提及历史，但在起草宪法的过程中，他将瑞士作为基本先例，尤其是高度自治和自给自足的古代社会。为强调瑞士成功地做到了自给自足，他举例说，在长达六个月的寒冷冬天，人们辛勤劳动，制造家庭所需的所有工具，从而实现了“独立”。

和科西嘉一样，瑞士是个乡村小国，没有贵族，没有君主专制。卢梭认为，小区域的良好治理、分散居住和分散权力比“大区域的富裕”还好，因为他们没必要根据不同地区的风俗和气候，制定“适合各个区域的法律”，也不用针对各个区域，制定大量不同的法律。这样就避免了误解或混淆，也不用以弱者和穷人为代价，让政府“职员”去执法。

谈到衡量富裕和贫穷的问题，卢梭认为，正如许多现代经济学家所坚信的一样，富裕和贫穷不是客观的陈述，而是根据历史上的一些观点得出的。因此，富裕和贫穷不应该用做衡量社会发展的指标。人们感觉到“瑞士历史上的某个特定时期的贫穷是源于金钱的流通”，这将人们不平等地区分开来，让他们“抛弃国家”，无视土地，成为“什么都不生产的无用消费者”，导致乡村人口下降，城市拥挤，需要国外进口，最终“他们对国家的爱变成了对金钱的爱”。

对卢梭而言，在热那亚的占领时期，科西嘉人最痛苦的遭遇是他们被迫进口无用的机器和“华丽的奢侈品”，这种“残暴的入侵”不能改善他们的生活质量。“商业能带来财富，带来农业自由”。通过改变人们对“快乐、欲望和品味”的观念，赋予“民族性格”，就能逆转这种心态。

卢梭的宪法从没在科西嘉实施过，科西嘉的独立梦是短暂的。1769年，在没经过公民投票的情况下，科西嘉被并入法国。不久后的1791年，法国也通过同样的方式并入了其他区，如阿维尼翁（Avignon）和孔塔（Comtat）。

然而，这些“地域主义”的尝试并没有考虑到特定“地区”的特别属性，特殊的需求和限制，以及其独特的身份。回到我们前一章提到的普里斯（Price）对“改进”风景画流派的批评上来，设计师用与他们的前辈类似的方法“抹去了所有差别……所有地方看起来都差不多”——因此，欧洲大陆的大量“英式”园林有现代的英式外表，但思想上还是传统的。

1773年法国画家、建筑师和作家路易斯·卡蒙特勒（Louis Carrogis Carmontelle）为沙特尔公爵（Duc de Chartres）建造的蒙梭公园（Park Monceau），采用了“地域主义”元素。如卡蒙特勒在《蒙梭花园》（Jardin de Monceau，巴黎，1779）一书中所说，他的构想是建造“植物学的百科全书”，一座学习的花园。用尤吉斯·包鲁沙提（Jurgis Baltrusaitis）的话说，就是“珍奇室”[卡蒙特勒，《法国的花园》（Jardins en France），1760 ~ 1820，苏里酒店，1977]。为实现他的构想，卡蒙特勒从世界上不同的地方运来了一些古老式、中国式、土耳其式的建筑物，并将这些与乡村手工艺品和全球各地的植物混搭起来：布宜诺斯艾利斯的浆果树、北美的无花果树，还有中国的梧桐。这项工程的理念是将各种“全球各地和不同时期的”自然生物结

图5.01　凡尔赛宫花园内供玛丽·安托瓦内特休憩的小农庄[理查德·米克（Richard Mique）设计，1774]

合到一起,创造一个“虚境”,好像“在看歌剧一样”,正如卡蒙特勒所写,“这会是一场盛会”。

地域性景象的特点也在尚蒂伊城堡（Château de Chantilly）的设计中占主导地位。该城堡归孔代亲王（Prince de Condé）所有。1774 年，他委任建筑师让 - 弗朗索瓦・勒罗伊（Jean-François Leroy）设计和建造一个招待法国和外国贵宾的地方。因此，该项目引入了诺曼底乡村农场的茅草屋顶，用一些没用的地域性物品制造出了视觉陷阱。事实上，他们的地域性在于，他们的“原产地”是很容易辨认的：诺曼底、布列塔尼、中国和西伯利亚（图 5.01）。

地域主义的幻想：没有地域的地域

另一个更极端的例子是 1774 年玛丽・安托瓦内特（Marie Antoinette）委任建造的休憩所。这块地是她的丈夫路易十六给她的，就在距离昂热 - 雅克・加布里埃尔（Ange-Jacques Gabriel）为蓬帕杜夫人（Madame de Pompadour）设计的美丽古典的小特里亚农宫的不远处。差不多同一时期，吉拉尔丹和孔代亲王也开始建造他们的花园。不同于蓬帕杜夫人的古典休憩所，玛丽・安托瓦内特追随了新地域主义的潮流，要求她的建筑师理查德・米克按照诺曼底区农垦的样式设计一座小农庄，还附带一个英式花园。这座休憩所包括一个磨坊、一间农舍和一个牛奶场，全部都是地方样式，只是没有农民。在这里，玛丽・安托瓦内特和她的女侍从可以穿上当地农民的服饰,扮演乡村生活的角色,比方说,从塞弗尔皇家加工厂（Manufacture Royal at Sèvres)的皇家瓷器制造厂特别订购器具,用来扮演挤牛奶。事实上，除了远离凡尔赛宫外，玛丽・安托瓦内特还是重复着宫廷演出的传统，包括路易十六组织的戏剧、音乐和舞蹈。侍臣时而为观众，时而为演员，而路易十六则扮演主角，常常是古希腊的亚历山大大帝。然而，玛丽・安托瓦内特导演的不是古典戏剧，而是带有“地域”色彩的农民“庆典”。当时一些著名的画家如休伯特・罗伯特（他设计了哲学庙和埃尔芒翁维尔公园内的卢梭墓）、弗拉戈纳尔（Fragonard）、格勒兹（Greuze）和布歇等人都参与了这些给人地域性错觉的高贵活动，尽力帮忙筹划。

当代作家约翰・雅各布・福克曼（Johann Jacob Volkmann）[7] 谈论道，类似的“英式”花园“将每一个自然景观转变成美丽的自然写真”。这些言论传遍了各个地区的德语国家。18 世纪后半期,亚历山大・蒲柏（Alexander Pope）在他的预言中也证实道:“骄傲的凡尔赛宫！光环陨落”[9]（图 5.02）。

图 5.02　巴黎兰西城堡，俄罗斯式房屋，仿照俄罗斯小木屋建造，带英式花园 [苏格兰园艺家托马斯·布莱基（Thomas Blaikie）设计，1770]

德国的英式地域主义尝试

像法国的花园一样，一些德语地区的花园有着严肃的意图：象征性的表示新的政治和文化理念。雷欧波·弗里德里希·弗朗茨·冯·安哈特王子（Prince Leopold Friedrich Franz von Anhalt）是最先被英式花园吸引的德国贵族。与吉拉尔丹相同，在 18 世纪 70 年代早期，冯·安哈特也游历了英国，而且当他回到德绍附近的沃尔利茨（Wörlitz）家中后，他也决定要建造一个“英式”公园。在此之前，雷欧波加入了普鲁士军队，但在目睹了残暴的科林战役（1757 年 6 月 18 日）后，他决定退役，宣布他所在的拟独立地区中立。他之后参与了本区居民的教育活动，发起了几次重要的政治改革。同埃尔芒翁维尔的“卢梭岛”一样，沃尔利茨有一个地方，雷欧波可以在此发表他的政治观点。此外，他也接受弗里德里希·威廉·冯·爱德曼斯多夫（Friedrich Wilhelm von Erdmannsdorff）1790 年设计建造的犹太教会堂，这是该地区内的唯一一座犹太教会堂。雷欧波花园的灵感来自于意大利蒂沃利的灶神庙（Temple of Vesta）。花园内还有奇形怪状的，融合了洛可可风格的哥特式建筑。这些新颖的设计很快就吸引了众多游客前来参观，其中就有约翰·沃尔夫冈·冯·歌德（Johann Wolfgang von Goethe），他在 1778 年非常积极地回应了沃尔利茨的创新。

当然这并不是没有例外。当时德国的大部分带有“英式”地域色彩的公园没有其他的目的，只是纯娱乐而已。加入哥特式的遗迹，这些公园就能制造出忧郁的氛围，消逝时代的失落感，就像1775年左右卡尔·戈特哈德·朗汉斯（Carl Gotthard Langhans）为腓特烈·威廉二世（Frederick William II）设计的波茨坦新公园，以及威廉九世建造的威廉高地公园（Wilhelmshöhe）。[9]

两部书的出版推动了这个趋势。其中一部是巴蒂和托马斯·朗利合著的《用几何学解释按规则与比例改良哥特建筑》（Gothic Architecture Improved by Rules and Proportions…Geometrically Explained，1742），书中列举了许多哥特式遗迹的例子。另一部同样有影响力的书是霍勒斯·沃波尔的《霍勒斯·沃波尔先生的草莓山别墅》（A Description of the Villa of Mr Horace Walpole…at Strawberry Hill，1784），书中描述了沃波尔自己主设计的位于“草莓山”的奇怪“哥特式”别墅,沃波尔也称它为“小哥特式城堡”。1747年，沃波尔在他租的现有建筑上开始修建；1748年，他把这幢建筑买了下来。之后，他继续根据自己的哥特式特色按阶段修建。1776年，在专业建筑师詹姆斯·埃塞克斯（James Essex）的设计下，沃波尔完成了改建工程。

这项工程很古怪地将不规则的哥特式建筑结合到一起，房子里面收藏了许多沃波尔的历史藏品。这些藏品主要与沃波尔的家庭和英格兰历史有关，他在书中也进行了详细地分类和描述。沃波尔选用了哥特式风格，因为他认为哥特式风格与本来建筑的特色吻合，而且这种风格更有故事性。在建造房屋/博物馆期间，他写了一部浪漫小说《奥特兰托堡》（The Castle of Otranto，1765）。我们很难证明他对哥特式风格的偏好与爱国主义有关，但他曾经将哥特式建筑称作“我们的建筑”。斯托有一座哥特自由庙，与科巴姆勋爵（Lord Cobham）的先辈有关，是由天主教建筑师詹姆斯·吉布斯（James Gibbs）设计的，沃波尔对此非常喜欢。

在房屋的内饰方面，沃波尔采用了许多大教堂的外部细节元素。至于房屋的外部设计，他混合了两种元素：带炮塔和城垛的城堡和带拱窗和彩色玻璃的哥特式大教堂。该建筑像中世纪大教堂一样逐步演变，没有固定的预先计划。沃波尔在30年间不断添加新的特征。[10]

因为其主人的声望以及其新颖的设计，整个欧洲都在讨论这座别墅，它也被看作是哥特复兴热潮的起点。

到了18世纪后期，德国贵族花园中哥特建筑的外观似乎是无目的性的。除了借鉴英式设计外，设计师有意在景观上注入情绪，而且大部分情况下，这与场地或地区没什么必然联系。事实上，德国人最初对这种趋势持消极态度。德国著名作家和教授约翰·格奥尔格·雅可比（Johann Georg Jacobi）嘲讽地认为收集全世界同样风景的楼阁是毫无意义的，包括哥特式建筑。[11]

反对魔幻岛

对此更批判的是贾斯特斯·默泽尔（Justus Möser），他来自被普鲁士环绕的一个工业小城奥斯纳布吕克（Osnabrück）。默泽尔是律师、官僚主义者、杰出作家，还是最早期的现代地域主义理论家之一。默泽尔把这些花园称作“魔幻岛”，在那里“你找不到想要的东西”，“没用的东西那儿都有”。比方说，在“祖母的洗衣房”旁边，有一个“漂亮的小哥特式教堂”。[12]

与卢梭的最后一部作品《一个孤独漫步者的遐想》差不多同一时期，默泽尔创作了他的主要作品《爱国主义的想象力》（Patriotische Phantasien（1774 ~ 1778），在书中嘲弄了英式园林样式。默泽尔还介绍了地域性家园的概念。当时的德国民族主义政治目标是建立现代超区域型国家。在这样一个环境下，地域性家园的概念对德语地区地域主义的政治和文化发展以及德国地域主义建筑起到了至关重要的作用。

与卢梭相同的是，默泽尔也担心集权化和全球化的趋势，以及它们对社会的影响。但不同的地方在于，默泽尔持更保守的观点，他支持传统的生活方式，保卫自给自足的黄金时代下他的家乡奥斯纳布吕克的“美德”。他不像卢梭那样关心人权、平等、“生活方式……勇气……原始部落的自由”。

默泽尔的“爱国主义”和他对地方自治的保护与他的故乡情结（Heimat）有关。他的故乡是由自由移民建立起来的传统半封闭式的社区。他们各自耕地，自愿决定共同利用森林，最终形成了以荣誉为基础的工会和农民社区。现在，他们的社区受到了商人、小贩、犹太人和进口商品的威胁。这会毁了他们的道德，推崇“时尚是省城的最大劫掠者”。默泽尔毫不犹豫地表示，他怀念“我们的祖先禁止犹太人进入主教教区”的旧时光。但默泽尔是地域主义者，不是民族主义者。他的封闭世界是区域性的，有独立的中心，加上周边农村/服务的支撑。其中极少数例外是他接受外来劳动力。这个观念与前文中提到的范·杜能（Von Thünen）1826 年提出的“孤立国”的概念类似。

默泽尔不喜欢英式的“魔幻”花园岛，因为在德国，这代表着懒惰和轻浮，与传统的德国职业道德相违背。他同样敌视逐渐增加的，向资本主义发展的自由经济和工业中心，如法兰克福，还有政治集中化趋势的“君主制”柏林。

在默泽尔刻薄地评价花园中无用的“哥特式教堂”的一年后，1773年，约翰·戈特弗里德·冯·赫尔德（Johann Gottfried von Herder，1744 ~ 1803）编著的选集《论德国的特性与艺术》（Von deutscher Art und Kunst）中收录了一篇默泽尔的关于奥斯纳布吕克的短文。短文的旁边有一篇名为 Von deutscher Baukunst 的文章，写的是斯特拉斯堡的哥特式教堂。文章的作者是未来的大诗人约翰·沃尔夫冈·冯·歌德，当时他才 19 岁。歌德的文章与其说是散文，倒不如说是宣言。文章刚开始没什么反响，到了第二年却产生了巨大的影响。他改变了人们对“哥特式”建筑，乃至所有建筑的看法，介绍了一种基于地域主义和民族理念的新建筑方法。令人惊讶的是，歌德没有把斯特拉斯堡大教堂叫作是哥特式的，而是按照当时的惯例，称其为德国式大教堂。为什么歌德要给这幢旧建筑冠一个新身份？

新哥特风格的构建

歌德在他的自传中写道，他生于法兰克福。如之前所说，法兰克福是一座自由帝都，归神圣的罗马大帝，而非区域统治者管辖。这是一个包容了“三大宗教的城市”，因其国际贸易出名。如上所述，这也是默泽尔十分讨厌法兰克福的原因。歌德一家人四海为家；他家人会说多种语言，他父亲的图书馆有拉丁文、意大利文、英文和法文书。在歌德的成长过程中，他重复地听着查理曼大帝、“德意志帝国”、壮观的国王选举和加冕。他还跟随他的父亲，造访了古“罗马”小镇、国王选举大厅，还有大教堂，不过那时已经变成了贮藏梁木、竿子和脚手架的“仓库”。

1756 年，在他 7 岁的时候，歌德经历了七年战争（普鲁士与英格兰联盟对抗一些小的德语区、奥地利、萨克森州、俄罗斯和法国）。当时法国占领了城市，他的家被法国国王的中尉征用。这为年轻的歌德提供了机会，让他更了解法语和法国文化，尤其是戏剧。同时，他也感受到了被外国占领的耻辱和压抑。

到 1763 年战争结束，歌德对外国文化的兴趣开始发展到了英国语言与文学，还有意第绪语和希伯来语。1765 年，歌德在法兰克福的探索时期结束，因为他被送往莱比锡学习法律。据歌德在《我的生平诗与真》中所说，他进入的身份危机——这不仅是个人危机，也是一代人的危机，战后的一代“反对之前的时代”，尝试发展出新的东西。歌德写道，长达两个世纪，许多德语国家都充斥着外国人。居民被迫在外交、科学和商业方面使用外语和外国的表达方式，这是个“多么荒唐的”状况，带来了“痛苦和困惑”。然而歌德也说道，这个情况正在转变。新一代“开始维护自己”，展示“德国独立的心态”，追求“生命的乐趣”。于歌德而言，这是三十年战争和腓特烈大帝鼓舞人的性格的结果，尽管腓特烈大帝没有掩饰他鄙视“德国所有的一切”这一事实。在莱比锡，歌德参与的新一代的活动，为此付出了大量的精力，却没有花多少工夫在学习法律上。因此在1768年，他父亲要求他回到法兰克福。他在法兰克福待了两年，精神一度崩溃。之后，他被送往斯特拉斯堡当地的一所大学完成学业。

在那里，歌德开始与斯特拉斯堡大教堂产生了联系[13]。首先，他靠大教堂克服了他的恐高症（他爬上了大教堂最高的小尖塔，在那里待上了一刻钟）。之后，他又通过大教堂治愈了其他心理创伤，包括国耻的深深创伤，以及与他的年龄有关的个人身份危机。同龄德国人以及他们的后世阅读他的文章，也能起到同样的治疗作用。

城里老旧的中世纪教堂给他的第一印象是焦虑，因为他看到的是一个“巨大的”、“畸形的”、“混乱的”、“无规则的”、“任意的”、“被装饰压扁的”、“多刺毛的怪物”。然而，他很快就意识到他的负面情绪是来源于“谣言”,来源于受教育过程中因外国古典模型的束缚而产生的偏见。尽管“英式”花园流行使用哥特式遗迹和小型哥特式建筑，许多建筑批评家（主要是法国），包括阿梅代 - 弗朗索瓦·弗雷齐耶（Amédée-François Frézier）、米歇尔·德·弗莱明（Michel de Frémin）、让 - 路易斯·德·科迪默（Jean-Louis de Cordemoy）和马克 - 安东尼·劳吉埃（Marc-Antoine Laugier），也从技术精湛性的角度赞扬了哥特式建筑，但德国对哥特式建筑的主要看法是，哥特式建筑就是“野蛮的庞然大物”，不如古典的法式或意大利式风格。

在白天或夜晚的不同时刻，歌德无畏地又去了几次大教堂，直到“眼前的庞然大物走进（他的）灵魂”，渐渐“释放快乐和理解”。在一个沉思的夜晚，他仿佛遇见了“天才石匠大师”，中世纪建筑师埃尔温·冯·斯坦巴赫（Erwin von Steinbach），自此一切都变得明朗起来。从那以后，大教堂对歌德来说不再是野蛮的建筑，而是统一的艺术品 [他用到了格式塔（Gestalt）这个词。后来，格式塔成了一个知名的用来表达有机体和认知的整体本质的美学和心理学类别的词汇]（图 5.03）。

歌德提出的一个重要观点是，遵循普遍主义、理性主义和“家长主义”设计的古典建筑参照了“世界上另一个地区”的标准,制造出了“压迫灵魂”的“一致产物”。而与此相反，我们不需要懂得任何规则，“不需要诠释”，也能欣赏大教堂的美。歌德开辟了一种理解艺术品的新方法，他建议我们

图 5.03　斯特拉斯堡明信片，背景中有大教堂（1900）

只需要“凭感觉”，赫尔德将这种方法称之为移情（Einfühlung）。

与大教堂建立起这种情感联系能够让参观者想象自己是被遗弃的地区和不存在的社区的一份子，最终让他们克服外国压迫者强加的抛弃、羞耻、无能和异化感，产生自豪、赋权和自由感。清晨的阳光洒在大教堂的正前方，歌德伸出双手呐喊：“这是德国的建筑，是我们的建筑。”

我们能对古典建筑进行明确、理性地分析和判断，因为它们是建立在通用的客观标准之上，而前提是参观者要事先了解这种标准。可是斯特拉斯堡大教堂（Strasbourg Cathedral）却不同，看着它，就能产生一种亲密的熟悉感；歌德将其称之为“冥冥之中的预感”（Faintdivining），是与建筑物建立起来的感性的、主观的、难以言喻的密切联系。

歌德进一步发展了主观主义的观点，他认为评判建筑的好坏没有统一的标准，只有与当地相对应的特定“区域”标准。这个观点指的不仅仅是建筑，他进一步提出，文化产物是无法相互比较的。

歌德的第一部作品以宣传册的形式在1772/1773年匿名出版[14]。我们之前也提到了，不久后，约翰·戈特弗里德·冯·赫尔德将这篇文章收录在《论德国的特性与艺术》(1773)一书中。为什么赫尔德会收录这篇文章？他对哥特风格和德意志风格有什么看法？他支持地域主义还是古典主义？

第六章

从地域到民族

约翰·戈特弗里德·赫尔德比歌德年长五岁。他是康德（Kant）的学生，激进作家约翰·格奥尔格·哈曼（Johann Georg Hamann）的追随者（哈曼发明了“Metacritique”一词），还参与了视主观性和情感高于理性的狂飙突进运动。1769 ~ 1770 年间，赫尔德游历了法国，之后还在斯特拉斯堡会见了歌德。在游历法国期间，他开始了解大革命前的思潮，直至他死前，还保留着法国大革命思想。

民族群体的才智

赫尔德将哥特建筑视为“民族群体”的集体创作，而非个人的发明。从美学上来看，他并不是很喜欢“哥特建筑”。赫尔德认为，如果没有共和国，没有富裕的商业城市，没有“建设了市政厅和大教堂”的中世纪自由城市，哥特建筑“不会出现繁荣时期”。赫尔德甚至声称“越好的哥特建筑越容易通过城市的构建来解释”，因为人们建造和居住的方式与他们生活和思考的方式是相同的。于他而言，非凡的哥特建筑“绝对不会是修道院或骑士城堡”。除了哥特建筑的政治层面，赫尔德还称赞哥特建筑不受外国模型的束缚，而且哥特建筑的创作加入了当地的环境与需求，“就像每只鸟儿按照自己的体型和生活方式筑巢一样”。

赫尔德在他 1766 年出版的《论品味的转变》（On the Changes of Taste）中宣传了这些思想，比他 1773 年发表的，其中收录歌德论文再版的论文集还早。他相信“诗人是民族的创造者……他向（人们）展示一个别样的世界，手中握着他们的灵魂，带领他们走向那个世界”。这也许是赫尔德收录歌德的论文的原因。尽管文中对大教堂的创造者埃尔温·冯·斯坦巴赫表示敬意，但却深深地赞扬了“德意志民族的灵魂”，赞扬了德国人民——大教堂的终极创造者。

在这个历史时刻，歌德感兴趣的是德意志民族，而赫尔德感兴趣的是所有民族。在《论德国的特性与艺术》出版后的一年,赫尔德出版了《民谣》（Volkslieder, 1774），这是一部翻译的民谣集，收录了全世界不同地区独特的、赞美“人们”创造性贡献的歌曲。赫尔德相信这些歌曲展示了民族的才智。

于赫尔德而言，“民族”不是无组织的群体，而是定义明确，以集体精神（Volksgeist）和语言区分的无阶级主体。赫尔德声称，对一个民族来说，语言——“他们祖先的言论”是最重要的。赫尔德预期，当代哲学家和社会学家会从语言中找到“整个世界的思考”、传统、历史、宗教和生活的基础。他警告道，剥夺一个民族的话语权，就是剥夺“单一永恒的美好”。没有什么能比剥夺一个民族的话语权带来的伤害更大。同样，不同的民族有自己的居住方式,如果脱离了自己的居住方式,他们会很痛苦。贝多因人“十分惧怕在一个城市安定下来”，而阿比庞人（一个南美部落）讨厌“在教堂安葬”。

一个民族不仅附属于他们的语言，还“附属于他们的灵魂”。“剥夺了他们的国家,就是剥夺了他们的一切”。[1] 以上引用了旅行者克兰茨（Cranz）的话。克兰茨以最感人的方式描述了六个格陵兰人被带到丹麦，之后尝试着逃回自己国家的故事。“他们的眼常常望向北方”。尽管丹麦人很友好，给他们提供了美食，他们最终还是郁郁而死。“黑奴”的境遇也是如此。他相信，“痛苦的回忆及无法挽回的国家和自己”促使他们去杀人。尽管欧洲人作出了努力，通过“收养他们”和“尘封他们的记忆”来弥补，他们仍然下定决心要成为“强盗和小偷”。对于抱有“土地是我们的；你们在这儿没有权力”思想的白人，他们无法“抑制自己的情感”。

与先前的环境决定论者相呼应，赫尔德认为，民族的多样性和一个“民族”成为以独特的信仰、思想和世界观为特征的国家的过程，是附属于具有特定气候和地形以及特别的教育和传统的独特地域的结果。他甚至认为，我们应该研究“民族血统和多样性的自然地理史”。[2]

这方面的历史可以告诉我们,一个族群是如何与地域联系在一起的。“地球是圆的”，不是瘪的，不是平的。海洋和山峰划分出不同“地域”和“生物最能适应的”不同“气候群体”。[3] “每个国家有自己的完善标准，完全独立于其他国家”。但是环境的限制会影响人们思考和行为的方式。“每个本土民族的思想受其地域的限制”：猎人“从湖里的海狸那儿学会了建房子，其他人像搭鸟巢一样在地上建棚屋”；“独木舟的形状是受了鱼的启发”。“牧羊人看待自然的方式与渔民或猎人不同”……“住帐篷的人认为住棚屋的人是被束缚的驮畜”。[4]

赫尔德认为，民族的统一和地域的附属能为这个民族带来快乐和创意。

如果达不到这些条件，那他们就是痛苦的。尽管德国人四散在许多不同的地区，他们仍是一个单一的民族，仍是一个群体，因为他们共用一种语言，有相同的历史。

德国部落因与其他民族融合而被贬低；他们在旷日持久的知识奴役中牺牲了自然禀性；不同于其他国家，德国经历了很长时期的暴君统治，因而在所有欧洲国家中，德国是最不忠实于自己的民族。[5]

“同一棵树上找不到两片完全相同的树叶，更不用说人了”；但是“人类智慧总在寻求各式各样的统一……他们在头脑中踩碎了所有与统一相悖的生物多样性……（认为）所有人类都是同一种生物”。“每个国家都是一个民族，有自己的民族形式和语言”，这一点我们要承认和尊重。然而，与自然界的物种划分相反，人类的多样性并不意味着不平等。赫尔德不承认“种族”一词，他认为这是“不存在的东西”，“所有人类都是同一种生物”……“因此你们不应该压迫、谋杀或是偷盗。”[6]

考虑到民族解放转变为侵略其他民族的可能性，他强调，承认民族的独特性和价值并不意味着被征服、耻辱和劣于其他民族。

赫尔德支持人类群落的独特性观点，他甚至希望让这些群落保持独立，占领单一的地区，就像每个人和每个团体有自己的独特性一样。他说，如果这一点能够实现，那么地球就会成为一个花园，每株“民族”植物都能按“合适的形式”生长,每个“民族动物”都能“根据本能和性格”追求发展，实现宇宙的多样性。

他痛恨教皇为集中化和全球化，为摧毁“国家权力”和“德国传统的自由和安全原则”所做的一切。他同样痛恨十字军东征，认为只不过是“脑中的幻影”，就导致了长达两个世纪的侵略，在“莱茵河畔”屠杀了成千上万的犹太人。“这带来了什么影响？”赫尔德的回答是,“这是不幸的尝试……为欧洲类似的战争开创了先例”，将以推动为目的的战争“延伸到了世界各地”。

然而，赫尔德认为，如果将不同的人相互结合，将他们“从小范围的气候与教育思想中解放出来”，“他们的思想会更宽广”，“不同国家间能相互学习”。这就是为什么历史上“黑人、希腊人、穴居人和中国人”形成了自己的“社会”，由“经验、平等和理性”推动，他们“会走得更远”。

我们不要去想人类有主宰世界的权力，靠毁林扩耕就能立刻把一个地区变成另一个欧洲。美裔瑞典人早已证实，快速的毁林扩耕不仅会减少可食用鸟类和鱼类的数量，还会对湖泊、河流、小溪、草地等产生影响……影响居民的健康和寿命，影响季节的变化。[7]

在1776年卢梭造访他最后的目的地埃尔芒翁维尔的前两年，赫尔德搬到了萨克森-威玛公爵的小领地魏玛，担任路德教会的总监察。这份职务是经由歌德推荐的，他此前一年曾在卡尔·奥古斯特（Carl August）的自由宫廷任职。赫尔德一直任职于路德教会，直到他1803年去世。在他临死前，赫尔德支持了法国大革命。

民谣的政治乐趣

在赫尔德1774年搬到魏玛前，他在1773年出版了一部关于民谣的书籍《民谣中的群众之声》（Stimmen der Völker in ihren Liedern），是他在斯特拉斯堡居住的几年间整理的。书中内容的真实性有待考究。我们知道他并没有进行加工和再创作，但这部作品成功地说服了读者，让他们相信中世纪德国诗乐会成员创作的民间诗歌和英国、秘鲁、法国利穆赞和普罗旺斯等其他国家的民间诗人的作品是"杰作"。

虽说这部书是德语发展的里程碑，但赫尔德的想法并非原创。早在1741年，法国历史学家和哲学家圣-贝拉叶（Jean-Baptiste de La Curne de Sainte-Palaye，1697 ~ 1781）就开始研究过去被忽视的让·德·儒安维尔（Jean de Joinville）的中世纪手稿。圣-贝拉叶和赫尔德的不同之处在于，圣-贝拉叶没有赫尔德那种对哲学和文化的担忧。1751年，在赫尔德游历法国之前，圣-贝拉叶出版了《艺术品位》（Le Goût dans les arts），他在书中表示，用普罗旺斯方言创作的作品具有审美优势。[8]

早在圣-贝拉叶的研究和作品发表前，法兰西文学院（Académie des Inscriptions）成员卡米尔·法尔科内（Camille Falconet）以该时期的文献为基础，研究了"法兰西"民族的历史。在1724年发表的一篇文章中，他建议系统地记录法国地区的法律、习俗、传统、中世纪建筑以及吟游诗人的著作。与"中世纪"研究相关的区域历史也在范围之内。

中世纪地区性通俗文学研究的兴起，正值法国古典希腊和罗马艺术、建筑和文学研究的顶峰之时，代表人物有凯吕斯（Comte Anne-Claude-Philippe de Caylus）和勒罗伊（Julien-David Le Roy）。路易十四时期的确出现了关于传统和现代的争论，但任何一方都没有压倒性的优势。

古典研究仍然是法国官方声称全球领导力的支柱；地区性的通俗文学研究也取得了商业成功。在赫尔德出版民谣之时，大量的"古罗马书"在法国出版，吸引了大量读者，玛丽·安托瓦内特（Marie Antoinette）就是其中之一。

但是，人们对中世纪史兴趣的激增，背后还有着更严肃的政治原因，赫尔德也是如此。18 世纪中期出版的历史文献，其中涉及的内容对未来法国体系和法国人的生活方式的讨论开始产生了影响。事实上，法国人明白历史在政治争论中的重要性，而且很早就开始研究过去的记录，希望找到点资料，用于国王和地方贵族间的斗争，用于建立集权国家。

文献中的观点相互矛盾，因此各方都迫切找到新的资料来维护自身的利益。弗朗索瓦・霍特曼（François Hotman，1524 ～ 1590）所著的《法兰克 - 高卢》（Franco-Gallia，1573）是这类型的早期研究作品，书中揭露了法国国王非法篡权，行使中央集权，压制地方权力的暴行。霍特曼是法国律师和作家，也是新教徒。他搬到了日内瓦，成了约翰・加尔文（John Calvin）的秘书。在他的另一本书《反君权运动》（Monarchomach）中，霍特曼认为政府应该赋予人民反抗、诛弑暴君和处死武力篡权的国君的权力。

历史学家及科学家安妮・加布里埃尔・亨利・伯纳德（Anne Gabriel Henri Bernard，1658 ～ 1722）展示了法国早期分权，各区独立的画面。法兰克人最初是自由的,他们的国王不过是被选为化解矛盾的地方法官。同样，18 世纪早期亨利・布兰维利耶（Henri de Boulainvillier）发表的历史著作中描绘的法国是一个高度分权的国家，是独特的人类“杰作”。但是亚里士多德没能料到，这样的“杰作”因为国王奖赏违反规则的行为而摧毁。

但是也有支持国王的历史证据，证明贵族无权占有他们所谓的属于自己的区域土地。圣 - 贝拉叶描述的贵族是不道德、暴力和残忍的。但与此同时，他又描绘了当时日益加深的集权专制和贵族区域自治矛盾下的早期骑士精神。

法兰西文学院由卢福瓦于 1663 年建立，是整个研究的核心。刚成立时只有 4 位成员，到 1713 年增加到了 40 位成员，我们对此并不惊讶。

1743 年，历史学家、外交官和美学先锋作家度波神父（Abbé Dubos）展开了进一步研究。他认为贵族作为阶级存在是最近才出现；他们的特权是以国王和资产阶级为代价。他描绘的早期法国地区并非独立，而是处于“封建无政府”和任意挥霍的状态。大诸侯纷纷“前往乡村地区，压榨手无寸铁的游客和农民”，国王才不得不通过政府集权加以控制。这样看来，国王与地方资产阶级联盟，代表着文明、集权和现代化的力量。

大革命前的法国地域

英国人亚瑟・杨格（Arthur Young，1741 ～ 1820）的作品算是最有趣的描述大革命前法国地域状况的著作。书中记录了皇室政策的效应、农民的生活状况以及贵族的先占。杨格很钦佩卢梭。他在书中不但描绘了美好的乡村小插曲，还描述了没有任何建筑学教育背景的人建造出了房屋。他的书《1787 ~ 1789 年间法兰西旅游》(Voyages en France Pendant Les Années 1787，1788，1789)(1792) 旨在记录法国各个地域的农业发展情况。这是杨格进行的英国、爱尔兰和法国农业技术经验对比研究的一部分。

杨格最初接触到农业是在 1767 年，那时他刚接管埃塞克斯的一家农场。他开始做实验，寻找提高生产力的方法。三年后，虽然没取得多少实际成果，但他出版了《试验农业课程》(A Course of Experimental Agriculture) 一书，奠定了他作为多产作家、研究员和区域勘测发展先驱的基础。

杨格 1792 年出版的《法兰西旅游》(Travels in France) 是根据大革命前后的游历所著。书中不止描述了农业技术，还涉及了管理、经济、政治和社会问题。此外，书中还提到了劳动阶级的权利以及穷人和少数人的绝境。杨格的母亲是犹太人，所以在他的作品中，也表现出了对当时农业社会中爱尔兰人、天主教徒和犹太人的地位的兴趣。

书中独特地描述了当时运用的农业技术，以及这些技术在“社会繁荣”、地区风俗、偏见和日常生活的演变中起到的作用。书中展示了法国地域尚未开发的潜力，展示了“可怜的农地”，比方说“洛格的悲惨房子”；展示了地主的不称职和冷漠，比方说杨格在“凡尔赛宫宴席”上遇见的“冰天雪地的索洛涅区”的地主；展示了国家的不重视，比方说使肥沃的土地沦为荒漠。杨格不仅在耕作方面进行了对比，还将艾克斯、第戎、蒙彼利埃、普瓦捷、斯特拉斯堡和雷恩地区沉迷于声色犬马和建造英式花园的无虑无知的 18 世纪地方贵族和阿姆斯特丹、鹿特丹地区的严肃、见多识广的群落，以及贵格会信徒、加尔文教徒和犹太人进行了对比。

他还说道，在蓬帕杜尔华丽的皇家养马场隔壁，住的是窗户上连玻璃都没有的穷人。这样的反差在英格兰是无法想象的。

杨格在“极度贫困”的蒙托邦过了一夜。他讽刺地反思道，这个区是多么“沉重的负担”，无数勤勉的人或在痛苦和怠惰之中，这一定是“国王和大臣们真有良心”，他们被“专制和偏见”的教条蒙蔽了双眼，“和封建时期比好不到哪儿去”。

在造访了尚博尔 (Chambord)，目睹了当地的农业发展情况后，杨格开始质疑法国院校的作用，质疑演说家 / 院士的威信，以及他们与试验和实地考察情况完全相反的闭门造车的官方报告。

这本书也许最好地记录了大革命“风暴”即将来临前法国地域的情况。

杨格认为他所见到的问题，并不能通过一场革命得到快速的解决。事实上，大革命恢复了公社和市民的财产，给予他们“封建政权”下被剥夺的权利。大革命还废除了什一税和封建税费，试图以国家来取代区域自治。雅克·戈德肖（Jacques Godechot）在描写1789年法国大革命的时候，他是这样说的：来自三个不同地区的1200名国民警卫兵公开放下地区身份，声称他们都是法国人。各地域统一起来，组成了一个民族。[9]

这些进展广受好评，但许多行动仍有局限性，来得太迟，大部分的地方居民也无法理解，因为如杨格所证实的一样，大部分居民都不识字。随着巴黎被恐惧和混乱笼罩，革命后的反革命运动开始在地方崛起，推翻为国家理性化和集权化作出的所有努力。正如我们所见，这些努力可以追溯到大革命以前，有重农学派甚至是君主的支持。

保守主义者、传统主义者、敏锐的观察者和政治分析师阿历克西·德·托克维尔（Alexis de Tocqueville）认为法国大革命引入的看似激进的改革并非原创。[10]他们“做出的改变比我们通常认为的少多了”，也并没有改善生活。“旧体制需要改变的地方很多……但法国大革命带来的仅仅是……野蛮”，引入的“中央集权制比任何法国国王行使的权力更广、更严格、更专制”。这磨灭了地区的特性，“强加了了无生气的统一性……单调而索然无味”。18世纪的法国已经是高度集中的国家，在大革命前，中央政府“有决定权……有权作出保证和发放补贴”。托克维尔认为在旧制度下“人们比现在有更多的自由”。

地域主义者反抗大革命

像投石党运动一样，新的暴动涉及了地方贵族、农民和联盟。[11]

戈德肖认为，地域主义者的反抗多半发生在地理位置孤立和农民更顺从、更依赖于“庄园主/资本家”的地区。尤其是法国西部的农民，他们不认同资产阶级的价值。大革命对“天父的信仰”的敌意，以及大革命废除宗教活动和祭礼的努力使他们感到害怕。他们不相信改革，传统上反对任何形式的中央集权，不论是路易十四的“君主专制”，还是大革命推崇的最新举措。

1793年的“联邦制”热潮使图卢兹、侏罗省、上加龙省、下阿尔卑斯省、上阿尔卑斯省、诺曼底、布列塔尼和旺代等地区的保守乡下贵族、地方神职人员、自由思想家和农民团结起来，组成了松散的联盟。1795年罗伯斯庇尔（Robespierre）倒台后，教堂重新开放，政治犯被释放，保皇党流亡者也回来了。接下来出现了范围更广的反启蒙运动和反普遍主义运动，尤其是在上述法国地区，甚至在国外也广受欢迎，因为雅各宾主义几乎成了全球性的运动，在德语国家、英格兰和意大利也有众多支持者。比利时爆发了农民起义，雅各宾派在锡耶纳被捕，城里的犹太人成了反革命地域主义者的目标，遭到大规模屠杀。1799 年后，犹太人被剥夺了他们刚获得不久的公民权和政治权，大革命支持者在全国范围内种下的自由树也被砍倒。如戈德肖所说，中世纪文学中颂扬的保守的、有骑士精神的无政府地域主义开始在欧洲各国流行。

亨利 - 巴普蒂斯特 · 格雷古瓦神父（Abbé Henri-Baptiste Grégoire，1750 ~ 1831）认为地域主义者反革命的深层原因是法国人民缺乏语言的一致性。他对此进行了系统的研究，并在 1794 年 6 月将研究结果呈递至国民公会。在 28 页长的报告中，他表示细分的 83 个省中，只有 15 个省说的是法语。至少有 600 万人忽视了他所谓的“国语”。在这个人口为 2800 万的国家，只有 300 万人说的是法语。格雷古瓦不相信保留地区或少数民族的生活方式。他认为这是导致不和谐、背叛和道德沦丧的原因，支持普及法语。在混乱的社会状况下，这并不容易实施，而且这样的局面直到 18 世纪末才有了好转。不论是在首都还是在地方，反革命行动无法让法国恢复秩序。

1799 年拿破仑发动了雾月政变（1799 Coup d’état），他成了法兰西第一共和国执政官。这为国家的内部稳定起到了一定作用，重新统一整个国家。但是，拿破仑发动了长达 15 年的外战、占领和体制改革，震惊了整个欧洲。拿破仑的目的是想要建立起更现代化的罗马帝国，有全国统一的司法、政治和文化系统。他的第一个头衔与罗马共和国的最高政治长官如出一辙，而且尽管他的“加冕称帝”由教皇主持，却确实是他自己将皇冠放在了头上。

“民族主义哥特式”缔约

1804 年 5 月 18 日，拿破仑宣布法兰西第一帝国成立；12 月 2 日，他在巴黎圣母院加冕称帝。1806 年 10 月 27 日，入侵柏林。同年，他的军队入驻了魏玛。歌德的房子被法军侵占，还遭到了虐待。两年后，歌德与拿破仑进行了友好的会谈。他接受了拿破仑赠予的法国荣誉军团勋章，在拿破仑死后他还戴着。但与赫尔德不同的是，歌德使自己远离了大革命和拿破仑的政治暴力。

拿破仑领导的推翻压迫性政权的运动最初是成功的，尤其受与法国大革命产生共鸣的年轻人欢迎。但到了 19 世纪初，大部分被占领国家，包括西班牙和德国，都出现了局部反抗。1813 ~ 1814 年间爆发了德国解放战争，动员了年轻人和知识分子。在这场斗争中，不同地区和区域国家的德国人开始实施新的政治和文化计划，建立一个新的合众国。地域主义 / 民族主义画家卡斯帕・大卫・弗里德里希（Caspar David Friedrich，1774 ~ 1840）的响应表现出了反抗和乐观主义精神。1807 年 9 月，戈特希尔夫・海因里希・冯・舒伯特（Gotthilf Henrich von Schubert）参观了弗里德里希的工作室。他看到一幅画中有只青蛙，青蛙的头顶上是只老鹰，就询问了这幅画的含义。弗里德里希回答道："德意志民族的灵魂会帮助我们走出阴霾……我们能攀上顶峰。但他同样也表示，在这个时期，德意志民族就像是'连根拔起的橡树'。"德国作家、自由拥护者约翰・戈特利布・费希特（Johann Gottlieb Fichte，1762 ~ 1814）是法国大革命的支持者，直到德国被拿破仑占领。后来，他成了我们所谓的"民族主义者"，致力于统一各个德语区，建立主权国家。

费希特在被攻占后的柏林用法语发表《对德意志民族的演讲》（Addresses to the German Nation，1806），与赫尔德的语言和群体凝聚力理论相呼应。费希特认为，语言是"内在"的纽带，让人们团结起来，成为"不可分割的整体"。显然，生活在不同国家、不同地区的德国人是团结的。而与此相反，当时的法国人民尽管生活在一个国家里，却用的不是同一种语言。

费希特强调，虽然同一种语言让德国人团结起来，却"也在他们和中欧其他民族之间砌起了一堵墙"。这一点是赫尔德没有强调的。其次，赫尔德并没有提到外敌对德国造成的影响。与此相反，费希特认为，"德国人的率直和没有疑心敌不过外国人的精打细算和狡猾"，"很容易输给他们"。他们"破坏了德国人的内部团结，把我们分开，拆成毫无联系的小部分"。费希特认为，要克服这种困难，德国"应该自己形成联盟"；"我们必须要成为统一的民族"——"只有德意志民族实现了自身的统一……我们才能得到救赎"。

为实现统一，费希特试图重新利用古罗马作家塔西佗（Tacitus）所著的《日耳曼尼亚》（Germania）一文中的历史材料，为德国人创造新的共同记忆，但他们还有其他的共同记忆，例如前文提到的条顿堡森林战役。20 世纪的伟大政治科学家卡尔・多伊奇（Karl Deutsch）曾说，民族是"因为对过去的错误观点和对邻居的仇恨团结到一起的一群人"。费希特所做的就是通过这样的方法建立起一个新的民族。[12]

同默泽尔一样，费希特反对"世界贸易"，反对他所谓的"获得其他世界的赃物……靠海外奴隶的血汗来牟取暴利"。很明显，他对重新建立以德国人为主导的全球帝国毫无兴趣。他甚至反对"公海自由……在这个年代经常有人鼓吹”。他认为“这与德国人无关”,“他们的土地有大量的资源……不需要这些”。他们的智慧和勤劳能赋予他们像“文明人”一样生活所需的一切。他的新德国构想以泛德民族为基础，试图建立起由所有德语地区构成的“内部自制、经济独立”的巨型区域。他拒绝“为世界市场制造商品……满足外国人”。换句话说，他的愿景是建立杜能式的“孤立大国”。

在这样的框架下，歌德 1773 年首次提出的“哥特建筑是德国建筑”的观点对寻求德语国家的统一很有帮助。这不仅能够促进统一的构建，或“重建”，还是明显的爱国象征。因此，歌德的观点还具备了迫切的政治用途。同样，出于知识或美学兴趣展开的哥特建筑研究在 18 世纪末开始崭露头角。而 19 世纪初拿破仑倒台后，哥特建筑研究主要是出于政治动机。

格奥尔格・亚当・福斯特（Georg Adam Forster，1754 ~ 1794）是德国探险家、民族学家、自然主义者、学者和革命家。虽然时间不长，他还是德国第一个民主政权美因茨共和国的共和党政治家。他在 1790 年发表了一些很有意思的关于科隆大教堂的文章。在他看来，科隆大教堂是很宏伟雄壮的建筑，他完全没有提到德意志民族的身份。[13] 与此类似，法学家、建筑师和作家克里斯蒂安・路德维希・斯蒂格利茨（Christian Ludwig Stieglitz）在创作于 18 世纪 90 年代，拿破仑入侵德国之前的关于哥特建筑的文章中写道，哥特风格起源于德国的观点是错误的，德国是最后一个接受哥特风格的国家。据他所说，哥特风格起源于西班牙，随即传到了法国和英格兰。[14] 斯蒂格利茨对建筑的理解很广。他认为要深入了解哥特风格，研究中世纪的社会环境是很有必要的。然而，在他的德国爱国主义新作 Von altdeutscher Baukunst（1820）中，斯蒂格利茨却声称哥特风格是德国原创,体现了德国思想和德意志人的特质。只有德国才能创造出这样的杰作。

德国作家和学者卡尔・威廉・施勒格尔（Friedrich Schlegel）所著的 Poetisches Taschenbuch Auf Das Jahr 1806 于 1823 年在维也纳出版。该书也得出了相同的结论。这本书是在他 1804 年同 Boisserée 兄弟参观了科隆和科隆大教堂之后所作。当时 Boisserée 兄弟正忙着研究德国的中世纪艺术。他在书中提到,“每一个民族”和地区都有自己“特定的、与众不同的”建筑，所以德国人也有自己的建筑。他还说，哥特建筑比“君士坦丁 - 拜占庭”的建筑“还完美”，受到了“希腊文化”的影响，这就给他的言论增添了民族主义色彩。

施勒格尔否认哥特风格源于阿拉伯国家的理论。相反，他声称在德国人对基督教义的理解中,在比其他民族更贴近“灵魂”的独特的德国方式中，可以找到哥特风格的根源。施勒格尔表示，科隆大教堂给他的感觉是难以言喻的，这种感觉“无法描述，无法解释”，与德国的道德宗教优势相关。这与歌德早年的想法是一致的。在施勒格尔的晚期作品中，他声称欧洲其他国家的哥特式建筑是由德国建筑师设计和建造的。

作为具有德国身份的最重要建筑，科隆大教堂吸引了越来越多的注意，而当时的德国正处于毁灭性的状态。显然，科隆大教堂的地理政治地位在统一德国的民族主义运动中扮演着重要的角色，使它比斯特拉斯堡和维也纳的大教堂还受欢迎。1814 年，科隆解放。1815 年，拿破仑战争结束，新的德国联盟德意志邦联成立。1814 年，人们开始讨论建造类似于瓦尔哈拉殿堂的国家纪念碑来庆祝胜利和纪念阵亡将士。在画家弗里德里希写给爱国主义诗人恩斯特·莫里茨·阿恩特（Ernst Moritz Arndt）的一封信中，他说道：“只要我们仍受诸侯的奴役……不会有什么好事发生。如果人们不能够吐露心声，他们没有权利去感受，去尊重自己。”解放碑需要修建，科隆大教堂也日渐需要修复。人们建议，与其设计一个新建筑，不如重建旧的教堂，这是最好的庆祝方式。

人们相信，在德国划分成各个区域前，科隆是古代德国部落扩张，击败欧洲各国的发源地，是他们的精神凝聚的地方。弗里德里希所绘的荒凉景致，科隆大教堂斑驳破碎，等待修复，像德意志帝国一样。仿佛是将德国和大教堂进行类比，预示着胜利的到来。

因此，1816 年，腓特烈·威廉三世委任卡尔·弗里德里希·申克尔（Friedrich Schinkel）查看大教堂的情况以及重建的可能性。申克尔以他为普鲁士王后路易莎设计的陵墓出名。他也是“哥特建筑起源于德国”一说的支持者，而且他相信哥特建筑是有灵性的。

1823 年，波瓦塞雷（Sulpiz Boisserée）准备出版期待已久的一系列关于科隆大教堂的作品，向大众展示该建筑的高品质。波瓦塞雷想邀请歌德为他写序，因为在歌德的自传《诗与真》（Dichtung And Wahrheit, 1811 ~ 1833）中，他回忆自己 1773 年的作品，“这不是外国建筑……是我们自己的建筑”。歌德把哥特建筑命为德国建筑，虽然比不上希腊的，却也是主要的贡献。在歌德为布瓦塞雷写作的序言中，他又一次提及“德国与哥特”建筑的问题。与他最初的观点相比唯一不同的地方在于，他接受了赫尔德的想法，同意大教堂不是单一个人而是集体努力的结果。

重建项目还没有这么快开始。终于，到了 1842 年，腓特烈·威廉（Friedrich William）下令重建，科隆大教堂成了统一德国的民族事业。斯特拉斯堡大教堂启发了人们去寻找德国民族主义建筑，而科隆大教堂就是他们的目标（图 6.01）。

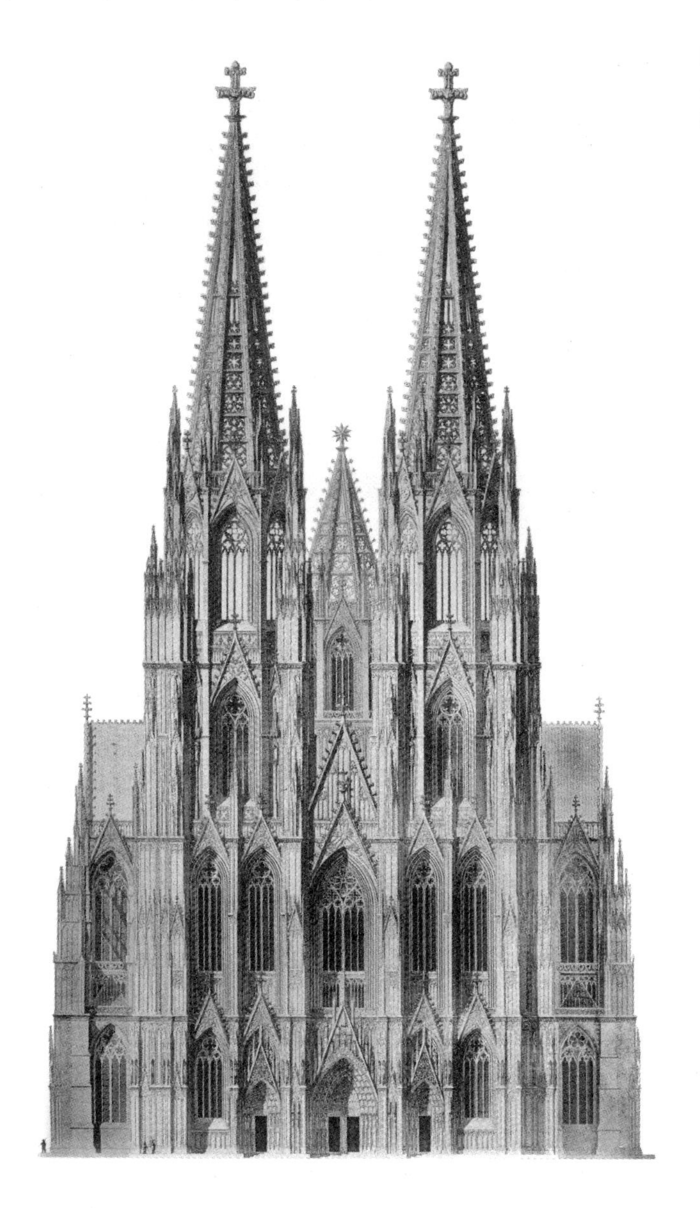

图 6.01　科隆大教堂，出自萨尔皮斯·波瓦塞雷《意见》(1823)

腓特烈·威廉，还有渴望成为新德意志帝国的文化与政治领袖的巴伐利亚国王路德维希（Ludwig II）都曾为布瓦塞雷授勋。科隆大教堂的重建和完工是最好的证明，证明了德意志人民渴望成为完整的一体。约瑟夫·戈雷斯（Joseph Görres）在《科隆大教堂》(Der Dom von Köln，1842）中提到，科隆大教堂是“所有德国人的成果”，代表着“统一的目的”。可惜的是，戈雷斯和他同时期的民族主义作家的论点在戈雷斯书籍出版的一年前就已经被弗朗茨·默滕斯（Frantz Mertens）推翻。默滕斯在《科隆大教堂之下》

（Ueber den Dom zu Köln ，1841）一书中证明了哥特风格起源于法国巴黎的圣丹尼大教堂（St-Denis Cathedral），这一点是无可争议的。[15]

德国激进诗人海因里希·海涅（Heinrich Heine）是科隆大教堂的热心支持者。早在 1818 年，海涅就写到科隆大教堂，认为它是真正的德国人民的作品。他甚至是 Dombauverein，一个致力于完建大教堂的社团的主要创始成员。然而到了 1828 年，他开始有了疑惑。随着民族主义运动的迅速增长和和盲目的沙文主义理论的发展，比如说哥特式大教堂是有独特“灵魂”的德意志人的专属发明等，他认为德国的重生理念，以及具有象征意义的大教堂重建，遭到了背叛。他在 1832 年写道，尽管大教堂有精巧的工艺，但它空洞的地方却像是“殉教的器具”，是“狭隘和迷信……的象征”。1844 年，他将其比作“德国灵魂的巴士底狱”，让德国人丧失理性。[16] 海涅的观点预示了德国的地域主义 / 民族主义文化 / 建筑运动在 19 世纪末的逐渐消沉。

第七章

哥特式地方自治主义与民族地域主义

“英式花园”运动是欧洲第一场重大的建筑运动。它挑战了古典建筑普遍性的教条，提倡了特殊性、自然性和地域性。到 1815 年拿破仑运动结束之时，这场运动已有了 100 多年的历史。

正如我们所见，随着主要以“如画”为名的“英式花园”运动带着一套设计规则和风格发展到全世界，该运动最初的政治地域主义意图已经被遗忘。拿破仑战争后新的政治现实是需要实现新的目标，其中之一就是“重新绘制欧洲地图”和各个地域的未来。

这些新问题是拿破仑最终垮台的一年前，1814 年的 10 月 1 日，维也纳会议上欧洲各国领导人讨论的议题。与会的有英国、法国、普鲁士、俄国，和包括赫尔维蒂共和国在内的一些小国家，由共和国的每个行政区派一个代表组成代表团参加。由梅特涅（Metternich）担任主持的组织者承认瑞士，为的是体现会议尊重欧洲地区的排他主义事实，以及会议不受旧规则的束缚。

会议期间，欧洲大陆正面临着旧帝国的衰败和瓦解，新的“民族”/ 地域身份正在浮现，国家和主权的概念也有了新的定义。英国对这些问题不太感兴趣。他们感兴趣的是航行自由、开放海域等推动全球化的条件。

也许正是因为这个原因，在 18 世纪后半期，虽然“哥特风格”在德语地区新德国身份的构建方面扮演着重要的角色，却对英国的政治和文化没有太大的影响。如同过去其他的英式花园设计，英式“如画”花园中使用的哥特式遗迹和哥特建筑并没有传递重要的地域主义 / 民族主义政治信息。

大部分赞扬和利用哥特建筑的团体，如 1839 年成立的大学生“教堂艺术学协会”（Ecclesiological Society），也叫作剑桥卡姆登协会，他们这么做是因为这代表着“传统和秩序”，而不是因为爱国主义或地域主义。与此类似，1835 年皇家专门调查委员会展开了关于威斯敏斯特宫内国会大厦的未来样式的激烈讨论，委员会更倾向于哥特式或伊丽莎白式风格，而非古典风格，因为哥特风格与周围的建筑风格一致，同样也是因为他们怕古典公共建筑会让人联想到法国或美国的共和主义。1836 年，委员会委任查尔斯巴里爵士（Sir Charles Barry）设计议会大厦。不出所料，他递交的哥特式设计。

乔治·吉尔伯特·斯科特爵士（Sir George Gilbert Scott，1811 ~ 1878）为外交部（1830 ~ 1842）设计新大楼。他推荐采用哥特式设计，但是自由党首相帕默斯顿勋爵（Lord Palmerston）不同意。因为怕哥特风格会让人联想到保守党，他更倾向于古典式设计。斯科特爵士轻而易举地把设计改成了古典式。他认为哥特和古典风格就好比衣服一样，是可以互换的。

同样，查尔斯·罗伯特·科克雷尔（Charles Robert Cockerell，1788 ~ 1836）为纪念拿破仑战争中阵亡的将士，仿照帕台农神庙设计的重要国家建筑——爱丁堡卡尔顿山国家纪念碑（1826），并没有采用地域主义或民族主义标准。同一时期，利奥·冯·克伦泽（Leo von Klenze）也设计了一座“拿破仑战争后”纪念碑——俯瞰多瑙河的瓦尔哈拉神殿，用来纪念历史上的德国名人，包括阿米尼乌斯（Arminius）、条顿堡森林战役的胜利者、埃尔温·冯·斯坦巴赫(Erwin von Steinbach)和斯特拉斯堡大教堂的建筑师等。同克伦泽一样，科克雷尔相信古典主义，尤其是雅典的帕台农神庙，代表着普遍价值观的最高点。

巴里爵士在地中海和中东建筑方面有着广博的知识，但他并不特别了解哥特风格。在设计威斯敏斯特宫的时候，他请了个好帮手——哥特建筑专家奥古斯都·威尔比·诺斯摩尔·普金（Augustus Welby Northmore Pugin，1812 ~ 1852）。但是对普金来说，哥特不仅仅是一种风格，还有更深层的宗教、文化和道德含义。

普金 1836 年在建造威斯敏斯特宫的时候说道，“古代艺术的回归”（指的是哥特）不只是“审美的问题……还与信仰的复兴紧密相连”。普金在 1835 年皈依英格兰的少数教派天主教也证明了他的观点。为宣传他的观点，普金出版了一部带有讽刺插画的文学政治作品——《十四至十五世纪贵族建筑和当代类似建筑对比与当代审美的衰退》（Contrasts，or，A Parallel between the Noble Edifices of the Fourteenth and Fifteenth Centuries，and Similar Buildings of the Present Day，Shewing the Present Decay of Taste，1836），目标受众不仅是建筑师，还包括广大民众。通过将中世纪建筑类型和具备类似功能的当代建筑进行成对的比较，普金向人们展示了当代主流建筑的劣等以及英国政府的贪婪本性。普金说道，不同于中世纪建筑，当代建筑忽视了这么一个事实——“测试建筑优劣的最好方法是看建筑的设计是否与其目的匹配”。普金认为地域的多样性是“适合”的先决条件，而古典主义或甚至是哥特主义代表的普遍性标准却恰恰相反。他认为“不同的国家创造出了许多不同的建筑风格，每一种都与他们的气候、风俗和宗教相匹配”。

1841年，普金完成了另一部著作——《尖顶或基督教建筑的真实原则》（The True Principles of Pointed or Christian Architecture）。他在书中阐述了地域主义的想法，反对将意大利设计引入英国。他认为这是“错误的，滑稽可笑的”，不适合当地的气候。他在书的结尾处问道：“意大利建筑跑到英国来做什么？我们的气候哪里和意大利相似？”他还进一步地表示很惊讶，不明白为什么有人会“在英国的沼泽地上设计意式花园”。

普金也毫不犹豫地引入了民族主义标准——“我们不是意大利佬，我们是英国人……我们应该时刻铭记这种民族感……不能忘记自己的土地”，尽管他父亲是法国绘图员。他也担心全球化的效应，表示：“英国的古老传统正在迅速流逝；所有的地方都变成了一样的……民族情感和民族建筑处于低潮。民族复兴应该成为每一个英国人的绝对责任。”

然而，尽管普金向大众呼吁地域主义或民族主义情感，他自己既不是民族主义者，也不是地域主义者。他的价值观在另一个层面，这一点在他后来的著作《为英国基督教建筑的复兴道歉》（An Apology for the Revival of Christian Architecture in England，1843）中有了更清晰的体现。他在书中表示，问题的原因在于建筑师没有“做该做的”，而是在“炫耀”。建筑师和当时英国社会对金钱的态度更是如此。

这的确是个问题。拿破仑战争结束后，欧洲大陆仍忙于解决君权和地方主义冲突问题，而战争的真正赢家英国却通过不断扩张和巩固其殖民帝国以追求财富，尽管当时的伦敦和其他地区被失业、饥荒和毁灭性的经济波动笼罩。

受经济利益的驱动，英国进口了廉价的外国商品与本地产品竞争。1815年政府颁布的谷物法要求征税，起到了贸易保护的作用，扭转了先前的局面。然而，政府提供的保护只对当地地主有益，并不能从整体上改善人民的生活状况。这就引起了人民的愤恨，要求政府公示决策。这起抗议导致了曼彻斯特的彼得卢屠杀。事件中，骑兵带着军刀冲入手无寸铁的人群。屠杀被名为彼得卢，以讽刺四年前的滑铁卢战役。

普金的作品并没有直接提到这些历史事件，在《对比》的插图中也表现得很隐晦。但普金却毫不犹豫地将圆形监狱蓝图——功利主义家杰里米·边沁（Jeremy Bentham）提出的结合工作场所和监狱的多功能设计和中世纪社区为“下等阶级”提供的社会福利机构进行对比。一方面，边沁认为圆形监狱蓝图是解决穷人和失业者问题的统一方案；另一方面，中世纪的

“英格兰还是快乐的英格兰”，那时候的建筑“牢固而舒适”。图中的哥特建筑代表着社会的价值和生活的方式，而不仅仅是一种风格。[1] 难怪 1846 年支持教条和模仿使用哥特风格，忽视动态的社会历史的教会学家批评普金并警告读者，普金的教堂是哥特建筑“传统和现代的反映”，不是真正的哥特，不是抽象的理想。

教堂艺术学协会反映出的在大英帝国的殖民地建教堂的问题也与此一致。他们忽视了地方的需求，提出了一个荒唐的建议——在澳大利亚采用哥特式的教堂类型。不久后的 1845 年，在阅读了本杰明·韦伯（Benjamin Webb）的《热带环境下尖顶教堂的改建》（Adaptation of Pointed Architecture to Tropical Climate）之后，协会听从了他的建议，意识到建筑的地域性问题，承认方案需要修改。1851 年，传教士梅威良（Reverend William Scott）在协会内讨论了地域性的亚热带建筑。更让人吃惊的是，他认为有必要学习非欧洲的创意。然而，协会仍没有注意到普金的作品中反映出的让人不安的经济、社会和政治事件。与此相反，到了 19 世纪中期，这些问题激发了年轻的建筑师一代。对他们来说，普金的信息鼓舞人心，切中要害。

这其中的一个年轻人就是约翰·拉斯金（John Ruskin）。和普金不同，拉斯金不是建筑师。他是活跃的讲师，也是多产的评论家。1837 年他开始创作自己的第一本书。那时他只有 18 岁。他的书以威斯特摩兰郡的村舍为主题，将其和意大利的同类型建筑进行了对比。随后他又增加了一些欧洲其他国家的例子，并于一年后在《建筑学杂志》（Architectural Magazine）上刊登，题为“论建筑的诗意”，署名是拉斯金的笔名“Kata Phusin”，是古希腊语，意为“顺其自然”。

当时杂志的主编是约翰·克劳迪斯·路登（John Claudius Loudon，1783 ~ 1843）。他是成功的职业园艺师、设计师和作家，在刊登拉斯金的文章前不久，他出版了《村舍、农场和别墅建筑百科全书》（The Encyclopedia of Cottage，Farm，Villa Architecture，1834）。拉斯金在书的序言中提到了路登的这本书知识面很广，但是他没有提到作者的名字。他说，这本“充分体现建筑科学性”的著作，其目的在于批评“英国道德低劣”时期的当代建筑。拉斯金这样描述了此类建筑的空虚：

科林斯柱杂乱无章的摆放在壁柱旁……顶上架着胡椒盒子似的设计。这种形式上为哥特风格，细节上为希腊风格的建筑奇怪地被看作是“民族建筑”；他们错误地把它称作瑞士农舍，建在大都市周边的砖瓦厂，实际上是对瑞士农舍的中伤。

他谴责了建筑师面对“每个市民把自己包装成粗俗的住户来适应自己

的品位或喜好”的需求的消极态度，认为建筑师是“附庸”。和普金一样，他认为这个问题的根源在于“人们把钱视为一切”。也许是因为普金对天主教堂的痴迷，尽管拉斯金公开批评普金的设计，甚至虚伪地声称他没有读过普金的作品，拉斯金也和普金一样热爱哥特风格，也支持建筑的社会和道德论。

道德地域主义：拉斯金

拉斯金的作品《低地农舍：英格兰和法国》（The Lowland Cottage：England and France）旨在结合环境深入分析案例，展示如何根据民族主义理想，而非市场力量来设计建筑。“这些完美的、与众不同的农舍与本国的环境相符，能很好地满足建造者的需求”。

拉斯金从这些案例分析中得出的结论并非为设计标准，而是一种自相矛盾的说法——普遍的地域主义原则：

如果我们的目的是……体现出平静和质朴，那就不能设计出美丽壮观的奢华建筑。如果硬生生地将一幢这样的建筑摆在那里，只会显得和场景完全不搭调。

图 7.01 农舍类型：詹姆斯·马尔顿（James Malton），《论英式建筑》（An Essay on British Architecture, 1789）

另一方面，尽管拉斯金不是执业建筑师，他试图让从业者意识到，建筑设计中一些特定因素能让一幢建筑与场地和地区相适应，从而影响他们的建筑实践。因此，在书的下一章，他集中讨论了"建筑的第一个显著点……屋顶……我们应该时刻记住这个绝佳的例子。这能让一切都变美，让我们知道在什么环境或情况下有用（图 7.01）。"

书的第三部分名为"山间农舍：瑞士"。这部分是最动人的，而瑞士也是影响他最深的一个地区。尽管他写这一章的时候才 18 岁，字里行间却透着年长男人的怀旧情怀。这种感觉在他多年后所著的《普雷特利塔》（Praeterita，1885）中也得以体现：

我如何能够忘怀人生中第一次见到如斯场景的激动心情：平静而朦胧的幽谷中，茂密高大的松树遮阴蔽日，涓涓细流浅吟低唱，平缓的青山被山顶的夏雪环绕，仿佛一片银白之中，有颗巨大的绿宝石；在侏罗山脉的平静峡谷中，我第一次见到不引人注目，却又异常美丽的瑞士农舍……三生有幸，这是我见过的最美的建筑；它的特别之处不在于建筑本身，不在于松散的、

图 7.02 高山冰川：约翰·罗斯金，《现代画家》（Modern Painters，1843）

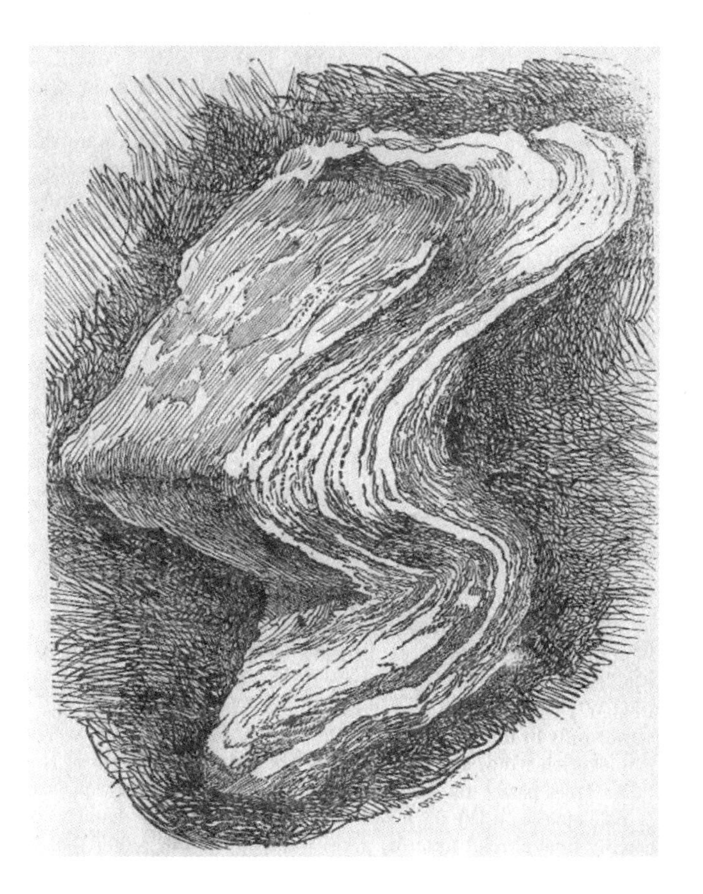

图 7.03　高山轮廓：约翰·罗斯金，《现代画家》(Modern Painters, 1843)

生苔的冷杉木，不在于屋顶上的一两块灰石，而在于与环境的和谐统一；它的美，完美地与背景融合在一起（图 7.02、图 7.03）。

从拉斯金对瑞士农舍的描述中我们可以看出，给他留下深刻印象的不是建筑本身，而是建筑与环境的联系。因此，他认为：

我们不应该去效仿这种建筑；如果硬生生地把它摆在不属于它的地方，只会带来不协调而已；它没办法融入不属于自己的环境中去，因此它只能被模仿，不能被超越。

研究完这些案例后，拉斯金得出了如下结论：

不平坦的地面及其特点、空气的性质、曝光以及光线的洒落、植物的数量和远近……这些都会影响到设计。设计师也应该考虑到这些因素，因地制宜地作出一些调整……这里只有一个普遍规则可以适用……建筑不是个体，不是单独存在，而是整体的一部分。

讽刺的是，正如我们所见，在随后一些年里，带有地方色彩的瑞士农舍却是被模仿得最多的建筑，“不远万里踏上异国他乡的土地”，成了没有地域的“地域性”建筑，或用拉斯金的话说，成了“代表瑞士的玩具”。

在拉斯金发表关于普通农舍建筑文章的16年后，他转向了哥特建筑。他在《威尼斯之石》（Stones of Venice，1853）一书中就提到了哥特，其中第二卷第六章的标题是“哥特的本质”。这部书从美学的角度深入分析了哥特式建筑。

但是，和普金一样，拉斯金对中世纪的痴迷与他的最终兴趣紧密相连，那就是批判性的评价人们是如何被迫生活在大英帝国下的。

它打破了现有的法则；不仅敢于违反所有的奴性原则，并为此感到快乐；它发明了一系列的新形式，并且能不断创造新鲜感。

这部著作最重要的贡献在于，作者不是从哥特建筑的质量，而是从建造过程的质量去审视哥特风格。拉斯金让读者想起了自己的房子。“他们常常为自己的房子感到自豪，因为质量好、牢固、装饰品很精美……精确的线脚、完美的抛光……风干木材和回火钢的调整”。想起这些，就能常常“让他们狂喜，感慨英国是多么的伟大……唉！”完美的建筑无时无刻不透露出“英国奴隶的境遇比糟蹂躏的非洲人和希腊人要严重上千倍”。而拉斯金所谓的奴隶，指的是建筑工人。他们被降级成“机器……比当时的其他罪行还恶劣……在这样的情况下，为自由而战还有什么意义”；“这样的劳动剥夺了他们做人最起码的尊严”。拉斯金猛烈抨击了当时经济学家提出的劳动分工概念，认为这是不道德的。“劳动分工这个伟大的、开化的发明”并没有对“劳动”进行分类，而是对“人”进行分类。“我们的制造业城市……却没有制造出人”。

到了1860年，虽然他们仍然欣赏哥特建筑，但是越来越多的年轻建筑师认为各种类型的“复兴运动”让人筋疲力尽。甚至连“教会狂热”的产物——非地域性或民族性的哥特建筑“重建”都是“毁灭性的”。用拉斯金的话说，“重建”是商业主义驱动下的“彻头彻尾的谎言”，建造出来的不过是精美的“伪造品”。[2] 建筑师、作家和公务员威廉·理查德·莱瑟比（William Richard Lethaby，1857 ~ 1931）指责乔治·吉尔伯特·斯科特爵士“以‘重建’为名的所作所为……暴力而愚蠢”，拿“专业办公”图纸来“充当艺术”。

对拉斯金来说，最重要的是通过建筑来保存记忆。他在《建筑的七盏明灯》（The Seven Lamps of Architecture）中写道，“我们生活可以不需要建筑，做礼拜可以不需要建筑，但没有了建筑，我们就没有记忆”。这是因为“经过了各种浪潮洗礼”的老建筑，“有着无限的、丰富的历史”；它们能“深刻地感受到话语的重量”。拉斯金的文章概括了歌德关于斯特拉斯堡大教堂的思想，证实了建筑能储存记忆，保留群落和地区的身份。歌德重建集体记忆的目的是将分裂的德语地区人口团结起来，组建巨大的地域性国家。与此相反，拉斯金对群落的看法是模糊的，更普遍的。

对拉斯金来说，破坏性地维修历史建筑会摧毁它们最宝贵的品质，抹灭历史的痕迹。因此，他帮助建立起了“反对破坏古建筑组织”，即古建筑保护协会（Society for the Protection of Ancient Buildings），阻止破坏性地维修历史建筑和历史建筑商业化行为。协会的主要创办人是作家和设计师威廉·莫里斯（William Morris，1834 ~ 1896）和建筑师菲利普·韦伯（Philip Webb，1831 ~ 1915）。他们的政治活动比拉斯金要更具体。

环境地域主义：维奥莱 - 勒 - 迪克（Viollet-le-Duc）

建筑师欧仁·埃马纽埃尔·维奥莱 - 勒 - 迪克（Eugène Emmanuel Viollet-le-Duc，1814 ~ 1879）在这方面作出了更具体的贡献，也就是推动产品设计。维奥莱 - 勒 - 迪克出生于洛桑，和拉斯金是同一时代的人物，也会被拿来和拉斯金作比较。[3] 和拉斯金一样，维奥莱 - 勒 - 迪克常常被视为“哥特复兴”运动的支持者，而且他们的哥特式方法要比一般的更深入，更具有批判性。维奥莱 - 勒 - 迪克和拉斯金还有一个相同点——他们都是多产作家和古典教条的反对者。维奥莱 - 勒 - 迪克的著作针对专业人士和普通大众，提倡批判性的、排他的、地域主义的设计方法，与拉斯金的想法很相似。

拉斯金十分欣赏维奥莱 - 勒 - 迪克的学识和对建筑的态度。珀西·莫利·霍德尔（Percy Morley Horder）让他推荐一本建筑学方面的书，他在回信中这样写道：“只有一本建筑学书有价值……维奥莱 - 勒 - 迪克的词典……我的书是有关历史的，多愁善感的……你要学的是建筑学本身。”也许拉斯金欣赏维奥莱 - 勒 - 迪克，是因为他听说 1863 年维奥莱 - 勒 - 迪克担任法国美术学院（École des Beaux-Arts）教授后不久就辞去了职位，因为他不愿向学院的保守项目和目标妥协。[1874 年，拉斯金拒绝接受英国皇家建筑师协会颁发的金牌。他在写给托马斯·卡莱尔（Thomas Carlyle）的信中提到，他不能“接受为铁路部门建造哥特式广告的人颁给他的奖项”，他宁愿在工人学院教书。]1793 年，作为保皇主义机构，皇家建筑学会在大革命期间被雅克 - 路易·大卫（Jacques-Louis David）废除，并在 1795 年成立法国美术学院取而代之。尽管法国美术学院成立时是共和主义机构，到了 19 世纪中期，学院的建筑学部门成了保守主义的中心。

传统主义者和激进的雅各宾派都采用了古典主义教条，应用了“从上而来”的抽象普遍原则。他们都不认同排他主义和地域主义的设计观念。19世纪上半叶中期，年轻的一代对此作出了回应，尤其是如亨利·拉布鲁斯特(Henri Labrouste，1801 ~ 1875)等学生领导。他赢得了罗马大奖(Grand Prix de Rome)，离开了法国，入住美第奇别墅（Villa Medici）。但是这在学院内部的影响很小，对年轻人来说还是僵硬的、独裁的、疏远的。

考虑到这样的环境，维奥莱-勒-迪克拒绝加入法国美术学院，更愿意自己思考。和拉斯金一样，维奥莱-勒-迪克为哥特建筑痴迷。吸引他的不只是建筑的正式性，还有其建造的过程。他欣赏工会，欣赏他们的工作方式。古典主义建筑师是自上而下的控制整个建筑，而他们却与此相反，他们让每个技工自由发挥他们的创意，完成被分配的建造部分。美术学院不会容许这样的方法。

维奥莱-勒-迪克没有进入美术学院，却为1830年的七月革命建起了路障。之后他提到这段经历，声称这是他一生中最有用的技术经验。七月革命结束后，他继续自学，游历了法国、卢瓦尔和庇里牛斯山，研究和记录当地的中世纪建筑，关注特定的细节以及它们与当地环境的关系。有趣的是，维奥莱-勒-迪克辞职后不久，他见了两个人：一个是朱利安·郭德特（Julien Guadet），亨利·拉布鲁斯特的学生。他教授理论和设计，推广建筑学中地区气候条件和地区材料的重要性；另一个人是哲学家和作家依波利特·阿道尔夫·丹纳（Hippolyte Taine），他直接接替了维奥莱-勒-迪克的职位。

丹纳教授美学和理论，从保守主义的角度介绍了一些地域主义思想。丹纳是托克维尔的门徒，他反对大革命和雅各宾派的中央集权政治。他还反对1793年法国宪法，支持分权和法国区域自治。我们在后面就会看到，这个观点在法国的保守政治和文化政治活动中扮演着越来越重要的角色。

尽管维奥莱-勒-迪克曾是激进青年，当权派很尊敬、信任和支持他，其中就有拿破仑三世和伟大的作家和法国历史文物总督察官普罗斯佩·梅里美（Prosper Mérimée）。这让他有机会去对中世纪建筑的修复展开开创性的调查，去写作，去研究自然。1868年，他开始研究阿尔卑斯山的形态和结构。1871 ~ 1876年间，他暂停工作，加入到反抗普鲁士占领巴黎的队伍当中。他研究的一个主题是山脉的形成和侵蚀过程，拉斯金对此也并不陌生。和拉斯金一样，维奥莱-勒-迪克试图通过这项研究找到环境力对建筑构型的影响。高山建筑及其与场地和地域限制的关系是研究的部分重点。他得出的结论是，相似的环境会产生相似的建筑；因此，瑞士山上的小木屋和喜马拉雅山上的那些建筑很相似。1874 ~ 1876 年间，在他的迟暮之年，他将阿尔卑斯山的地区建筑理念运用到了他在洛桑市的住处设计当中。建筑的外形和开口根据环境和特定的场地条件设计，就像阿尔卑斯山的山丘是由材料和环境相互影响形成的一样。

维奥莱 - 勒 - 迪克设计的建筑很少有大量的模仿，他的主要影响来自于大量的书籍：例如《从史前到现代的人类居住史》（The Histoire de l' habitation Humaine Depuis Les Temps Préhistoriques Jusqu'à Nos Jours，1875）一书中详细阐述了从史前到现代的人类“住所”的演变历史，涉及的范围不仅仅是“建筑学”。同年，他出版了拉斯金特别钦佩的《十一世纪到十六世纪法国建筑系统词典》（Dictionnaire raisonné de l'architecture française du XIe au XVIe siècle，1854 ~ 1868）的最终版。1863 ~ 1872 年间，他出版了《建筑谈话录》（Entretiens）一书，书中融合了历史、考古学和建筑学，指导读者根据以理性和证据为基础的地域性原则设计建筑。他要求建筑师根据地区的水热条件来设计建筑，开启了地域主义定义的新篇章（图 7.04）。

到了 18 世纪后半叶，建筑的小气候控制已经成了研究和试验设计的主题，是医生、船舶设计师和工程师常常讨论的话题。[4] 维奥莱 - 勒 - 迪克并

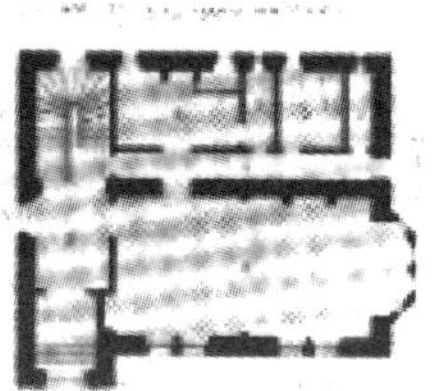

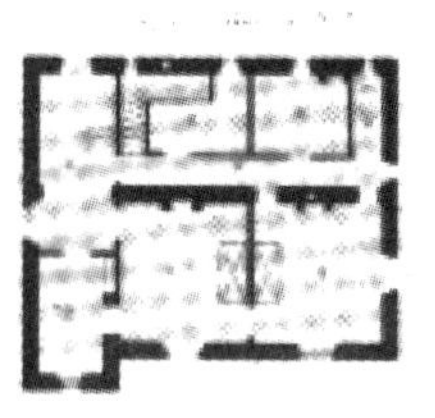

图 7.04　阿尔卑斯山的地区建筑：La Vedette，维奥莱 - 勒 - 迪克住所（1874 ~ 1876）

没有接触到个别案例。他感兴趣的是将新的小气候控制知识运用到住宅设计中去，将其与建筑和地区适应的普遍问题联系起来。他要求建筑师去发挥创意，避免借用其他地区的设计——这种做法在法国很流行，“他们喜欢在戛纳建村舍，在巴黎建山间小屋”，就像为取悦俄罗斯女皇叶卡捷琳娜，在她巡游经过的单调地方搭建的矫饰的波将金村庄一样。

维奥莱-勒-迪克是革新者，在19世纪和20世纪早期激励了许多创新的建筑师，这是毋庸置疑的；另一方面，他也告诫那些受“假奢华和外观”驱动，毫无缘由的痴迷于创新的年轻建筑师，他们完全可以效仿郎格多克和阿让奈地区的建造者，在没有必要改变的情况下保留地区传统，或者“像比我们更实际的英国人一样，保留老旧的私有建筑中仍然有用的部分”。同时他也提到，引进英国的原型，或甚至使用同一批技术人员是没有用的。这种做法是由法国那些“羡慕舒适的英式房屋”的人发起的。维奥莱-勒-迪克总结说：“我们不应该以英国为范例。”

尽管维奥莱-勒-迪克很欣赏英式建筑，但在《建筑谈话录》中当他谈论到法国建筑的重要性时，他的地域主义观点被爱国主义取代。他还详尽地讨论了种族和民族的兴衰以及法国的危险环境。这个观点并非维奥莱-勒-迪克原创，而是源于约瑟夫·阿瑟·戈宾诺（1816～1882）所作的《人种不平等论》（An Essay on the Inequality of the Human Races，1853～1855）。戈宾诺是小说家和外交官，因其雅利安人种优越论而知名。他将法国经济动乱的主要原因归咎于种族混合。我们很难理解为什么要在《建筑谈话录》中提到种族决定论，因为维奥莱-勒-迪克的任何地域主义理论都不是从种族决定论发展而来的。

戈宾诺的书并没有对维奥莱-勒-迪克产生重要的影响，但是如我们所见，《人种不平等论》对19世纪末期的一些其他作家和政治家造成了影响，为随即而来的殖民运动提供了借口，书中的种族主义也成了“民族之春”后遗症的解药。1848年，一系列的地域主义/民族主义武装起义和阶级革命波及了除英国以外的整个欧洲，尽管英国也存在着我们之前提到的社会矛盾和强烈的不信奉国教运动。

1848年的民族之春

1848年爆发的一系列革命，也称作“民族之春”或“人民之春”。与同年马克思和恩格斯在《共产党宣言》（Communist Manifesto）中表达的世界革命的愿景不同，1848年的革命浪潮并不是从一个地方开始的。革命由城市贫民和农民、激进的青年学生、地域主义者和民族主义者发起。有些革命组织是暴力的、不理智的，就好比 1817 年“瓦尔特堡节”的组织者号召人们焚书一样。

四年后，未来的激进分子海涅在他 1821 年创作的戏剧《阿尔曼梭尔》（Almansor）中写道：“他们烧毁的不仅是书，最终也会烧伤别人。”但是 1848 年革命也不像 17 世纪中期农民起义那样，不是没有一致性的暴乱集合。一系列革命的爆发有统一的模式，目的是要结束 1814 年维也纳会议建立的“世界秩序”，表达各个地区的痛苦和挫败。

第一次起义是单纯的地方性起义，发生在 1848 年 1 月 12 日的西西里岛，其目的是推翻波旁王朝的统治，并成功建立起了短暂的独立共和国。第二次起义发生在同年 2 月 12 日的巴黎，当时的法国处于君主统治之下。1848 年革命推翻了君主制，建立了法兰西第二共和国。虽然持续的时间不长，但确立了“劳动权”，为失业者和无家可归的人建立了国家培训班，并正式采用“自由、平等、博爱”（Liberté，égalité，Fraternité）的格言。第三次起义发生在 3 月 13 日的维也纳。尽管此次革命致使梅特涅辞职并逃至伦敦，奥地利帝国并没有实现持久的基本政治变革。同月，柏林革命，紧接着是法兰克福，5 月在德累斯顿也爆发了起义。理查德·瓦格纳（Richard Wagner）是五月起义的领导者之一，他委任建筑师戈特弗里德·森佩尔（Gottfried Semper）建设路障，就像维奥莱 - 勒 - 迪克 1830 年在巴黎所做的一样。

匈牙利 1848 年革命在 3 月 15 日爆发，不久国家宣布独立。匈牙利曾是神圣罗马帝国（Holy Roman Empire）的一部分，自 1806 年起为匈牙利王国，隶属于奥地利帝国，直至 1848 年宣布独立。1848 年革命前，在 1843 ~ 1844 年间也爆发了民族主义 / 地域主义革命，因为非民主的匈牙利贵族王国国会决定采用马扎尔语作为官方语言。在此之前，他们使用的是奥地利帝国的通用语言——拉丁文。然而，匈牙利和国会都是多民族的，包括克罗地亚人、德国人、塞尔维亚人、斯洛伐克人和瓦拉几人，更不用说还有犹太人和罗马人。这种偏袒一个地区语言的行为造成了不同民族之间的冲突，削弱了独立的未来前景。

和德语地区的统一运动一样，匈牙利民族主义运动对地域主义建筑的发展有很大的影响。如我们所见，建筑和语言一样，是构建虚构的集体身份、鼓励地方分离主义和建立与古典传统不同的身份的绝佳工具，在神圣罗马帝国和奥地利帝国时期得以延伸。其中一个最重要的代表就是莱希纳（Ödön Lechner）。[5]

莱希纳 1845 年出生于布达。1875 ~ 1878 年间，他在柏林求学，后在巴黎工作，直到新艺术运动的爆发。之后他回到匈牙利，获得了一些成功经验。他设计的建筑外观和内部装潢充斥着“过多的装饰图案”和奇怪的色彩搭配。这些图案的使用遭到了许多批评，他的作品也被认为是典型的维也纳分离派运动。然而，这样的定义掩盖了莱希纳、他的客户，以及后来的效仿者的意图：构建地域性的匈牙利集体身份。这些图样不是随意想象出来的，而是来源于特兰西瓦尼亚、马扎尔、突厥、叙利亚和波斯等地区的传统民间艺术——莱希纳试图通过这种方式为现代匈牙利的想象共同体赋予高贵的血统。1893 年，莱希纳试图通过曙红染色的全新实验性瓷砖技术将这些“神奇的”图样付诸实践。其中一些有趣的例子包括布达佩斯瓦茨街上的托内商行（1889）、邮政储蓄银行（1901）和科兹马街公墓的施米德尔地窖。施米德尔地窖是莱希纳和匈牙利人 Béla Lajta 共同设计的，他也在寻找有明显地域 / 民族身份的建筑。

一些比莱希纳年轻的地域主义建筑师在寻找地区 / 民族来源上更坚持，更有想象力。奥托・瓦格纳（Otto Wagner）的学生伊什特万（István Medgyaszay）走遍了整个国家去研究民族志材料。他还研究了欧洲的博物馆，试图找到匈牙利人的祖先匈奴人设计的手工艺品。和莱希纳一样，他也将这种“祖先的智慧”用到了现代的材料中。

鉴于国家的新自由主义政策，布达佩斯的犹太社区委任特奥费尔・翰森（Theophil von Hansen）协助维也纳建筑师路德维希・克里斯蒂安・弗里德里希・（冯）・福斯特（Ludwig Christian Friedrich（von）Förster，1797 ~ 1863）建造烟草街会堂（Dohány Street Synagogue）。1854 ~ 1859 年间，福斯特和翰森效仿弗里德里希・冯・格尔特纳（Friedrich von Gärtner）1832 年设计的摩尔式慕尼黑会堂，参照拜占庭 - 摩尔人的先例，建造出了带葱形圆顶、双塔和拱门的多彩饰建筑。与此类似，1872 年奥托・瓦格纳为犹太人建造的伦巴赫街会堂使用了近似于“东方地域性特征”的穆斯林装饰性图样。

奥地利仍忠实于古典传统，几乎没有受到这次地域主义热潮的影响。尽管如此，作为一度渴望成为单一全球力量的名义上的帝国中心，奥地利挣扎着保留旧主权的遗迹以及重要的古典传统。

1853 年，一名匈牙利民族主义者试图刺杀皇帝弗兰茨・约瑟夫（Emperor Franz Joseph），差一点成功。皇帝被救后，他决定建一座感恩教堂，作为“爱国主义纪念碑”，以此感谢人民对皇帝的奉献。1855 年，在一场国际赛事之后，年仅 26 岁的建筑师海因里希・弗赖赫尔・冯・费斯特（Heinrich Freiherr von Ferstel）被任命为设计师，他选择了哥特式风格。显然，他的选择体现了“追本溯源”。1859 年奥地利政府邀请曾参与科隆主教座堂修复工程的建筑工弗里德里希·冯·施密特（Friedrich von Schmidt）修复维也纳的中世纪大教堂——圣斯德望主教座堂，为的也是同样的目的。1872 年冯·施密特设计的新市政厅也采用了哥特式风格。奥地利改革者和激进分子也没有忽视哥特风格的选择。他们毫不犹豫地批评这种设计，认为代表着旧保守主义的回归。尽管如此，城市里还是增添了一些“哥特”建筑，没有改变基本的古典特征，也没有醒目的实验性风格。[6]

地域民族主义

1848 年革命后，法国在 19 世纪的后半叶经历了两次重大的危机：巴黎公社（1871）的流血革命和随即的普法战争（1870 ~ 1871），以法国的屈辱失败以及阿尔萨斯和洛林被德国吞并而结束。为庆祝秩序的恢复，弥补巴黎公社社员所犯下的罪行和激励宗教复兴，国民议会决定在巴黎蒙马特区建造圣心堂（Sacré-Coeur）——一座过度的、没有特色的、不鼓舞人心的建筑。圣心堂由建筑师保罗· 阿巴迪（Paul Abadie）设计。他参与的建筑修复工程不忠实于原始建筑，也因在古建筑内加入自己的雕塑而出名。圣心堂与 1875 年开始施工，到 1914 年才建造完成。到那时，人们对圣心堂作为保守主义纪念碑的热情已经不复存在。

这一时期也出现了对地域主义建筑以及地域主义政治文化运动的新兴趣。这是对痛苦的政治和军事事件的反应，表现了人们期待恢复到更平静、更原始的农耕和骑士精神状态。

让 - 克劳德·维加托（Jean-Claude Vigato）在他非常有教育性的专题著作《地域主义建筑：法国，1890 ~ 1950》（L'architecture Régionaliste：France，1890 ~ 1950，1994）中夸张地断言，“地域主义是当代的发明”。他认同弗朗西斯·卢瓦耶（Francis Loyer）的观点，认为第一个地域主义建筑是 1884 年建造的大量使用地区图样的 Loos-lez-Lille 市政厅。[7]Loos-lez-Lille 市政厅的设计者为路易 - 玛丽·科多尼埃（Louis-Marie Cordonnier）。他曾就读于巴黎美术学院，他设计的海牙和平宫更为世人所知。

地域主义更广更深刻的定义，是把它视做焦点和用途转变的长远发展，本书亦是如此。随之持续的发展，维奥莱 - 勒 - 迪克的作品和设计出现了一个明显的阶段——地域主义向现代环境和功能，而非正式的方向发展。然而，维奥莱 - 勒 - 迪克的建筑师后辈试图摆脱古典标准的束缚，与众不同地在法国推广地域主义，强迫他们自己把地域主义降低成一种风格。

朱利安·加代（Julien Gaudet）的学生、建筑从业者、教师和作家古斯塔夫（Gustave Umbdenstock）借鉴了维奥莱-勒-迪克书中的地域主义理论，但他没有进行技术分析和创新。维奥莱-勒-迪克乐意接受新鲜事物和进行尝试，而古斯塔夫却缺乏想象力，反对建筑现代化，反对在建筑中引进外国创意。

到了19世纪末，随着法国经济的好转和建筑的增加，地域身份的问题和传统的地方建筑材料及技术的保存成了建筑学读物主要讨论的话题，而中产阶级新贵是主要受众。主要的一些读物包括《现代建筑》（La Construction Moderne）、《装饰性艺术》（L'Art Decoratif）、《新艺术运动》（L'Art nouveau）、《插图》（L'Illustration）、《艺术和装饰》（Art et Décoration）、《艺术和工业》（Art et Industrie）、《乡村生活》（La Vie à la Campagne）和《大众房屋》（Maisons Pour Tous）。维加托很好地评论了这些杂志的内容，他认为杂志中的大部分文章都充满激情，但缺乏新意。许多作者对维奥莱-勒-迪克的想法附言，但他们没有事先进行确认。许多作者表达了“地区风格”和“地域主义”存在的必要性，但在文章的结尾又建议将传统的和新的建筑技术相结合。

19世纪七八十年代，民族主义主题大量涌现。鉴于普法战争的耻辱和巴黎公社后对国际主义者颠覆性观念的恐惧，这种情况是可以理解的。“地域主义”建筑师讨论的是特定的法国政治策略，强势的民族统一主义者与外界以及国内反雅各宾派、反中央集权者和反“联邦主义者”的关系。他们谈论的不只是建筑，还涉及包括文学在内的法国文化的各个方面，而菲利伯立格协会（Félibrige）则是领导运动的最重要团体。[8]1854年的“圣埃斯特尔节”，菲利伯立格协会在沃克吕兹的Fint-Ségugne城堡创立，创始人为弗里德里克·米斯特拉尔（Frédéric Mistral）和其他六位普罗旺斯诗人。该协会的目的是保护地区语言——奥克西唐语，保护普罗旺斯的地区文化，并推动“南欧”人种、传统和自治的发展。对米斯特拉尔来说，地域主义不仅仅是他智力活动的核心，还是一种生活方式；连他的妻子都穿着区域服装。[9]

米斯特拉尔的影响深入到了法国的文化、政治和建筑领域。世纪中叶的革命浪潮过后，欧洲国家开始走向集中化、现代化和稳固化。空虚的、压制的政治活动随即而来，对城市“无产阶级”不断造成威胁。在这样的背景环境下，菲利伯立格协会的存在不仅仅是文化事业：它为被遗忘的乡村人口和受辱的“乡下”人代言，成了民族主义地方分权的典范——这是唯一的复兴法国的方式。同样，它也是完成欧洲未完成的地域重组的典范。

因此，在19世纪70年代普法战争惨败和巴黎公社叛乱后，在米斯特拉尔的倡议下，加泰罗尼亚诗人加入了协会。

地域主义作为“现代主义”和爱国主义

19世纪70年代名为“复兴”（Renaixença）的加泰罗尼亚政治文化地域主义运动与米斯特拉尔的地域主义非常不同。1868年的光荣革命推翻了六年的波旁王朝，鼓励了加泰罗尼亚极端地域主义分子要求完全独立。米斯特拉尔和他的追随者从没提出过这样的要求。事实上，加泰罗尼亚是西班牙境外唯一一个没有经济独立的地区。有些加泰罗尼亚的地域主义者极端保守，比如Josep Torras i Bages主教。他害怕社会文化的改变，认为地域主义就是回归到“族长式家庭”的传统秩序。还有牧师和诗人Jacint Verdague，他和米斯特拉尔一样用加泰罗尼亚语创作，以推动地域主义事业的发展。但是也有一些人认为，地域主义和现代主义不存在冲突，例如1873成为建筑师的Lluís Domènech i Montaner（1850 ~ 1923）。他因加泰罗尼亚现代主义而出名，但他同样也是忠实的地域主义者（他曾是地域主义联盟Lliga Regionalista的领袖）。还有Domènech i Montaner1888年在世博会上展出的加泰罗尼亚拱顶结构，他借鉴了阿拉伯和哥特的历史先例，利用了当地的砖块,还进行了技术革新。安东尼·高迪（Antoni Gaudí）也是如此，他同样忠实于现代主义和加泰罗尼亚地域主义。

相比之下，法国的菲利伯立格协会更为保守。到了19世纪末，菲利伯立格协会激发了其他文化和环保主义组织的成立，推动了地域主义事业的发展。在之后的一些年，这些组织仍然相继浮现，其中包括1890年成立的法国旅游俱乐部（Touring Club de France）和1901年成立的法国景观美学保护协会（Société pour la Protection des Paysages et de l’Esthétique de la France）。他们将商业利益和自然与文化保护相结合，但也有直接的反动目的，比如说20世纪50年代景观美学保护协会恶意反对勒·柯布西耶（Le Corbusier）设计的马赛公寓（Unité d’Habitation），而现在这幢建筑被纳入了世界文化遗产名录。这些组织中绝大部分最初是无政治意图的，但之后却有了很强的政治图谋。

菲利伯立格协会吸引和鼓舞了对其他主要政党不满的年轻人。它吸引了法国作家和君主主义者查尔斯·莫拉斯（Charles Maurras，1868 ~ 1952）。莫拉斯对地域主义政治很感兴趣，随后加入了菲利伯立格协会。1898年，莫拉斯离开菲利伯立格协会后自立门户，成立了法兰西运动（Action

Française)，随即又在 1905 年成立了法兰西联盟运动（Ligue d'Action Française）。这两个都是保皇主义和反国会政治组织，它们明确敌视 1789 年颁布的通过推动法庭职权外行动主义来废除政府的《人权宣言》；它们相信"整体的民族主义"，是将阶级和个人利益置于社会"有机"整体的极端民族主义。有趣的是，莫拉斯将强国的理念和地域主义 / 联邦主义的分权思想相结合。

同是作家和记者的莫里斯·巴雷斯（Maurice Barrès，1862 ~ 1923）加入了莫拉斯。巴雷斯奉行非君主主义和半社会主义，但是他和莫拉斯一样，都反对议会、反对国际主义、反对犹太人，都是地域主义者。19 世纪 90 年代末和 20 世纪初的德雷福斯事件（Dreyfus Affair），巴雷斯和莫拉斯都非常积极地表示反对。他们都读了戈宾诺的《人种不平等论》，也都反对法国统一集权。他们推崇把主权分为中央政府和地方政府的联邦制。巴雷斯普及了"民族主义"一词。他用"民族"来替代"人民"——民族的基础是乡土、历史、传统和继承，而不是人民的"共同意愿"。

然而，巴雷斯明确指出，民族主义的前提是要"有根"，这是不可以选择的。他在《土地与逝者》（La Terre et les Morts，1899）中表示，"有根的国家要比没根的国家强大"，"我们必须要将个人植根于土地，植根于逝

图 7.05　没有地域的地域主义建筑

者”——换句话说，要向人们灌输集体记忆。[10]

奇怪的是，莫拉斯、巴雷斯和戈宾诺都被认为是“秘密纳粹党员的支持者”。确切地说，他们可以算做“最初的纳粹党员”；他们的理念在法西斯主义统治意大利和德国之前就已经公之于众，到了20世纪二三十年代，他们开始在意大利和德国有了影响力。

另一位与地域主义建筑有更密切联系的菲利伯立格协会成员是让·查尔斯-布伦（Jean Charles-Brun）。他是组织者和管理者，在推动地域主义与旅游相结合方面扮演了重要角色。1900年，他建立了研究民俗和人种学的组织——法国地域主义联盟（Fédération Régionaliste de France），与同一时期德国的故乡组织（Heimat）十分类似。到二战前，联盟成员达到了40万人。查尔斯-布伦是蒲鲁东（Proudhon）的仰慕者，他不相信议会制、集中制国家，敦促人们“回到自己的土地”，宣传重新分配的地域主义。[11]

本着同样的精神，1912年M.迈尼昂（M. Maignan）在《装饰性艺术》杂志上发表了一篇名为“审美经济”（Économie Esthétique）的有影响力的文章。文章的副标题写道，“社会问题可以通过美学来解决”，但是文章的内容却讨论的是政治问题，而不是审美主义。他说，地方反抗产生的原因不仅仅是饥荒，还可能是过去强大省份的“去势”。作为反犹太主义者和反资本主义者，迈尼昂相信拯救法国衰败的良方在于“爱国的”地域主义（图7.05）。

第八章

祖国、世界博览会、生活空间以及地区村舍

19 世纪下半页，伴随着殖民主义浪潮，整个世界以一种前所未有的速度被平坦化，人们开始寻求地域主义的重新定义，一系列争论就此产生。

此时一股文化的浪潮在德国和法国活跃起来，数个环境保护组织推动着地域主义的发展。其中每个组织的名称都含有相似的组成部分："Heimat"（家园）及其所包含的概念，他们迅速地组织起一项运动，不久后，许多欧洲国家相继加入其中。[1]

在一段时间的低潮后，1871 年，随着普鲁士国王在法国凡尔赛宫镜厅就任德意志皇帝，地域主义趋势再次兴起，而家园运动正是对地域主义的回归。正如我们所见，这个新成立的德国将自己视为由曾经四分五裂的德国民众所组成的"由地区组成的地区"，对具有强烈象征意义的科隆天主教教堂进行修复，是其最具有象征意义的举措之一，哥特式风格自此被视为德国民众国魂的表达。由于这种大规模的中央集权，以柏林为中心的德意志帝国迅速转变为一个世界性的商业 - 工业 - 军事综合体，由海军以及跨国商业组织领导着势头凶猛的全球化，德国城市向无产阶级化转变，人工环境逐渐侵蚀着自然景观。

德国当时的中央集权与费希特和莫泽关于个人地域主义社区的远见相去甚远。一些德国民众发现很难与新的议会达成一致，他们仍然附属于传统文化以及"地方家园"（Regional Homeland）的风俗，尽管此时地方家园正处于威胁之中。人们很快对此现象作出反应，最著名的就是斐迪南・滕尼斯（Ferdinand Tönnies，1855 ～ 1936））在 1871 年出版的《共同体和社会》（Gemeinschaft constrasted with Gesellschaft）。书中滕尼斯写到礼俗社会和法理社会现象的相互对照（这一点莫泽已经作过大量的分析），并且没有将之看作是德国社会的特殊现象，而看作是现代化、世界经济和社会发展的结果之一。

处于怀疑，感到幻灭的传统主义者并没有求助于新成立的德国议会（the Reichstag）。他们反而自己开始行动，并开始成立以地区为基础的私人组织，它们有着不同的名字：地区运动（Heimatbewegung），地方主义艺术（Heimatkunst），保卫家园（Heimatschutz），以及地方主义建筑（Heimatarchitektur），几乎都包含着家园（Heimat）的概念。

相应的，逐渐出现的地域主义 - 民族主义趋势促使了第一个民俗博物馆的创立——挪威民俗博物馆，它于 1881 年宣告开幕，博物馆中包含着最早可追溯到中古时期的挪威地方建筑、露天展览区以及林地保护区。紧接着 1891 年位于斯德哥尔摩的斯堪森博物馆成立了，里面包含着真正的农庄。

最初，德国“家园”运动集中于 focused on events 事件，它们的源起难以辨认。1896 年成立的一个青年运动——候鸟（非常德国化的象征）运动，似乎是它们最早的前辈，这场运动的目的是从“美国化”——工业和商业开发中解救德国本性。1902 年一个艺术机构丢勒社（Dürerbund）成立，是另外一个先驱。这场运动以阿尔布雷希特·丢勒（Albrecht Dürer）命名，参与其中的有艺术家和作家，其目的是在人民群众中推广民族文化，进行传统艺术（Heimatkunst）的教学，同时根据风俗传统进行“生活艺术”的教学。

除了德国外，丢勒社也在奥地利和瑞士进行着实践。1912 年时，它已经有了 30 万名成员。最早的家园组织是在 1904 年 3 月由音乐家、作家恩斯特·鲁道夫（Ernst Rudorff）成立，他热爱自然，痛恨城市（包括柏林）、现代科技以及社会主义。在他 1901 年所撰写的《保卫家园》（Heimatschutz）一书中，他反对德国自然景观的商业化，他认为自然资源已经耗尽和枯竭，号召建立大型的自然保护区。他的支持者们，多数都是热爱城市生活的城市居民，开展了反对艺术生活“平坦化”即反对中央集权的活动。他们中的大多数都持有反现代主义和反犹主义的立场。[2]

由于对赫尔德的误读，他们强调在场所中寻找根源的需求与地区的身份认同，所提及的概念是回到家乡的感觉（Heimatgefühle）。建筑被视为重建家园的一种方式，但它的这种功能由于现代化、工业化和商业化的进程以及外国建筑的引进而迷失。犹太人因为没有家园而无法由衷地渴求家园，因此就是低等的，并被报以怀疑的态度看待。理查德·瓦格纳（Richard Wagner）已经在他 1850 年的文章《犹太音乐》（Jewishness in Music）里阐述了这个观点。犹太人“与自然中的土壤”或“民俗的灵魂”“毫不相关”。

尽管如此，家园运动产生了有趣的设计实验，这些实验并没有与当时日益增长的民族主义精神相关联。重要革新之一就是在具有地域特征的景观环境里，高密度住宅的开发（关于这个问题，英国人在他们的花园城市实验里已经探讨过）。德累斯顿的生意人卡尔·施密特（Karl Schmidt）回应英国相关讨论的同时，意识到迅猛的经济和科技变革对于新形式的住区布置的需求，于是他从当地农民手中买下了地块，委托著名的地域主义建筑师理查·利莫切米德（Richard Riemerschmid）设计第一个德国花园城市，即现在广为人知，建立于1909年的德累斯顿-赫勒劳花园城市（Dresden Hellerau Garden City）。[3]

赫尔曼·穆特修斯（Hermann Muthesius，1861 ~ 1927）也参与到这个项目中来，在1904年他刚刚出版了一系列图书，共有三册，名为《英国住宅》(Das englische Haus)，是他六年来研究英国居住建筑的成果，在这三册书中他论证了如何创造性地运用地域主义的先例来解决新的问题。尽管德累斯顿-赫勒劳花园城市的出发点是创造一个“家园”环境，最终的结果却并不怀旧：它并没有仿效乡村建筑形式。一些先锋艺术家被这个项目所吸引，包括瑞士先锋舞蹈教育家爱弥尔·雅克·达尔克罗兹（Émile Jaques-Dalcroze，1865 ~ 1950），他决定建造他的工作室，即德累斯顿的节日剧院，委托海因里希·特森诺进行设计。但是特森诺的建筑并没有广受好评，人们认为他是非常崇尚古典主义的建筑师，与家园运动的主旋律并不相称。

身处家园的感觉

但是家园运动也有着黑暗的、缺乏创造性的成果。保罗·舒尔茨·瑙姆伯格（Paul Schultze-Naumburg，1869 ~ 1949）是最具有发言权以及影响力的家园运动建筑师之一。自相矛盾的是，他最著名的地域主义作品齐琳霍夫宫（Schloss Cecilienhof）采用的是英国都铎王朝的样式。他的声望较少来自于他平庸的建筑，多数来自于他那好辩的檄文风格的写作。1902年，他发行了一系列书籍，《文化工作》(Kulturarbeiten)，一直到1917年都在陆续出版。他的第一部作品，《花园》(Gärten，1902)，抨击了古典风格的花园，对于提供着“身处家园的感觉”（Heimatgefühle）的精巧花园设计进行着坚定的辩护。图8.01

舒尔茨·瑙姆伯格在1905年成为了保卫家园组织的主席，同年他出版了《我们农村的缺陷》，聚焦于现代化对于德国土地的影响。与胡弗莱·雷普顿（Humphry Repton）的《对园艺景观理论和时间的观察》(1803）一书类似，瑙姆伯格这本书的成功并不主要归功于他的写作，而在于他所使用的成对并列的照片，对比“好”和“坏”的建筑案例，使得商业化和工

图 8.01 理查·利莫切米德，德累斯顿 - 赫勒劳花园城市，1909 年成立

业化的影响更容易被人们感知。但是，这本书并没有提到环境和地域的问题。威利·兰格（Willy Lange）更加接近了环境和地域的观点，他使用了恩斯特·海克尔（Ernst Haeckel）在 1866 年提出的生态学概念。[4]

然而，兰格并没有探讨得很深入。像舒尔茨·瑙姆伯格一样，他的观点很快被民族主义政治所吞并。他全神贯注于对德国“本性”的真实性的探讨：植物和树木是“根植于”德国地区的土壤上的。同理，舒尔茨·瑙姆伯格于 1927 年在 UHU 上发表了一篇名为《谁是正确的？》的文章，公然抨击沃尔特·格罗皮乌斯（Walter Gropius）的建筑作品是“异国的”。

随后，建筑立面与人的面部表情特征的对比成了舒尔茨·瑙姆伯格探讨的主题之一。用两组并列的照片进行比较，他试图表达出退化的概念并将之应用到建筑上，展示了“平屋顶”和“坡屋顶”建筑的对比，与相术的种族主义民粹主义的观点相混合。在这方面他受到了种族主义的优生学家汉斯·F·K·君特（Hans F. K. Günther.）的影响。图 8.02

1908 年在他的著作《艺术和种族》中，这个观点更加明确，在书中现代人与种族的退化等同起来。次年希特勒前往他的工作室拜访他，瑙姆伯格的观点借此得到进一步的传播：他的著作成了纳粹推荐书目中的一部分。阿瑟·德·戈平瑙（Comte de Gobineau）的《关于人类种族不平等性的论述》的译本也成了纳粹的推荐书目。

舒尔茨·瑙姆伯格自身对于地域主义“家园”的解读在他 1934 年的文章《血液和土壤的艺术》（Kunst aus Blut und Boden）得到了阐述，其中

Abb. 118.

Abb. 119.

Abb. 120.

Abb. 121.

Die Abb. 118—121, 126—128, 132—134, 138—139 und 142—145 sind Ausschnitte aus Bildern der „modernen" Schule, die besonders bezeichnende Gestalten darstellen. Die ihnen gegenüberstehenden Abb. 122—125, 129—131, 135—137, 140—141 und 146—149 zeigen körperliche und geistige Gebrechen aus der Sammlung einer Klinik.

106

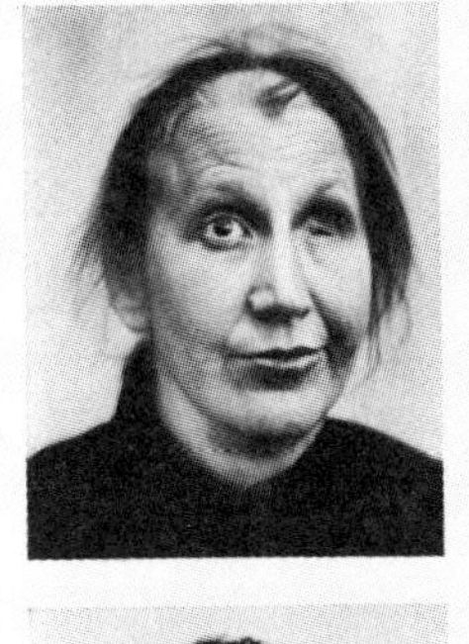

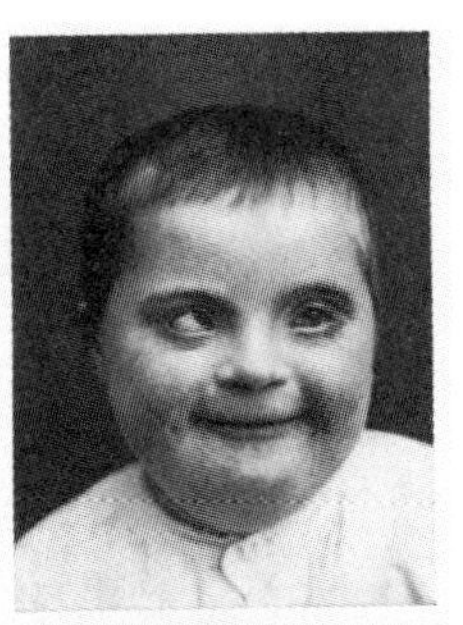

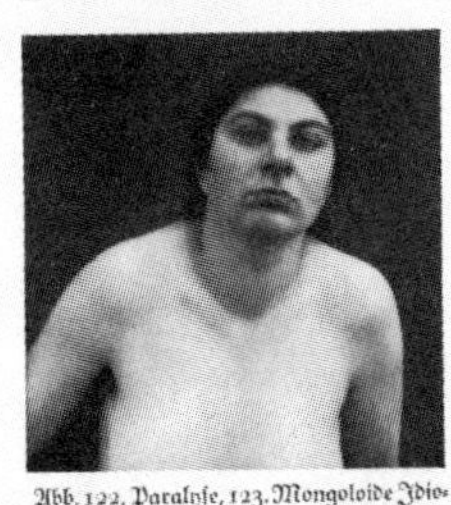

Abb. 122. Paralyse, 123. Mongoloide Idiotypie. 124. Lähmung der Augenbewegungsnerven, 125. Mikrozephalie, Idiotie

überstellung nicht darum, jeweils eine getreue Übereinstimmung zu finden, sondern eine Wirklichkeit zu zeigen, die den Vorstellungen jener Bilder ungefähr entspricht.

Neben dem Grauen vor etwas unaussprechlich Widerlichem wird den seelisch und körperlich gerade gewachsenen Menschen ja auch ein tiefes Mitleid für jene Ärmsten der Armen ergreifen. Die Macht des Helfenwollens scheint hier aber zur Ohnmacht verdammt; um so stärker

107

图 8.02 现代艺术和“退化”的人们并置（该插图出现在保罗·舒尔茨·瑙姆伯格 1927 年出版的《艺术与种族》中）

宣称“正如农民在土壤中挖掘着他生存的根基……因此艺术家必须拥有一个家园，他得以在其中探究他的本源”（“拥有根基”也是兰格写作中的一个关键点）。在 19 世纪 30 年代，他对于清洁和卫生越来越痴迷。因此，作为工艺与建筑学院的管理者之一，他“清洗”了学校，将建筑墙面上所有的现代艺术作品都去除掉。下一步则是遣散了 30 名老师，阻止了“德国人中黑鬼文化”的扩张。1937 年，在他的书《日耳曼人的美》（Nordische Schönheit）中，他断言“至高无上的美只能来自于种族纯粹”，地域主义“家园”的概念成了一种普遍的信条。

如果说舒尔茨·瑙姆伯格更像是一个宣传者而不是一个好的建筑师，其他建筑师比如保罗·波纳茨（Paul Bonatz）和保罗·施密特那（Paul Schmitthenner），则在追求“家园”地域主义理想的建筑实践中取得了成功。

作为“生活方式”和“生活空间”的地区

家园运动中，除了地域主义建筑设计的问题外，人们还将注意力转移到了地区领域上，这一点见之于兰格的著作中。因此，人们开始对比花园、公园更大尺度、难以用常识来解决的问题产生兴趣。

简·路易斯·吉劳德·索拉维（Jean Louis Giraud Soulavie，1751 ~ 1813）是一名法国地质和地理学家，他将自己视为坚定的革命者。在18世纪80年代，他认为需要对“地区”（region）一词进行科学定义。索拉维并没有运用当时所采用的行政或物理区划的方法，而是以经验主义的方式进行划分，“地面以上”，听取人们在讨论中构筑地域的方法。这里的“人们”是指生活在农村的人民，在各地区居住并称“这里是我的国家”（c’est mon pays）的人们。家园的概念逐步浮现，索拉维论称农民们的意思并不是他们属于某一个物理空间，而是属于一个社区、一个家园，属于拥有相同语言、饮食文化、节日和生活方式的群体。

除了索拉维的著述之外，“地区”一词不断被模糊化，大多数研究不同地域的法国地理学家仍采用着物理上的和物质性的标准，德语国家对这方面的研究则有了重大突破，以亚历山大·冯·洪堡（Alexander von Humbolt，1769 ~ 1859）令人惊讶的实地调查和理论工作为开端。洪堡尝试使用定量的工具来记载地理图像数据，从而掌握不同地区的“个性”。为了理解形式和功能及他们之间的相互关系如何构成了我们生存的环境，他发展出了一种“有机的”、“生理的”模型，将一个地区看作一个身体，创造了“生物地理学”一词。与他同一时代的卡尔·里特（Carl Ritter，1779 ~ 1859）也采用了这种“有机的”、系统的研究方法。1826年12月14日，在柏林皇家科学院的一场演讲中，里特展示了他的空间法则，并称对任何地区或区域进行研究时都必须找寻出“包含着气候、生产、文化、人口和历史的统一体”，呼吁将研究范围扩展到“政治地理学”中。

毫无疑问的是，德国人对于地理学概念和模型的痴迷与政治发展相关：对现有地区进行重新组织并将它们统一至德意志帝国。弗里德里希·拉采尔（Friedrich Ratzel，1844 ~ 1904）试图研究自然和文化之间的联系——即人造物与自然空间（Raum）。他的研究在1882年和1891年被冠以人类地理学的题目发表，在这个课题下，拉采尔试图将达尔文对于种族生存的生物观点与恩斯特·海克尔（Ernst Haeckel）新的生态学概念联合起来。这些研究帮助拉采尔创造出了一种对地域进行重新诠释的概念，“生存空间”（Lebensraum），种族生存而需要的空间，成为20世纪德国的民族主义运动中至关重要的一个概念。

维达尔·白兰士（Paul Vidal de la Blache，1845 ~ 1918）受到这些来自德国的理论影响，试图寻找出定义地域身份以及环境因素特质的标准，这些特质影响着他所称的乡村景观（Paysages）和地区的“地理特性”。因此，他引入了例如环境背景（Milieu）、生活方式（Genres De Vie）的概念。随后，他试图将历史、政治因素以及交通系统囊括到这项分析中，就地域主义的问题得出了一个有趣的实用主义结论，即在国际竞争的框架下、考虑到逐渐进步的交通和交流方式，法国应减少通过中央集权管理对各地区进行的控制。1910 年，他提议围绕一个中心城市、一个大都会来重构法国各地区。为了客服从希波克拉底和维特鲁威时代就占主导地位的环境决定论，白兰士创造出了“或然论”的重要概念，探讨地域带来特定行为的可能性，不幸的是在他的研究中并未得到利用。[5]

除了影响了白兰士以及丰富和拓展了他对于地域的概念，拉采尔的研究还影响了德国地理学者奥古斯特·梅慈恩（August Meitzen，1822 ~ 1910）。梅慈恩进行了大量的实地调查，并于 1895 年发表了关于西德和东德人、凯尔特人、罗马人、芬兰人和斯拉夫人的定居和农业特性。他关于人造环境空间的科学发现促使了一个新研究领域“地缘政治学”的产生，将地区问题置于范围更广、更宏观的政治背景下进行探讨。在当时，民族主义关于生存空间的理论盛行一时，梅慈恩的结论被迅速地政治化。他的研究工作同时引入了自然景观（The Naturlandschaft）、乡村文化定居点以及人文景观（The Kulturlandschaft）之间关系的概念。梅慈恩试图探讨德国“空间”的特殊性，以及德国的社区与土地之间深沉、独特的联系。痴迷于德国文化独特性的民族主义者和种族主义政客对梅慈恩的研究非常感兴趣，因为在他们的观念中德国人不仅仅需要抵抗外来入侵，还必须完成一种特殊的、全球化文明的使命。

卡尔·豪斯霍福尔（Karl Haushofer，1869 ~ 1946）的研究甚至更加民族主义和政治化，他通过研究地域景观中人类聚居点的形态将梅慈恩地缘政治学的理论进一步发展。他研究这些聚居点的用途、规模和类型，同时通过耕作方式来研究他们的民俗文化。1922 年，豪斯霍福尔在慕尼黑创立了地缘政治研究所（Institut für Geopolitik），与他的儿子阿尔布雷希特（Albrecht）一起进行相同课题的研究。四年后，一名叫作汉斯·格林（Hans Grimm）的作家出版了一本畅销小说，名为《人无空间》（Volk OhneRaum），普及了生存空间的概念，同时加剧了德国即将用尽空间的困扰。

在这样的背景下，瓦尔特·克里斯塔勒（Walter Christaller）著名的地域模型将冯·杜能（Von Thünen）六边形的“孤立”地域（1826）扩展为一个六边形的层级系统，在序言中我们曾提到过，他的这个幻想或者理论被迅速应用于 20 世纪 40 年代在波兰和乌克兰建立的德国殖民地。德国和法国的这些研究进展有着共同的特性，即19世纪民族主义探讨中所包含的地域主义和全球主义之间的老问题：关于地域特殊性和自主权与国家中央集权管理和标准化之间的比较，此时被更加宏大的问题所取代：如何组织一个特大地区、由地区组成的地区，比如刚刚统一的德国，以及在国境线以外进行全球化的野心。

相似的观点在法国也得到了推广。1871年，普法战争法国战败的一年后，法国哲学家恩斯特·勒南（Ernest Renan），在一篇充满苦痛、关于他祖国未来的文章《改革文化与道德》（La Réforme intellectuelle et Morale）中写道“殖民是政治上的必需……不进行殖民的国家将不可避免地迎来社会主义，也就是说，迎来穷人与富人的战争”。他还写道，机遇正在敲门。国家“像中国正在大声呼吁外国的入侵”。与欧洲人不同，中国人“是天生的劳工”并“几乎没有幽默感”。至于“黑人”，他们是“土壤的分蘖”。

柏林会议对这一事件的发展起到了至关重要的作用。该会议由奥托·冯·俾斯麦（Otto von Bismark）在1884 ~ 1885年发起，希望通过组织“冲向非洲”行动，将处在激烈竞争之中的非洲殖民地转化为一个高产量的共合体。与会国有比利时、丹麦、法国、英国、意大利、荷兰、俄罗斯和西班牙。

一旦新的殖民地建立起来，下一步就是找出管理这些新领域的方法，这些地区的经济、社会、技术、文化、对建筑环境的需求都与殖民者所处的地区非常不同。因此，地域主义的老问题重新浮出水面。一种选择是跟随殖民帝国发展的旧式，也就是我们之前探讨过的：无视差异、地区的传统和物理环境的约束并宣布殖民权力的万能，强行推行它的规则和价值观，例如在殖民地建造古典建筑。其他的方法则试图寻求妥协的立场。

1839年，英国设计师J·M·德里克（J. M. Derick）在穆罕默德·阿里捐赠的一块位于埃及亚历山大港的场地上设计了一个教堂，本杰明·韦伯（Benjamin Webb）在他《所指建筑对热带气候的适应》中提到了这个教堂的设计，并写道：问题并不是在热带气候中设计一座适宜的英国教堂，而是充分考虑热带地区的环境，得出一种更好地适应它的建筑方案。

另一方面，詹姆斯·王尔德（James Wilde）在他位于亚历山大港的圣马可教堂（1846）中试图将伊斯兰元素与意大利风格相融合。但在后几轮方案中，对欧洲先例的借鉴占据了主导地位。在这样的历史节点上，建筑师的努力几次被误解，“折衷主义”一词被用来暗示在他们工作的背后是随心所欲、好玩的设计思考，似乎仅仅是对“风格”进行选择和混合。然而事实是，建筑师和客户都在重要的文化及政治问题中挣扎，面临着前所未有的挑战。

至于詹姆斯·王尔德的教堂设计，还不清楚当时他融合当地传统的尝试是为了“调和阿拉伯居民的意见”还是基于想要调和不同文化的更深层的信仰。[6]不论他的意图是什么，这种试图融合建筑图案的方法尽管一直延续到了20世纪，始终是一种非常肤浅的形式操作，无法取得丰富建筑学的创造性成果。

法国建筑师和殖民地管理者和他们的英国同行面临着同样的问题。但受到严格却狭隘的建筑学教育的建筑师们，被限制于推行普适的古典建筑的全球化设计标准以及维奥莱-勒-迪克的理论中。勒-迪克的理论要适用于新殖民地的设计并不容易。

源自最新的科学技术，技术专家们也带来了法国工程学和医学在建筑科学和微气候物理学方面的研究成果。他们相信法国的生活方式是现代的、优越的和进步的。如果得以应用,对殖民者与殖民地都有益。这是一名军人、殖民地管理者及共和主义者约瑟·西蒙·加列尼（Joseph Simon Gallieni，1849 ~ 1916）提出的方法，他相信科学和规划，并将这种方法应用于中印半岛和马达加斯加。

相较之下，同样来自军方的路易·赫伯特·利奥泰（Hubert Lyautey）是摩洛哥保护国的一名长官（1912 ~ 1925），他对于地区的传统给予了特别的关注。众所周知，利奥泰的行为充满了矛盾，出自他那自相矛盾的信仰。他的政治观点与日渐增长的法国法西斯运动相接近。1934年，在一场与斯塔维斯基事件相关的政治剧变之中，利奥泰威胁将带领极端右翼势力强行驱逐自己的政府。虽然他也曾反对对阿尔弗雷德·德雷福斯（Captain Dreyfus）的指控，同时还是反犹太主义者——他将希特勒的《我的奋斗》译为法语。作为一名军人，他精明、虚伪并且无情。他曾于1907年对卡萨布兰卡进行惩罚性的轰炸。然而他深信欧洲的价值，并称自己将第一次世界大战视为一场“内战……一个非常荒唐的事件”。尽管殖民地媒体因为他对地域建筑遗产的推广以及对于殖民地开拓者的投机性房地产采取抵抗的态度而指控他亲穆斯林，我们仍无法厘清这到底是出于他对地域文化真正的尊重和钦佩还是他采取的“绥靖”政策的一部分，以期获得当地居民的支持。

利奥泰随后选择了亨利·普罗斯特（Henri Prost，1874 ~ 1959），当时最有竞争力的建筑师、规划师之一，成为摩洛哥的首席规划师。普罗斯特与许多建筑师、工程师及规划师一样，选择殖民地工作是出于专业方面的野心，但也诚实地希望能在这里进行无法在法国实现的高质量和创新的工作。普罗斯特与欧内斯特·赫伯哈（Ernest Hébrard）处于同一时代，同为罗马大奖的获得者（分别于1902年和1904年），与托尼·加尼叶（Tony Garnier）一起努力复兴美术学院的传统。[7]

欧内斯特·赫伯哈（1875 ~ 1933），一名决心对都市生活的新领域进行研究的法国建筑师，一直在法属中印半岛进行城市设计的工作，对区域城市传统给予了一定的关注，同时他也是一名专注于细节的建筑师，试图找到可利用的地域手法来应用于当代建筑。在前往中印半岛之前，他被希腊政府邀请参与到塞萨洛尼基新城市中心的设计中，该设计于1917年毁于大火。最后主要采用的是他的方案，适应该地区的气候从而提供高质量的城市空间。但他忽视了现有的住区和犹太社区的文化古迹，这部分人群占了当时城市人口的60%。

普罗斯特不得不遵循利奥泰的主要计划进行城市设计，其中包括公园和公共空间的设计，它们使新殖民地生活令人愉悦和充满希望。此外，利

图8.03　勒·柯布西耶：阿拉伯都市生活及欧洲对此的贡献

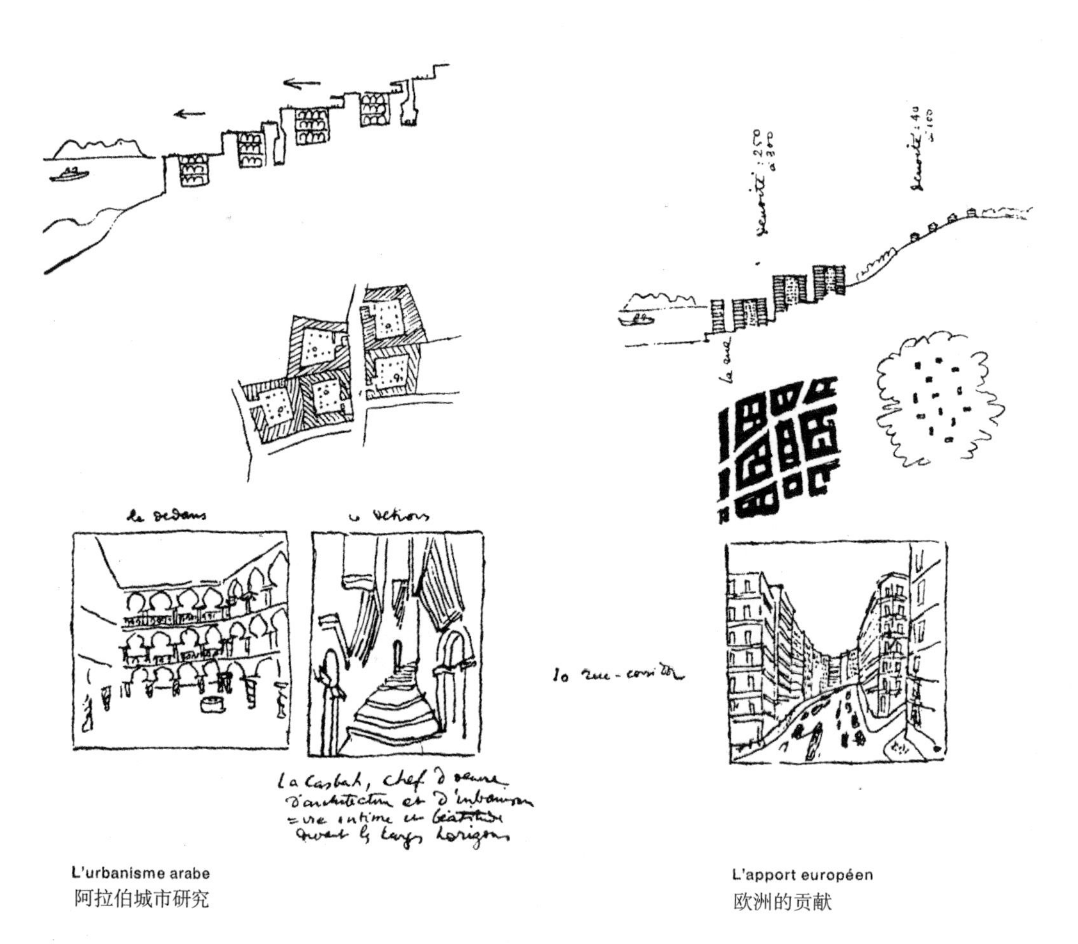

L'urbanisme arabe
阿拉伯城市研究

L'apport européen
欧洲的贡献

奥泰还要求传统城市和新城完全分离。用拉比诺夫的话来说，这样的封锁从社会角度来看充满了争议，使人联想到英国殖民种族隔离政策。然而，另外一种观点强力地辩护道，正是如此，利奥泰使得区域建筑遗产的保护变得更加容易，并维护了地域文化和习俗。最终，这种规划产生的影响是负面的。从功能上来说，传统社区的被孤立导致了他们的过度拥挤以及环境质量的下降。[8]

诚然，他们参与到殖民地的建设中也有“东方主义”的原因。当地城市和地区的建筑景观特质吸引着他们，但并不是因为他们对殖民世界价值的尊重和认同，而是源自他们对痛苦、无聊、严格的现代机械化和官僚化的西方社会的逃避，以及对感官享受的渴望。殖民世界是宽容的和顺从的，可以用很少的或者完全不用成本来进行享乐，不需要特权也没有道德控制。西方小说和诗歌中有许多证明这一点的纪实或幻想故事，甚至勒·柯布西耶的旅行日记也透露出类似的心态（图 8.03）。

利奥泰曾经称，法国有严格的法律、规范和政治制度，而他在摩洛哥能够做到任何法国官员都不能做的事。他利用这种自由为现存的伊斯兰教徒区和新城建立起规划条款，很大程度上限制了私人利益的力量，保护了公众的利益。

世界博览会中的地域主义及“商业精神”

此时一种新的机构和机制的建立，促进了全世界的产品和原材料的生产、汇集起国际制造商和商人，成为殖民活动导致全球化发展的驱动力之一。殖民产品将成为大众消费的对象，而世界博览会成了营销机器。

有趣的是，被邀请参加这些全球化庆典的展品所彰显的是世界各地的地域产品与文化。最初参展的展品非常有限，但随着世博会的定期举行，直到 1937 年，展品在数量和规模上都在持续增加。

首届全球工业产品博览会坐落在一个巨大的全球帝国的中心——伦敦，这里对当时的许多人来说无异于世界的首都。艾伯特王子（Prince Albert）和亨利·科尔（Henry Cole）主办了这场展览，会场于 1851 年落成，当时距离英国金融市场的崩溃仅仅过去了四年，借此展示出对全球化工业、通信及商业将创造出的未来的信心。博览会会场位于一栋充满革新的建筑中，约瑟夫·帕克斯顿（Joseph Paxton）在海德公园设计的水晶宫。虽然展览的目的是刺激未来的制造业和商业，它主要的主题却是历史性和博览性的，其中还包括了人种学和自然历史部分。正是在这里，人们得以看到“异国情调”的地域环境被科学地展示，而不仅仅是个噱头。[9]

在水晶宫之后，法国于1855年举办了世界博览会（Exposition Universelle），位于琼–玛丽·维克多·维尔（Jean Marie Victor Viel）设计的工业宫殿（Palais de l'Industrie）中。约510万人参观了这个展览。随后仍然在巴黎，1867年在拿破仑和弗雷德里克·勒王子（Frédéric Le Play）的指导下，除了琼查尔斯·阿尔方（Jean Charles Alphand）设计的主体建筑外，还修建了许多国家和地区展馆，包括一些法国殖民地（包括阿尔及利亚、摩洛哥和突尼斯的展馆）同时还有中国馆，一个埃及的花园和巴伐利亚馆。修建这些展馆是为了鼓励参与国展示出能代表他们国家的产品和建造技术。[10]

1873年的世界博览会在维也纳的普拉特公园中举办，当时的维也纳正经历着灾难性的股市崩盘与霍乱疫情的传播。博览会展示着一个国际村，一个由地域组成的世界，其中有一个日本花园、一个土耳其咖啡馆及一个北美帐篷的构筑物。

1878年的巴黎世博会的举办是为了庆祝法国从战争及巴黎公社的占领中复苏，展览中有一条国家大道，两侧矗立着亚洲和非洲的地域建筑：一栋摩尔式的塔楼和一个容纳着400名公开生活的“土著”的黑人村落。2800万人参观了此次博览会。1900年的巴黎世博会有5000万人参加，其中有一些国家展馆，除了芬兰、希腊、意大利、俄罗斯、瑞士、土耳其馆，还包括波斯尼亚和黑塞哥维那馆。它们都采用了地域的建筑语汇试图让人们记住这些多样性、特殊性和差异，尽管这些设计手法本身缺乏真实性。1931年在巴黎举行的国际殖民博览会集中展示了法国殖民地的资源、产品和文化，同时也包含了其他殖民列强：比利时、意大利、英国和美国的展品。在塞内加尔村中，人的真实生活再次被用做展品进行展示。法国共产党此时组织了一个反殖民展览，暴露出列强进行的强迫劳动以及其他与殖民主义相关的罪行。

此时世界各地举办的博览会的内容都非常相似，推进着全球化的进程并以肤浅的文化内容来刺激地区商业产品的销售。某些时候不仅仅是被展示的产品，展览建筑本身也成了地域建筑特殊性的表达，其中偶尔会包含一些当地建筑技术的信息，但是多数时候是戏剧化的，仿佛是卓越商业营销的背景，销售着来自不同地区的地域制品（图8.04）。

这种地域建筑最成功的范例之一是1929年在塞维利亚举办的美国展览中，阿尼瓦尔·冈萨雷斯·阿尔瓦雷斯·奥索里欧（Aníbal González ÁlvarezOssorio，1876 ~ 1929）设计的艺术宫（the vast Palace of the Arts）。在用多种饰材装饰的剧场中，冈萨雷斯成功地将代表西班牙不同地域特质

图 8.04　国际殖民地博览会（巴黎，1931）

的陶件整合成一个整体，表达与执政者立场统一的“爱国主义”概念，表明这个国家是由不同的地域构成。这个项目并没有对平民进行宣传，但比普里莫·德里维拉（Primo de Rivera）的民族主义独裁规划更为先进，后者与西班牙各地希望得到解放的愿望毫无关联。[11]

在巴塞罗那举办的世界博览会与之类似，也是对民粹主义的宣传，不同的是这里没有阿尼瓦尔·冈萨雷斯那综合的力量和感官的刺激。这里来自西班牙不同乡镇地区的城市碎片被混合成一个过分熟悉的场景，“仿佛”是城市式样的主题公园。[12]

人民阵线的地域主义

提到 1937 年的巴黎博览会，就时常让人联想起苏联馆和纳粹德国馆的针锋相对，同时毕加索的名画格尔尼卡在约瑟夫·路易斯·赛尔特（Josep Lluís Sert）和路易斯·拉卡萨（Luis Lacasa）设计的展馆中展出，表达着毕加索对共和党统治的西班牙的支持。[13] 但展览的另外一部分，也称作世博会的地域中心，包括了 27 个展馆，被称为“法国 27 个省份的缩影”。更有趣的是，这部分展馆是由通常被认为敌视地域主义运动的左翼人民阵线联合政府所主办，这其中的概念以及气氛都令人回味。原因是显而易见的，

图 8.05 艺术宫（阿尼瓦尔·冈萨雷斯·阿尔瓦雷斯·奥索里欧设计，美国展览，塞尔维亚，1929）

许多地区此时处于反现代化的立场，同时相当数量的地域主义组织采取了亲法西斯与反犹太人的定位（图 8.05）。

然而，20 世纪 30 年代的政治和文化环境则并非如此。一方面，世博会的组织者也采用了传统的、地域主义的处理方法。博览会的总理事爱德蒙·拉贝（Edmond Labbé），指导工匠和手工艺者对法国地域生活进行展览，并将之作为对大规模工业化和中央集权的人道主义回应。让·查尔斯·布朗（Jean CharlesBrun），博览会的主要组织者之一，同时也是地域主义理论家，将他最喜欢的政治主题附加在其中，即“通过多样得到统一”。他旨在鼓励地区进行创造，并提出一个保守的口号，希望他们渐渐“像小法国一样”（“comme une Petite France”），同时不断加强中央集权国家的力量。

与此同时，当时的法国经济正处于危机之中，法国政府乐于推动所有能够支撑其经济的活动。因此，此次博览会中的明星，由罗杰·巴拉德（Roger Barade）和乔治·根德洛（Georges Gendrot）设计的勃艮第馆，试图将现代主义自由展示的风格与地方人工制品和产品相结合。勃艮第馆这样选择的动机显然是为了发展商业，该地区有着全法国最高质量和最高出口量的农产品。无论在 1937 年博览会中宣传勃艮第的民俗传统和身份背后有着怎样的政治利益，最终结果是该地区及其产品的品牌被成功打响。

这场博览会中的地域建筑以模拟的方法对这些地区的生活方式进行了生动地展示，同时还展示着能代表其现代性的手工制品和技术。参观流线的最后是一个大空间，展示着宣传材料、照片、图表、电影、海报、地图、手册、指南，并多次使用先进的媒体技术来宣传和促进地方旅游业。在政治层面上，这场博览会仿佛是法国的一个缩影（Comme une Petite France），彰显着法国各地区的多样性与创造力。

另一方面，地域主义者所提出的问题将目光转移到新的领域，自下而上地研究没有发出声音或发表著作的人们的思维方式——当时苏联也刚刚涉足该领域。同时也为探索前现代主义、前资本主义或“低市场”社区的本质提供了机会，它们在构造方式和心态上与城市无产者大相径庭，尽管可能处在相同的经济水平上。曾经农民们被视为落后的、不够聪明的保守派，这种看法来自革命后他们反对改革的态度，而研究人员克服了这些偏见，不再乐于评判，开始对解释他们行为感兴趣。这些研究也有助于推进民众对于法西斯主义的理解。其中一些对公众开放的项目为委身于政治的学者们如吕西安·费弗尔（Lucien Febvre）提供了机会，对即将到来的危险的纳粹活动进行警告。最后，我们应该记住，受欢迎的地区人工制品和“天真的地方艺术”吸引着现代艺术家及他们的仰慕者，从莫斯科到慕尼黑和巴黎。同时在 1937 年有一大批人乐于参观法国的各个地区运送来的人工制品。因此，1937 年世博会是独一无二的，因为集中了大量并且高质量的智慧结晶，它们为地域文化的价值大声疾呼，无论是对法国还是对国际而言，同时强调地域文化研究的重要性。

考虑到这个课题的新颖和困难，人们普遍认为数次被归纳到“民俗”这个词下（德国人在这方面的研究领先于其他国家，称之为 Volkskultur）的这些研究，必须是跨学科的。1937 年，保罗·里维特（Paul Rivet）和雅克·里维埃（Jacques Rivière）运营的艺术及流行传统博物馆为这类研究提供了框架。这个是个非常庞大的项目：进行研究、设立图书馆、对收集的民间艺术进行保管、举办座谈会。同年 8 月，第一届国际民俗会议在巴黎卢浮宫举行，包括唱歌、跳舞和烟火等艺术活动，与国际博览会的主题不谋而合。

新兴的法国年轻科学家涉足对地域主义进行重新定义的活动当中：马克·布洛赫（Marc Bloch）、乔治·迪梅齐尔（Georges Dumézil）、吕西安·费弗尔（Lucien Febvre）、亨利·福西雍（Henri Focillon）、马赛尔·莫斯（Marcel Mauss），他们站在法国官方学术机构传统保守主义的对立面。第一届国际民俗会议闭幕之后，一个专注于民俗教育的委员会于 1939 年成立。

被占领时期的地域主义

随着第二次世界大战的到来，地域主义成为维希合作政府的理论武器。

但纳粹占领时期的地域主义极少带有1937年各类活动的知识分子特征。它已经有所倒退，采用了莫拉斯和巴雷斯（Maurras and Barrès）所倡导的地域主义内涵，其无伤大雅的、空想的民族主义，反对世界大同以及明显的反犹太主义被纳粹占领者所接受。在1941年的5月，维希政府对乡村建筑的问题进行了大量调查研究。[14]

与这种想法一致的是，德国被认为是现代化机车的车头，而法国，维希政府希望领导它“回归土壤”，与西班牙弗朗哥总司令的策略相近。从他接管了西班牙政府后，西班牙的未来以及解决内战后大量农村失业人口的方法都落在农业文化的生产上。因此，弗朗哥在“满目疮痍的地区”（Regiones Devastadas）所施行的政策创造出了大量分散的居住项目，为了重新塑造一个怀旧的，整齐、充满魅力的封建乡村领地和农耕社会，使用了混合的建筑手法以创造适应“地域风格”的“真正的西班牙建筑”（Genuinamente española），但规划原则却是一成不变的：居住单元围绕着由行政机构和安全保卫大楼构成的“乡村广场”。

就法国而言，除去大量专业人士如贝当（Pétain）以及组织如法国战斗员军团的支持，这时期的尝试与法国现实脱节并毫无成果。1943年，在柯布西耶的《与建筑系学生的对话》一书中，他写道“地域主义仅仅是学院派的最后一步棋”，“放弃思考的一种方式”。考虑到当时地域主义的立场，他的观察似乎非常精准。

关注村舍的先例

让我们跨越英吉利海峡，回到19世纪60年代。一群正在成长的年轻英国建筑师脑海中构筑的地域主义概念与上文提到的，当时欧洲大陆上的地域主义观点大相径庭。尽管同样对哥特结构抱有崇敬之情，他们却认为所有“复古主义”的手法用力过度。因此，源于对英国新的“真实”的、适应于地域现实状况、场地、材料并带来更加人道的生活方式的建筑的渴望，他们开始支持一项新的运动。

他们对于社会和道德广泛的兴趣来源于当下的社会问题以及拉斯金越来越言辞激烈的关于经济和环境的论文。1860年，在月刊《康希尔杂志》上发表的《致未来者言》，据拉斯金称“受到了猛烈的批判”，致使出版社叫停了这本杂志的定期发行。在1862年5月，这篇文章最终以书的形式出版。

他在不久后的《野橄榄花冠：关于工作，交通和战争的三个演讲》中，尖锐地讽刺了“大不列颠的政治霸权”在于其对于动力资源的控制，对“廉价和充裕的煤炭”的控制，并认为这种状况不仅导致了社会问题还造成了环境灾难，“碳酸”使得“天空灰暗”、“乌烟瘴气”。19 世纪 70 年代，他自己支付出版的最后几本书是叫作《Fors Clavigera》的一系列小册子，目标人群是“英国的劳动者”。如今作为政治檄文执笔者，拉斯金获得了成功；我们可以看到他在 19 世纪后半叶对于建筑学科产生了非常巨大的影响。更令人瞩目的是，他成功塑造了 20 世纪关于生态学、批判的地域主义以及可持续发展的观点。

此外，建筑师们也记住了拉斯金首部出版的著作中所提到的概念，他认为简陋的村舍因其融入了环境和地域而成为成功的建筑实例。正如在前文中所提到的，约翰·克劳迪亚斯·劳登（John Claudius Loudon）对伦敦绿化空间以及为经济困难人群建设的大规模居住项目的长远发展感兴趣，他出版了《村舍、农场、别墅建筑的百科全书》（1834），其中概括了许多村舍类型，来自于英国以及其他地区的地方先例；但它们缺乏真实性，受到普金的批判。但劳登是个实用主义者，他所选择的村舍类型也能够满足基本的功能、技术和经济需求。更早之前，在他 1806 年的论文中，劳登试图在英国推广哥特建筑，他认为哥特建筑更能适应功能需要以及英国的气候环境。

一批伦敦新居民对于低价住宅日益增长的需要促使劳登写作了这篇论文。在伦敦的周边地区，商业开发正热火朝天地进行，这类开发项目被一些“投机建设者”的品位和兴趣所控制，最终产生了“对真实建筑明显的曲解”，约翰·B·帕普沃思（John B. Papworth）在《乡村住区：村舍、村舍内部装修及小别墅设计》中也论及这一点。和劳登一样，他也在找寻供劳动者居住的村舍的设计先例（“habitations of the laboring poor”）。帕普沃思选择的先例更多来源于家的概念。他调研了地域农民住宅的传统，并认为住宅的主人建造时是出于对当地高级建筑风格的模仿或吸收，并希望将来的建造者能够将这些房屋融入场地。

1860 年，对于高质量、高效率及高性能并且能够适应新的功能需求与建造可能性的新型“村舍”的需求克服了商业主义，变得更加迫切；学习当地传统，研究地域的、本土的建筑结构甚至与当地工匠一起工作变得更加吸引人。

乔治·迪维（George Devey，1820 ~ 1886）是首个将地域建筑元素及材料运用到村舍设计中的设计师之一。在 1861 年的夏天，他与诺曼·肖（Norman Shaw）以及威廉·伊登·纳斯菲尔德（William Eden Nesfield）一起游访约克郡，记载了当地民居的结构。随后他们又游历了英国其他地区，这些经历迅速影响了他们接下来的建筑项目。[15]

1884 年，建筑师、作家及公务员威廉·理查德·莱塞比（William Richard Lethaby，1857 ~ 1931）与爱德华·普莱尔（Edward Prior）及理查德·诺曼·肖（Richard Norman Shaw，1831 ~ 1912）办公室的其他成员一起成立了艺术工作者协会。为了对他们的贡献表示支持，威廉·莫里斯（William Morris）也加入其中。它除了组织夜谈会外也组织游览英国民居建筑的活动，主要以肖与威廉·伊登·纳斯菲尔德研习古老乡村住区的手绘旅行为参考。很快地，年轻建筑师们受到地方民居先例影响所进行的一些小尺度村舍设计涌现出来。

他们提供了高质量并具有革新性的设计策略，正如 1889 年詹姆斯·麦克拉伦（James MacLaren）在佩思郡所设计的意义非凡的农民住宅；以及爱德华·施罗德·普莱尔（Edward Schroeder Prior，1852 ~ 1932）在多塞特郡设计的位于西海湾的招待所以及迷失水手酒店、多赛特住宅，运用从乡村结构中学习到的手法，建筑仿佛自发从基地生长出来。在德文郡埃克斯茅斯的谷仓（1896 ~ 1897）、俱乐部休闲浴场（1890s）以及爱德华·施罗德·普莱尔设计的多赛特住宅中，对民居知识的运用在它们独具匠心的平面及体量中得到了体现；也体现在恩斯特·吉姆森（Ernest Gimson）在莱斯特郡设计的索尼维尔村舍（1898 ~ 1899）；在詹姆斯·麦克拉伦在佩思郡设计的格里扬住宅（1889）中。他们对地方材料进行运用的同时对建筑空间构成方式也进行了高度的创新，既适应了场地又通过学习地方民居传统得

图 8.06　爱德华·施罗德·普莱尔：村舍研究

出了另外一种原创的功能组织方式（图 8.06）。

菲利普·韦伯（Philip Webb，1831 ~ 1915）是当时这场运动的领导者之一，他的设计同样先锋并且成功。对他而言，地域建筑传统具有实用主义的价值。它们的建造方式都经过测试，并能保证再次使用时的性能。1877 年，韦伯加入了莫里斯激进的社会主义联盟，成为其中的财务，在 1877 年他成立了保护古建筑协会，在前文中我们曾提到。1859 年，他为威廉·莫里斯在肯特郡的黑斯市设计了红屋——"红"来自于它"深沉的红色"。同时这栋房子成了一批艺术家和设计师共用的工作室，他们成立了一个公司，为复兴中世纪的"兄弟会"，强调对工艺的信仰并传达出莫里斯对于"基于个人主义的艺术改革"的厌恶。这栋房子的设计中重新采用了"十三世纪"的元素，并且不完全是英国元素。

查尔斯·弗朗西斯·安斯利·沃伊奇（Charles Francis Annesley Voysey，1857 ~ 1941）对他的住宅进行了非常精细的设计，包括其中的家具。他的设计来源于 16 世纪及 17 世纪早期的英国民居原型，有着白色粗灰泥墙壁，上面开着水平带状窗，大坡度的屋顶，同时还使用了粗糙的石膏以及其他典型英国村舍中采用的材料。从功能上来说，他的平面反映出了与那种贵族及资产阶级正式的、基于佣人流线的公共空间不同的新生活方式。其中有一间"起居和工作"室，从乡村住宅的多功能空间中得到启发。

提格布尔内庭院是靠近萨里郡格尔达明的一所村舍，是埃德温·鲁琴斯爵士（Sir Edwin Lutyens，1869 ~ 1944）的早期项目之一，为格特鲁德·杰基尔（Gertrude Jekyll，1843 ~ 1932），鲁琴斯主要的花园设计师和合作者所设计。1904 年，该住宅建成的四年后，杰基尔在《古老的萨里郡》一书中谈道："建筑中的当地传统被当地的需求、材料和巧思具体化……改造完成后的成果非常令人满意，并能够适用很长的时间。""它成了一种风格"，代表着"被修缮过"。鲁琴斯使用了当地传统材料以及 17 世纪的地域古典元素，而不是从"全球的"古典运动中进行借鉴，却同样成功地将建筑融入到场地和环境中去。但他致力于地域主义的时间并不长久，1900 年之后，他转而支持古典主义。

然而，民居地域主义运动远远没有停止。1901 年，巴里·帕克（Barry Parker，1867 ~ 1947））和雷蒙德·昂温（Raymond Unwin，1863 ~ 1941）写作的《建造一个家的艺术》（The Art of Building a Home）中包含了基于地域民居先例的住宅实例。他们写作的基本诉求是说明能够在不牺牲质量的前提下，从根本上降低工人阶级住宅的成本的新的建造方式，同时也声称在民居建筑中有值得参考的部分。帕克和昂温对于当代住宅的修缮也表现出了同等的关注。从英国民居中传统的“大厅”得到灵感，和沃伊奇一样，他们提出了一种开放平面，多种功能复合的同时满足“聚会的本能”，保证公共活动，这个概念可以追溯到威廉·莫里斯与叶芝的相遇，当时他说道：“能够让我感到舒适的房子并不是一个聊天在这个角落、吃饭在另外一个角落、睡觉在那个角落、工作在另外一个角落的大空间。”[16]

在莫里斯去世的30年后，1936年，昂温在哥伦比亚大学的一次演讲中提到了“英国单间住房”，在“自由的”撒克逊人生活的古代，当时主仆之间没有明确的区分。在介绍地域结构以发展成功的场地设计策略时，他评论道：“老建筑看起来难道不是从地面上生长出来一样吗？以当地的石材建造；屋顶采用与周围相似的材质——茅草、石头、瓦片……颜色与石头和土壤相和谐……恰当地坐落于土壤之上。”

昂温不仅仅是民居地域主义运动建筑师后的年轻一代，和莫里斯、韦伯以及其他这项运动的参与者一样，他也投身于社会改革。年轻一代的身份让他明白，为了达成他的目标，正确的领域不应是设计地域主义工艺品或是地域主义建筑，而是更大规模的设计——这类设计之后被称为地域规划。几乎同时，受到埃比尼泽·霍华德的《明日城市》(*Garden City of Tomorrow*)(1898，1902)影响，出现了花园城市运动。1905年，帕克和昂温被委托于伦敦的汉普斯特德规划一个新的郊区。相比方案中采用的分散独立并且融入自然的居住单元，其中“地域的”想法和概念更加重要。这种新的地域主义概念在全球流行起来，1922年昂温被邀请为纽约的区域规划提供参考意见。1929年，他成了大伦敦地区区域规划委员会的技术顾问。随后在大萧条时期，他又被邀请回纽约为罗斯福新政的立法、住房、消除贫民区、绿色新镇以及美国的区域开发提供意见。昂温以这种方式为地域主义从建筑学和景观设计转向区域规划作出了贡献。[17]

第九章

国际式风格与地域主义的抗衡

美国区域规划协会（RPAA）将昂温邀请至美国。该组织成立于 1923 年，由少量的建筑师、开发商和规划师组成，成员多与一些重要组织或个人相关联，例如埃莉诺·罗斯福（Eleanor Roosevelt）和拉舍尔·赛奇基金会（Russell Sage Foundation）。其成员对于一战后的城市危机表示关注，并相信城市的未来不在于完美却孤立的建筑，而在于构成城市整体的城市肌理的质量。其中建筑师克拉伦斯·塞缪尔·斯坦因（Clarence Samuel Stein）、林务官本顿·麦克凯耶（Benton MacKaye）以及作家路易斯·芒福德（Lewis Mumford）是最主要的发起人。

RPAA 首个重大项目由其成员本顿·麦克凯耶（Benton MacKaye，1879 ~ 1975）提出。在其 1921 年发表的文章《阿帕拉契小径：一个区域规划项目》中，他提出了阿帕拉契小径的概念（即今天我们常称的绿道）。两年前，该概念首次出现在麦克凯耶于《美国建筑师协会期刊》中所发表的同名文章中。这个可供人行的小径从缅因州延伸到乔治亚州，为了“将文明带向荒野”。RPAA 虽没能施行这个项目，却成功地将这个概念推广给各类登山俱乐部。最终在 20 世纪 30 年代中期，大部分小径都施工完毕。随后 RPAA 也参与到了“对大面积自然环境、大面积的荒原的保护，因为它们是绿意盎然的母体，不仅帮助形成了‘地域城市’，也服务了其中大小不一、界限明确、各具特色的社区”。

19 世纪末芒福德参与了英国关于地域主义发展的写作和实践。他的观念受到苏格兰生物学家、规划学者和地域主义的推崇者帕特里克·格迪斯（Patrick Geddes）论述的影响，我们在前一章曾探讨过。后来格迪斯转而受到法国地域主义地理学家和管理者的影响，但并未建立在关注法国人的政治信仰和政治活动的基础上。20 世纪 20 年代初期，芒福德开始着迷于建筑学问题。

RPAA 成立一周年后，芒福德出版了《枝条与石头：美国建筑与文明》（Sticks and Stones：American Architecture and Civilization，1924），在其中

他以地域主义为框架展示了美国建筑第一阶段的历史。这本书借鉴了许多维奥莱－勒－迪克以及拉斯金的思想。其书名指向了拉斯金的《威尼斯之石》以及拉斯金为实现建筑师社会责任所倾注的心血。他将地域主义与当时在美国横行其道的“帝国式”布扎体系建筑并列，谴责后者为“显而易见的废物”，如“生日蛋糕上的糖霜”，如同“给零碎的建筑、单调的街道和平凡的住房覆上讨人喜欢的立面”，如同“宽阔的林荫道旁林立的新的贫民窟”。他抱怨这类建筑在“帝国式的立面”、“斗篷与戏服”之上“附加了太多的价值”。布扎体系的传统仅仅是将“帝国式的方法”加诸“环境之上”，鼓励人们“忽视土地”，将土地用于“投机获利”而不是建造“家园”。这种设计最终将导致自然的“损耗和贫穷”。与其见证这类惨剧的发生，我们应当对“科学的成就”以及“民主政治的实验”予以应用并使得它们能够“经济地服务于都城”。[1]

1932年，国际式展览，纽约当代艺术博物馆

20世纪20年代末，芒福德被公认为美国首屈一指的建筑评论家。正因如此，在20世纪30年代初期，他与当时不闻一名的菲利普·约翰逊（Philip Johnson）及亨利·拉塞尔·希区柯克（Henry- Russell Hitchcock）一起受到纽约当代艺术博物馆（MoMA）负责人阿尔弗雷德·巴尔（Alfred Barr）的邀请，组织这场“现代建筑：国际式展览”。1932年，该展览开幕。在开幕词中，巴尔提出了“国际式风格”这个术语，他认为尽管参展的建筑师来自不同的国家，“在他们的作品中找寻到其祖国的特征是比较难的”。在芒福德所负责的部分中，他没有触及地域主义的问题。他更倾向于关注展览中涉及的住宅建筑，以及它们的社会及功能问题。

同一时间，希区柯克和约翰逊出版了一部名为《国际式风格》（The International Style）的书，书中他们将自己的立场放大，认为一种全新的、普适的现代建筑已经产生。

1934年，国际式展览开幕的两年后，约翰逊突然离开了其在纽约MoMA的馆长职位[2]（当时他正异常活跃于支持纳粹的政治活动中），尽管如此MoMA仍然支持着国际式风格，部分归功于留任的希区柯克。欧内斯亭·范特尔（Ernestine Fantl），曾就读于威尔斯利学院的艺术史专业，师从巴尔，在1935～1937年间取代约翰逊成为馆长，并且有效地延续了国际式的火焰。在她的指导下，许多忠于国际式风格精神的书籍出版、展览开幕。1937年，她发起了对纽约世界博览会的抗议活动，名为“明日城镇”，并组

织了同名展览，展出多位当时主流但较为平庸的项目，同一时期还有名为“现代建筑是什么？”的展览，内容为美国国内及境外的国际式风格作品，表达新建筑的问题以及设计原则，面向建筑院校。[3]

在这一时期，希区柯克组织了两个同样符合国际式风格主题的大型展览。其中之一开幕于1936年，展出H·H·理查德森的项目。芒福德曾在他的《枝条与石头》以及《棕色时代》(The Brown Decades，1931)、《建筑之南》(The South in Architecture，1941)[4]都提到了理查德森，赞誉他为首个“地域的”以及“浪漫的建筑师”，然而希区柯克却对此未予置评。1937年，另外一个展览开幕，名为“英国现代建筑”，希区柯克在其中大力赞扬了来自英国本土或在英国进行设计实践的建筑师们，例如威廉·利斯卡泽(William Lescaze)、威尔斯·科茨(Wells Coates)、埃里希·门德尔松(Erich Mendelsohn)以及赛吉·希玛耶夫(Serge Chermayeff)，他们都在国际式展览开幕后的这五年里，陆续加入国际式风格的阵营之中。

同时，在1934年，芒福德出版了他举足轻重的专著《技术与文明》(Techniques and Civilization)，该书为他赢得了除了建筑评论之外，文化评论界的声望。这本理论综述立足宏观，从史学和社会学的角度探讨了人造环境以及地域主义的问题，超越了格迪斯以及法国地理学家们的研究框架，并与当时全世界以及美国的经济和政治环境非常符合。

1938年，芒福德暂时从纽约繁忙的活动中抽身，成为一个“设计”项目的顾问：为一个热带地区的花园城市做规划。在檀香山进行的汇报成果于二战后的1945年得以出版，是芒福德在以顾问身份前往夏威夷的旅途中所准备的。[5]该规划提案中包含了富有远见的生态和可持续观点。芒福德将檀香山视作一个“伟大的公园”，由“缤纷的热带植物，凤凰木的火红色、阿勃乐树的明黄色、棕榈树的嫩绿色、榕树的深色调”所组成。[6]他建议将主干道漆木街扩张并种植绿化、提议设立停车区域、拆除影响山景的杂乱建筑。同时对于现有公园都设置在“娱乐区域”[7]的状况进行了批判性的思考，建议将它们更多地与城市生活结合在一起，首先它们作为调节城市气候的设施，能够“清新空气、调和阳光直射的热量、减少眩光、令人放松、提供玩乐和休憩的良好景观、并带来最有益身心的工作模式——园艺工作”。[8]

1937年，美国经济状况雪上加霜，大萧条后的二次衰退席卷了整个国家。然而有些地区的状况更为严重，约翰·斯坦纳克(John Steinbeck)的《人鼠之间》(Of Mice and Men)以及玛格丽特·伯克·怀特的摄影作品都能反应这一状况。罗斯福的管理专注于地区间的不平等，在全国施行了一系列项目，最著名的就是田纳西河谷管理局发展项目（the Tennessee Valley Authority development program）。

在这样的背景下，国际式风格似乎落后于时代的潮流。下一个十年，MoMA 成了地域主义的堡垒。[9] 地域主义不仅在 MoMA 扎根下来，还几乎主宰了其中所有的建筑展览项目。此时，一名研究文艺复兴的学者约翰·麦克安德鲁（John McAndrew）对当代建筑中的地域主义感兴趣，他关注了这一转换过程，并记载在他的著作《现代建筑指南：美国东北部》(Guide to Modern Architecture，Northeast States，1940）中。[10]

1937 ~ 1941 年间他出任馆长，随后是珍妮特·亨里奇（Janet Henrich）和爱丽丝·卡森（Alice Carson）(1941 ~ 1943)，以及伊丽莎白·莫克（Elizabeth Mock）(1943 ~ 1947)（图 9.01）。

在 1937 ~ 1947 年这十年中，超过 12 个 MoMA 建筑展览传递着地域主义的讯息。并且，它们都在社会上造成了轰动，相较于“国际式风格”的展览吸引了更多公众来参观，而且没有依靠感觉论的论战来吸引眼球——唯恐被人们遗忘，“国际式风格”展甚至采用了街道游行的形式。[11] “国际式风格”在 MoMA 之外仅有另外 14 场展览，“英国现代建筑”则更少，仅有 10 场。相较之下 1938 年麦克安德鲁的首场展览，在 MoMA 之外还有 18 场，内容是弗兰克·劳埃德·赖特所设计的流水别墅，他赞誉道：“温暖的人道主义手法体现在建筑柔和的光线和宜人的表面中”，它提供了一种从“机械时代功能主义”中“浪漫主义的逃离”。

同一年，另外一场关于艾诺·阿尔托（Aino Aalto）和阿尔瓦·阿尔托（Aluar Aalto）的展览开幕。阿尔瓦·阿尔托闻名于他对于地域主义的坚持和对国际式风格的远离。其建筑设计的工作方法并没有革新性的突破，同时他对地域主义的理解与拉斯金相近。但是，他深化设计的方法——体现在材料的选择、对场地的适应以及建筑轮廓与景观的关系中是非常具有革新性的，并且精确到“毫米”也始终如一，阿尔托本人也会如此评价。这场展览随后又于其他场馆展出了 15 次。1941 年，一个关于瑞典地域主义的展览，“斯德哥尔摩建造”，展出 E·基德尔·史密斯（E. Kidder Smith）所拍摄的照片，另外展出了 20 次；“美国木住宅”，另外展出了 39 次。

尽管田纳西河谷管理局与 MoMA 的建筑部门合作组织的“田纳西河谷建筑和设计”展览只有五场展出，当时伊丽莎白·莫克所筹备的两场展览却获得了巨大的成功。1937 年，莫克成为建筑和工业设计部的临时雇员，此后逐步升迁到建筑与设计部门的代理执行人（1943 ~ 1947 年）。[12] 她是凯瑟琳·鲍尔（Catherine Bauer）的妹妹 [13]；曾是赖特在塔里艾森的学徒，

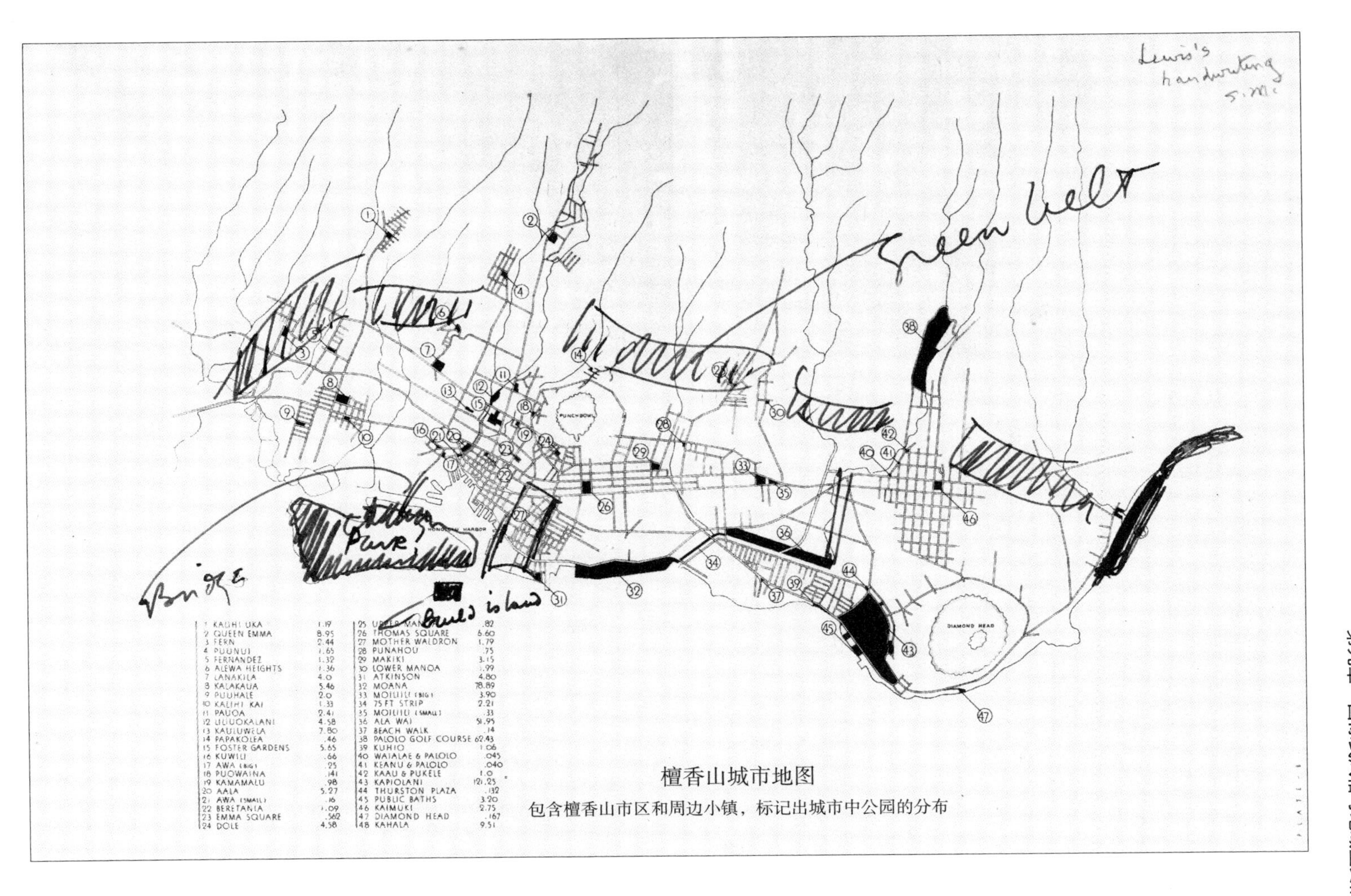

图 9.01　刘易斯・芒福德，1938，火奴鲁鲁城市规划（1938），以绿化带为边界，防止城市向山区无计划的扩张

并与美国区域规划协会保持着密切关系。

这两场展览都在1941年举办，并秉持着地域主义观点。在第一场名为“美国建筑”的展览中，莫克首次展出了巴克明斯特·富勒（Buckminster Fuller）的“能源最优利用单元”（Dymaxion Deployment Unit）。富勒是公认的地域主义者，在下文中将会证明。第二场展览名为“美国的地域建筑”，展现的是气候与当地建材对建筑的影响，共展出了15次。

公众对于地域主义的兴趣正逐渐增加。同年，于1941年的4月，芒福德在阿拉巴马学院发表了一场丹西演讲，题为“建筑之南”。此时二战已然爆发，但美国国内仍进行着是否参展的辩论。芒福德赞成“立即对轴心国发动攻势——首先出击”。“如果在今后的日子里我们将为民主而欢欣鼓舞，现下我们就必须明白民生的根本和奋战的缘由”。有趣的是，在这样的背景下，芒福德却选择了建筑作为其论战的主题。更令人回味的是，他决定采取批判及质疑的态度面对美国当时的形势、探讨与建筑相关的事件。[14]

芒福德的著作中最重要的部分即是在批判的框架下对地域主义的概念进行重构，将19世纪下半页产生的商业地域主义及20世纪上半叶产生的沙文主义从中剔除，重新组织并将之放置在新的背景中，与20世纪的经济、环境和社会问题联系起来。纳粹的地域主义定义体现在他们“神化的家园建筑”（Deification of Heimatsarchitektur）中，当时与斯皮尔的古典纪念主义建筑一起在德国遍地开花，如纳粹的青年训练营、德国的国防设施像著名的巴德莱辛哈尔（Bad Reichenhall）、贝希特斯加登以北的里特·冯·塔茨切克兵营（Ritter-von-Tutschek-Kaserne，1934 ~ 1936年间为山地炮兵部队设计）。芒福德正是站在这种定义的对立面对地域主义的定义进行着重新思考。

芒福德试图发掘出地域主义在当今社会的意义。他警告这并不是源于对“艰苦”、“原始”、“纯粹乡土”、“土生土长”、“自给自足”的追寻而回归传统的如画运动或浪漫的地域主义，与“普适”一词也并不冲突。他辩称地域主义建筑师必须克服“同在地球上生活的人们之间难以逾越的鸿沟”，家园建筑——即民族主义地域建筑正不断加深着它们。芒福德认为地域主义必须帮助人们回到“生存的真实条件”中，并使他们如同“在家般轻松自在”。在这里我们必须使用“地区的洞察力”来避免陷入“国际式风格”，避免陷入仅仅展示技术的荒谬，避免被“呆板的秩序主宰”。这些错误的设计方法不能给“民主文明赋予形式和秩序”。芒福德还认为“机器之间的相似相容并不能代替”人与人之间的“相互关系”。因此问题并不在于科技，而在于社会、体系和道德的失败。

一系列地域主义展览在MoMA进行。次年，也就是1942年，莫克所组织的“现代住宅规划”（Planning the Modern House）尤其的成功。该展览规模并不大，内容是约翰·芬克（John Funk）旧金山海湾地区学校的设计，共计展出17次。1944年的“观察邻里”（Look at Your Neighbor），主题为地域主义的住区规划导则；同一年玛丽·库克（Mary Cooke）和凯瑟琳·鲍尔组织了另一场展览，后者是区域规划委员会的永久成员，也是田纳西河谷管理局发展项目的参与者之一，不久之后她成了加州大学伯克利分校的一名教授，专攻环境设计。

同年，G·福尔摩斯·铂金斯（G. Holmes Perkins）筹备了“美国建造”的展览，其内容一部分是住房设计，另外一部分探讨了区域与城市规划[15]。在“战争与和平年代的住房设计”以及“规划设计在美国”（以芝加哥和田纳西河谷为代表）这两个篇章中，展出了理查德森、沙利文和赖特的作品。“过去十年的建筑”这一篇章获得了极大的成功，在1945年更名为“1932年后的美国建筑”，单独进行巡回展览，并出版了展览品的目录册。[16]

在“1932年后的美国建筑”中，莫克对1932年的“国际式风格”展览予以了强烈的批判，她将那次展览的内容称为“糟糕地被欧洲现代主义同化”的案例，[17]批评他们在选择参展建筑师的过程中有失偏颇，并且将结构创新、社会民主进程、城市规划以及地域主义排除在外。[18]

莫克对现代建筑的定义并没有明确的地域主义倾向。她曾称美国国内像1932年的“国际式风格”，宣言“这样让公众失去信心的建筑运动前所未有”，并继续指出，自此之后，建筑需要“人性化”，只有“与另外两种因素相联系”才能达到“鼓舞人心”的作用。第一种是“对弗兰克·劳埃德·赖特的浓烈兴趣”，第二种则是“对冷门领域——传统民居建筑的重新评价”。

正因如此“美国人重新开始审视宾夕法尼亚州的石质和木质谷仓，新英格兰地区的白色隔板，西部低矮的平房，并喜欢上它们”。这些建筑“如画的细节”、对当地材料直截了当的用法、对气候和地形巧妙的适应吸引了人们。从而“当地政府希望发展中的国际式运动成为更加友好、更多样化的当代建筑”。

莫克认为加利福尼亚州拥有“悠久的历史但在新的时代话语中尚未被发掘”，她将加州作为典型，从梅贝克（Maybeck）工作室以及与之同时代的建筑师作品中发掘出伯克利地区的红木住宅原型。“遗憾的是，这些地区建筑发展的重要案例很少有人研究”，莫克抱怨道。她还引用了威廉·乌尔斯特（William Wurster，她未来的姐夫）在旧金山的作品，弗兰克·劳埃德·赖特在宾夕法尼亚州的流水别墅，以及理查德·诺伊特拉（Richard Neutra）位于洛杉矶的设计作品。

作为早期可持续建筑的倡导者，莫克还认为建筑必须适应当地的气候。“如果建筑位于波多黎各，其长面必须迎风，若位于旧金山则必须避免强烈的北风的侵袭”，她在文章中还提及了巴西的“精彩案例”，在那些建筑中对于“遮阳板的巧妙运用”。至于美国本土，她鼓励建筑师们学习乔治·弗雷德·凯克（George Fred Keck）的“日光”住宅，该案例位于芝加哥附近，与密斯在伊利诺伊理工大学设计的建筑系馆不同，凯克采用了双层玻璃来减少冬日的热量流失。

建筑常常缺乏对场地文脉的重视同样令莫克感到忧心。她认为柯布西耶的萨伏伊别墅是“独立于环境，高傲的存在”，有别于赖特的有机建筑。一同受其批判的还有西尔斯罗巴克百货商店（1939）以及田纳西河谷管理局建设的蓄水坝与发电站（1936）。

莫克对于地域主义的关注并不仅仅限于美国本土。“美国建造”是莫克指导下在MoMA展出的第二个引起轰动并支持地域主义的展览。在此之前是1943年的“巴西建造”，由建筑师菲利普·古德温（Philip Goodwin）以及MoMA的工作人员（1938 ~ 1939）爱德华·德雷尔·斯通（Edward Durrell Stone）共同编辑了参展作品目录。[19] 地域主义建筑师伯纳德·鲁道夫斯基（Bernard Rudofsky）也参与到展览的组织中。他曾是一名奥地利建筑师，二战时期德国吞并奥地利后他流亡并定居于圣保罗，在1941年因其“有机设计”获得MoMA颁发的拉丁美洲建筑奖，随后他写作并出版了二战后最具影响力的地域主义著作——《没有建筑师的建筑》（*Architecture without Architects*），其中含有大量图纸。[20] 目录中精彩的摄影作品均来自于G·E·基德尔·史密斯，随后他在20世纪50年代写作了一系列著作——《意大利建造》（*Italy Builds*）、《瑞士建造》（*Switzerland Builds*）、《瑞典建造》（*Sweden Builds*），概括了各国的地域主义建筑特性。[21]

欧洲爆发二战后，美国试图与当时关系紧张的拉丁美洲建立同盟。修补与巴西之间关系的裂缝尤为重要。1940年，巴西总统热图利奥·瓦加斯（Getúlio Vargas）赞成法西斯、赞成纳粹的倾向有多少还尚不明朗。纳尔逊·洛克菲勒（Nelson Rockefeller）被罗斯福任命为美洲各国事务协调官，作为罗斯福所谓好邻居政策的一部分，他认为除了通过泛美开发银行给予优惠贷款的方式进行经济援助外，还应加强与它们的文化交流。[22]

这一文化政策的目的是使北美人民对于拉丁美洲的文化产生好感。1942年，迪士尼受到委托进行《致候吾友》的拍摄，该动画片的背景设置在秘鲁、阿根廷、智利和巴西，主角为唐老鸭和一只唱着巴西歌曲的巴西鹦鹉乔·卡里奥卡。1944年，《三骑士》上映了，增加了一个主角墨西哥公鸡皮斯托尔，唐老鸭在其中爱上了许多拉丁美洲的舞娘。

MoMA是对巴西建筑进行赞颂的天然舞台。洛克菲勒是这场展览的主席。古德温在展览的介绍中反复赞颂20世纪四五十年代的巴西建筑，称它们在北美建筑屡屡失败的年代中获得了成功：成功地适应了地区的现实条件。

“北美平静地忽视了整个（气候）的问题。夏日的浓烈的西晒使得普通的办公楼成了温室，它们的双悬窗一半封闭并毫无遮挡。可怜的办公人员要么忍受日光的炙烤，要么躲在毫不通风的遮阳篷下，或者指望百叶窗起点微弱的作用”。

古德温称赞了卢西奥·科斯塔（Lucio Costa）、奥斯卡·尼迈耶（Oscar Niemeyer）、阿方索·雷迪（Affonso Reidy）等人以柯布西耶为顾问所设计的教育卫生部（1937 ~ 1943）。追求“肤浅的美感”，这栋建筑是“对于现代办公建筑复杂问题的全新且仔细的研究”。尽管他将所有巴西建筑作为整体进行讨论，最多的赞扬却献给了地域主义建筑师奥斯卡·尼迈耶。[23] 古德温对于巴西的喜爱毫无保留地体现在他为这封介绍拍摄的自照中，照片里他穿着细条纹的西装，被茂密、异域风情的热带植物环绕。

这场展览对于建筑学机构产生了持续的影响，哈佛大学设计研究院挑选1953年出任院长的人选时，奥斯卡·尼迈耶位列榜首，随后是欧洲人欧内斯托·罗杰斯（Ernesto Rogers）以及约瑟夫·路易斯·赛尔特。根据未来一任主席杰西·苏丹（Jerzy Soltan）的说法，尼迈耶最后因为政治原因未能出任。当时是麦卡锡时期，而尼迈耶是巴西共产党人。[24]

1947年，关于该项议题已经有十多年的成功展览，在MoMA，地域主义的未来似乎非常笃定。但同年发生了两件事。首先，菲利普·约翰逊重新回到MoMA当职，将伊丽莎白·莫克排除在外，仿佛他战前赞成纳粹的越轨行为已被原谅。[25] 其二，刘易斯·芒福德继续他战前在纽约客的“天际线”建筑专栏的写作，他对地域主义建筑的声援并未停止。在他最初发表的一篇文章中，他认为少有人知的旧金山海湾学院派，从伯纳德·梅贝克到威廉·乌尔斯特，他们比国际式风格更优秀。[26] 是一种“东西方建筑传统交融的结果”，是“比20世纪30年代所谓的国际式风格更加普适的风格，因其允许对地区的适应和调整。”[27]

争议不断的地域主义

这两个事件同时发生，并产生了激烈的碰撞。在约翰逊的重新领导下，

MoMA随即对芒福德的文章予以攻击，他们认为其言论是对国际主义的亵渎。1948年2月11日，在芒福德的文章发表仅仅3个月后，当时MoMA的收藏室主任阿尔弗雷德·巴尔破天荒地采取行动，组织了一场圆桌会议予以回应。圆桌会议的题目是“现代建筑在发生着什么？”，似乎想要敲响警钟。尽管是临时通知，大部分东海岸的建筑公司都参与了座谈。座谈会如同战后建筑界的名人录：马歇·布劳耶、沃尔特·格罗皮乌斯、埃德加·J·考夫曼、乔治·尼尔森、马修·诺维奇、埃罗·沙里宁、彼得·布莱克、文森特·斯库里和爱德华·德雷尔·斯通。作为听众参与并进行评论的有赛吉·希玛耶夫、塔尔伯特·哈姆林（Talbot Hamlin）、格哈德·卡尔曼（Gerhard Kallmann）和野口勇（Isamu Noguchi）。

两方战线就此绘出。阿尔弗雷德·巴尔以一句诽谤揭开圆桌会议的序幕。他认为旧金山海湾地域风格只不过是“村舍风格”（Cottage Style），只适于偏僻、停滞不前的地区的那些离奇的民用建筑。更离谱的是，他认为这类建筑使人联想起“新的舒适感”（Neue Gemütlichkeit），似乎试图使用德语词来使得芒福德的立场染上纳粹家园运动的色彩（Gemütlichkeit是纳粹极端分子保罗·舒尔茨·瑙姆伯格反对包豪斯，尤其是格罗皮乌斯的现代主义时所采用的词语之一）。[28] 希区柯克下一个发言，用同样居高临下的语调。他的演讲主要赞扬了赖特，并且批评了联合国大楼中柯布西耶式的建筑手法，同时驳回了将地域主义视为“村舍风格”的说法，否认地域主义面对现代建筑时采取了后退的姿态，并认为它与“国际式风格”是“密不可分的”。

一些来自主流建筑院校的参与者们站出来为国际式风格辩论。意料之中，格罗皮乌斯发言并捍卫包豪斯的功能主义，称其为开放式的并且非教条式的。他紧接着宣称国际式风格实际上一直是“与地区相称的，从周边环境条件中发展出来”，而与芒福德的地域主义不同，后者基于“沙文主义感性的民族偏见”。乔治·尼尔森认为，当代英国地域主义狂热分子所持的地域主义观点是所谓的“新经验论”（New Empiricism），是“对于现代建筑的影响采取的鸵鸟般，并从史学角度来看无关紧要的回应”。马歇·布劳耶为柯布西耶的现代性辩护。彼得·布莱克猛烈抨击了地域主义，认为其试图“延缓建筑行业的工业革命”，虽然这场革命已经在美国发生。[29] 小埃德加·考夫曼采取中立立场。作为MoMA指挥室的成员、赖特的学生以及流水别墅的继承者，他在著名的《加利福尼亚艺术与建筑》杂志上发表了文章，试图通过分析不同的场地与设计需求，给国际式风格以及海湾地区风格归位，并调和两者之间的矛盾。[30] 总部位于伦敦的《建筑评论》支持芒福德的立场，认为海湾地区建筑是“来源于传统却体现着现代性”。[31]

建筑历史学家西格弗里德·吉迪恩（Sigfried Giedion），作为国际建筑协会（CIAM）的首任秘书长及20世纪二三十年代的会议发起人之一，已经明确了他的立场。他在1947年出版的《新建筑十年》序言中，批判了当时瑞典、荷兰和瑞士建筑的地域主义倾向，认为这些建筑是“毫无生气的折衷主义”,会“减缓甚至是逆转”现代建筑的发展。[32]这与他1941年出版，并获得巨大成功的课本《空间、时间、建筑》所持的观点一致，这本书中没有提到影响深远的欧洲建筑师阿尔瓦·阿尔托，仅仅因为阿尔托是名地域主义者。

MoMA以及东海岸建筑公司试图对芒福德的文章进行反击的原因正是由于他的地域主义论调已经产生了影响。这些观点使人们产生了共鸣，尤其是当时参会的年轻一代，实际上他们更倾向于芒福德的感性思维，而不是上一辈的想法。格哈德·卡尔曼，当时任教于哈佛设计研究院，是新一代移民的德国建筑师，他将战后地域主义的定义与“民俗复兴”（Folkloristic Revivalism）相区分，将之视为试图克服“早期现代建筑过度的原理化以及聒噪的设计手法”的尝试。[33]他甚至宣称建筑师“能够从弗兰克·劳埃德·赖特和阿尔瓦·阿尔托”，两名地域主义建筑师的作品中学到更多，相较于勒·柯布西耶超然的、空虚的“形式世界”。[34]克里斯托弗·唐纳德，耶鲁大学城市规划专业一名年轻的助理教授，当时也在场。关于MoMA的立场，他予以尖锐的批评，甚至对约翰逊和希区柯克进行了人身攻击。他宣称“我们在现代建筑的学院中成长，我们从《建筑评论》、约翰逊先生和希区柯克先生的著作中汲取知识，我们经历了现代建筑的时代，而如今它们似乎存在着局限”。[35]

美国建筑师拉尔夫·T·沃克（Ralph T. Walker，1889 ~ 1973）也是当时MoMA的听众之一，是芒福德立场的另外一名支持者。他以长篇发言反对了无法对当地条件进行适应的、整个国际式风格的概念：

“最近我曾去过一次南美，并刚刚从欧洲回来，我发现对各地而言，现代建筑就是柱子与楼板。在美国也是一样，当你打开一本建筑杂志，每一册这种风格的建筑总是占大多数……材料的功能主义已经遍布全世界，你会发现里约热内卢的教育部大楼与伦敦动物园为长颈鹿设计的房子如此相似，又与联合国大楼很相像。换句话说，你的眼前都是不假思索、未经过批判思考的对于一些事物的接纳与应用。”[36]

论战此时才刚刚打响。尽管年轻一代表现出了明显的地域主义倾向，战后的美国新生代建筑师却追随着MoMA与CIAM对地域主义的抵制，它们强大并且善于利用媒体，美国国内及世界各地的建筑出版业都受到后者的主宰。1943 年，吉迪恩、约瑟夫·路易斯·赛尔特以及费尔南德·勒泽（Fernand Leger）发表了一则宣言，即“纪念性九要点”，它是对于战前 CIAM 成员如柯布西耶、格罗皮乌斯和赛尔特的重新包装。

“现在我们已无须附庸于为生产而生产的教条，如今正在形成的文明其精神面貌与原始人类及东方人相似。位于西方的我们再一次意识到他们所铭记于心的道理：人类的发展史始终伴随着我们，并与我们当下的经历相对照”。

在他的光芒被约翰逊及希区柯克的国际式风格构想所掩盖后，吉迪恩试图重申他作为最高水平理论家的地位。时至 1948 年，他促使《建筑评论》组织了“寻找新的纪念性研讨会”。研讨的主题为“新纪念性的需求”，包括了吉迪恩、赛尔特以及莱格尔的研究论文，格雷戈尔·保尔逊（Gregor Paulsson）、希区柯克、威廉·霍福德（William Holford）、格罗皮乌斯、卢西奥·科斯塔以及阿尔弗雷德·罗斯（Alfred Roth）的文稿。

即便位于现代建筑忠实追随者的行列，一些人的心中也存在一定的异议。这场座谈会的参与者之一保尔逊就反对寻找新的纪念性，他认为现代建筑应从根本上与民主相结合。他提出现代建筑不应落入形式主义，它还应包括以下几个方面：心理学、社会学以及最重要的生态学（从人类和城市生态学的角度）。这一观点与当时的地域主义者们的看法如伊丽莎白·莫克、凯瑟琳·鲍尔以及刘易斯·芒福德相呼应。[37]

保尔逊的文章发表在《建筑进展》1948 年 12 月刊中，引起了众多地域主义者的回应，包括旧金山海湾学院派的建筑师加德纳·戴利（Gardner Dailey）与恩斯特·孔普（Ernest Kump）。当时在麻省理工学院任教的威廉·乌尔斯特与罗伯特·伍兹·肯尼迪（Robert Woods Kennedy）发出了声援。与此同时来自耶鲁的克里斯托夫·唐纳德、卡罗尔·米克斯（Carroll Meeks）、来自哥伦比亚的塔尔伯特·哈姆林、菲利普·约翰逊、希区柯克以及彼得·布莱克表达了他们反对的立场。

论战愈加激烈。1947 年，这场较量的奖励非常诱人，因此 MoMA 毫无保留地参与其中。除去其他因素，联合国总部大楼的设计最终委托于谁还悬而未决。尼迈耶也是竞争者之一，并且对于 MoMA 以及纳尔逊·洛克菲勒推出的首选：国际式风格的事务所哈里森与阿布拉莫维兹（Harrison & Abramovitz）（华莱士·哈里森与洛克菲勒家族关系密切）造成了很大的威胁。但洛克菲勒不仅仅是现代艺术博物馆的主席，还拥有即将建设联合国总部大楼的这块土地。这一切意味着现代艺术博物馆以及国际式风格必定会在这栋大楼的设计竞标中取得优胜。他们的努力取得了成效，哈里森与阿布拉莫维兹于该年成功竞得这个项目。[38]

尽管在竞标中得偿所愿，现代艺术博物馆仍然没有终止它的攻势，耗费了近十年的时间跟进抵制地域主义的活动。1951 年，希区柯克利用他和约翰逊展览二十五周年的契机，发表了一篇名为《二十年后的国际式风格》（The International Style Twenty Years After）的文章来攻击芒福德 1947 年在《纽约客》上发表的言论。[39] 以与芒福德志同道合的地域主义建筑师威廉・乌尔斯特为目标，他写道：

"一些评论家试图将旧金山海湾地区的建筑师塑造为更加人性化的学院派，以抵制国际式风格，但除了他们最好最具特点的乡村住宅项目之外，这些建筑师的手法却并不高明，甚至可以称之为是拙劣的模仿。"[40]

1952 年，这些论调仍然甚嚣尘上。回到现代艺术博物馆的指挥部，希区柯克与当时负责建筑展览的新馆长亚瑟・德雷克斯勒（Arthur Drexler）一起组织了一场展览，并夺走了六年前莫克曾采用过的题目，"美国建造"，邀请菲利普・约翰逊纂写序言。

这篇序言是为他自己以及希区柯克谱写的一首赞歌，仿佛六年前莫克的同名展览从未存在过，约翰逊赞扬道：

"现代建筑在这场战役中一路奏响着凯歌。二十年前，现代艺术博物馆开始为之进行着激烈的抗争，直到如今我们参与这场从未止息的运动的展览和展品，都以一种持续、谨慎、果断的方式体现着高质量而远离平庸——这是发掘并宣传卓越的过程。对这种卓越进行一次次的宣传便是建筑与设计部门的首要职能……我们邀请史密斯学院的教授亨利・希区柯克来进行评判，他是我国现代建筑领域主要的历史学者。正是二十年前，希区柯克先生与我一起组织了首次国际式现代建筑展览。"[41]

在约翰逊眼中美国建筑即是国际式风格建筑。他宣称"如果我们回到二十年前，1932 年的那场展览中，会发现变化……相当惊人"。

"国际式风格正席卷全球，并在诸多历史进程中得到运用。若非国际式风格的影响，本书中的每栋建筑将会是另外一番面貌。如今在 20 世纪中期，现代建筑已然走向成熟"。

由于希区柯克在选择展品的过程中作出的努力，这场展览如同莫克在 1944 年的"美国建造"中那样立场鲜明，只不过这次是站在抵制地域主义的立场上。他声明道："如今我们已无须再强调，事实摆在眼前，曾经的"传统"建筑即使尚未被埋葬，也已经死亡。"为了最大限度地宣传国际式风格，希区柯克、约翰逊及现代艺术博物馆将视线落在比联合国总部大楼规模更大、更举足轻重的项目上。他们将地缘政治学的议题牵涉其中。正如罗斯福当政时期的“好邻居”策略以及对公共住宅项目的鼓励最终促成了莫克的展览，1947年发起的冷战以及杜鲁门主义也对文化环境产生着影响。现代艺术博物馆所采取的“国际式”立场与当时博物馆的主席纳尔逊·洛克菲勒也有着联系。出于地缘政治学，美国试图扩大其影响力以期最终覆盖全球，在美国的干涉主义倾向下，他将“国际式”视作一种良好的文化外交策略。美国在二战凯旋后，开始计划建设芒福德所称的“帝国式的立面”。[43]洛克菲勒在1939 ~ 1948年出任现代艺术博物馆主席的同时，还在罗斯福政府任职，为国际外交事务办公室的负责人，他坚信艺术与建筑的重要性。不久之后他称杰克逊·波洛克（Jackson Pollock）的画作为“自由企业画作”，这件事家喻户晓。[44]对他以及当代艺术博物馆而言，国际式风格像是一种外交名片，毋宁说是一种品牌形象，最终目的是将强大、现代以及自由的美国图景销售给全球日益增长的观众及消费者。

在全球化的进程中，“国际式风格”作为塑造国家形象的工具[45]，是由市场量身定制的——在20世纪50年代初期，对于约翰逊和希区柯克来说大抵如此。归功于波特·A·麦克雷（Porter A. McCray）以及洛克菲勒兄弟提供的资金支持，它在美国扩张政策中扮演了重要的角色，建筑和设计领域尤甚，并得以载入史册。麦克雷在二战时期曾工作于罗斯福政府下的美国情报局，他当时的同僚有埃罗·沙里宁、查尔斯·伊姆斯（Charles Eames）以及巴克敏斯特·福勒（Buckminster Fuller），二战后被任命为现代艺术博物馆洛克菲勒基金展览部的负责人。[46]一开始他所筹备的25个展览中有22个在国外进行巡回展出。[47]尤其是“美国建造”，其展册被翻译成多种文字，在世界各地分发，并在洛克菲勒基金的支持下，进行了为期五年的国际巡回展览。该馆巡回展览的范围由此扩张到了欧洲、拉丁美洲以及印度，[48]并在历史上写下了新的篇章，民间资本开始与政府机构一起参与到美国冷战时期的文化与政治活动中。

1953年，《艺术与建筑》杂志发表的一篇匿名文章提及世界各地的美国建筑，称它们为美国政府的“建筑名片”，并引用了希区柯克的话“到了20世纪中叶，美国建筑已经在世界上处于显要的地位”。[49]这来自于希区柯克为“美国建造”所作的序言，在其中他进一步宣称：“在建筑领域，如同其他许多方面，我们是西方文明的继承者。”[50]

某种程度上来说，选择“国际式风格”作为国家名片可能确实是明智的选择——这一点在战后的德国非常明显。美国住宅信息中心项目是一个很好的例子。这个项目由美国军事当局发起，后在1953年，艾森豪威尔政府授权美国新闻总署执行，在德国七个不同的城市中建造起由戈登·邦夏（Gordon Bunshaft）设计的信息中心。纳粹曾经责难德国包豪斯风格的现代建筑，其极端分子，同时也是建筑思想家的保罗·舒尔茨·瑙姆伯格于1927年在魏森霍夫称现代建筑是“异国的”，但如今这股风潮通过美国又再一次到达这片土地。[51]“对包豪斯手法的再次演绎突然成了美国的标志”，“对于德国”是“显得适宜并且友好”。[52]

这项友好行动引起了过去包豪斯的学生，如今乌尔姆设计学院的创始人马克思·比尔（Max Bill）的回应，尤其是其中继承包豪斯衣钵的概念。由于过去魏玛的地域主义倾向与“家园”运动、舒尔茨·瑙姆伯格及其追随者马丁·海德格尔相关，马克思·比尔作为一名设计师采取的是抵制地域主义的态度。作为过去曾在包豪斯接受训练的建筑师，他一直坚持着曾经的立场，因此1953年在圣保罗双年展中，他炮轰了尼迈耶的地域主义倾向，使得展览的组织者异常惊愕。[53]

然而最终，国际式风格作为一种外交名片及国家品牌形象仅仅继承了其缺点。希区柯克为现代艺术博物馆1955年的展览“拉丁美洲现代建筑1945年至今”所作的同名序言显示出了这些缺点的严重性。[54]他的序言以对拉丁美洲建筑的赞美开始。首先他声称他的展览：

“我坚信将吸引广泛的兴趣，超过那个展览（‘美国建造’），至少在选取的案例上能够与之抗衡。在某些领域，尤其是大学城和公共住宅方面，近年来美国不管是规模上还是作品的质量上都乏善可陈，不如尚佳的拉丁美洲设计作品。”

对于拉丁美洲的城市，他表现出极大的推崇：“正因为拉丁美洲的建筑质量优于我们，那里‘现代’城市的景象给了我们将心中的预期与现实进行对比的机会。”[55]

但这些赞誉很快被他的其他贬损的言论所抵消。例如，他称奥斯卡·尼迈耶是江湖骗子。尽管希区柯克承认“尼迈耶作为一名建筑师，享有盛名”，却又紧接着论述道，巴西现代建筑，“其成败不因仅仅依赖格罗皮乌斯所称为‘天堂鸟’的这个人”。他甚至嘲讽尼迈耶的博阿维斯塔银行道“这是相对早期的作品，可以说是拉丁美洲商业建筑的典范。只可惜其他建筑往往难以达到相同水准，甚至尼迈耶自己的设计”。[56]谈及巴拉甘，希区柯克先是说这些建筑“没有立面设计”，又补充道巴拉甘“没有经过建筑师的训练”，实际上是“完全没有接受过技术训练”。事实不用多说，巴拉甘取得的是工学学位。此外，他对于丽娜·布·巴尔迪在圣保罗的住宅（1950）以及马迪亚斯·佐列治（Matthias Goeritz）（1953）位于墨西哥城的佳作都只字未提。

作为坚守国际式风格的顽固派，他更喜欢莫雷拉（Moreira）、布拉特克（Bratke）以及伯纳德斯（Bernardes）的作品。因为他觉得这是“更加沉静、更加约束的优雅，根本上与密斯的作品相近”。托罗·费雷尔与托雷格罗萨设计的卡里波希尔顿酒店被称为是“拉丁美洲最成功的度假酒店”因“其巧妙地适应了热带气候之外”，看上去“非常具有北美特征”。

最主要的赞扬是献给了那些在拉丁美洲进行国际式风格实践的北美建筑师。他挑选出了爱德华·斯通位于巴拿马的巴拿马酒店（El Panama Hotel）以及位于利马，尚处于建设中的医院；赫拉伯德与鲁特（Holabird & Root）位于波哥大的特肯达马酒店（Tequendama Hotel）；莱斯罗普·道格拉斯（Lathrop Douglas）位于加拉加斯的克里奥尔石油大楼（Creole Oil building）。亨利·柯伦布（Henry Klumb）被称赞为“在拉丁美洲工作的北美建筑师中，唯一继承赖特手法的人”。相似的赞美也落在了唐·哈奇（Don Hatch）的身上，他当时在委内瑞拉进行建筑实践。但赢得最多赞誉的是哈里森与阿布拉莫维兹所设计，位于里约热内卢以及哈瓦那的美国大使馆。因为它们没有“采用拉丁美洲常见的遮阳措施”而是“用进口石材将建筑包裹起来”，从而保证了它们“那冷酷并且来自非热带地区的形式”。

站在一种假定建筑学较为优越的立场上，希区柯克宣称“美国主要的贡献”并不是只在拉丁美洲竖立了新建筑，而是带来了一种“迥异但更隐晦的秩序”。这种秩序实际上指的是训练拉丁美洲的建筑师设计出北美风格的建筑。结果是，“相当比例的拉丁美洲优秀建筑师，尤其是四十岁以下的”，将“至少是他们专业学习生涯的最后几年”都献给了“美国的建筑院校”。对此希区柯克的态度近乎要流氓。“既然在美国求学的拉丁美洲建筑师数量相当可观，令人奇怪的是却没有看到美国对他们带来更多的影响”。

随后他又暗示盎格鲁-撒克逊人更有身为建筑师的天赋，自然相较他们的拉丁美洲伙伴们更加的全球化，他说道“北方来的客人不禁震惊于这样的事实，阿根廷建筑界的领头人名为威廉，而乌拉圭建筑界的引领者名叫琼斯”。另外一句言论也能显示出他的这种优越感，“智利与乌拉圭和秘鲁相比新建建筑的数量较少，但设计水平却更高”因为，“之前提到过”，这两个国家有优秀的建筑院校，非常自然的“由在美国经过训练的建筑师所运营”。这是“给予我国建筑院校的一份厚礼，他们对于拉丁美洲的影响如此巨大以至于当地建筑师乐于将这些思想与手法运用在不同的地区条件中……在某种意义上如今的拉丁美洲——除了巴西与墨西哥之外存在着一些作品，它们接近格罗皮乌斯创造出不带任何个人色彩的建筑的理想”。

希区柯克的言论作为品牌宣言还不够微妙与狡猾。他用高压手段散发自己的名片。他使得国际式风格与地域主义如此泾渭分明，后者竟成为拉丁美洲建筑不够优质的原因。受到最多批判的是巴西与墨西哥。他的主要火力集中在这两国建筑的地域主义特征上，这些特征曾在“巴西建造”的展览上受到菲利普·古德温的高度赞誉：遮阳篷、拱顶技术以及与优秀的艺术家合作来创造建筑的纹理等。哥伦比亚和委内瑞拉都因其遵循国际式风格而有着较好的发展。实际上，他竟然认为巴西“可能从哥伦比亚或者委内瑞拉健全的建筑技术中学到了一些有利的知识”，这两个国家拥有“比起遮阳篷、拱顶及瓷砖纹饰这些陈词滥调更优越的东西，对世界上其他国家来说也更有意义”。现代建筑已经“追随着大师们——柯布西耶、格罗皮乌斯、密斯、赖特的脚步逐渐成长”[57]，他警告道，暗示着巴西及墨西哥应该放弃蕴含着民族身份的地域主义而转投北方邻居的领导。

显而易见的是，他从未设想过拉丁美洲的优秀建筑至少应与北美的优秀建筑处于平等地位。“接下来将展示的46栋建筑将会证明拉丁美洲的现代建筑在这十年中已趋于成熟，尽管其中并没有包含约翰逊制蜡中心或是

图9.02　路德维希·密斯·凡·德·罗与菲利普·约翰逊合作完成的西格拉姆大厦（1957）

湖滨大道公寓这样的杰作”。[58] 似乎像菲利克斯·坎德拉（Felix Candela）的科约阿坎商业中心；卡洛斯·维拉路华（Carlos Villanueva）设计的中心大学；胡安·O·戈尔曼（Juan O’Gorman）的墨西哥大学图书馆这样的精彩的作品都尚未入门（图 9.02）。

然而对于地域主义观点最强势的反攻、对于国际式风格复兴最有力的支持再一次来自于 MoMA 的一场展览，这次是 1953 年。[59] 这次的策展人是菲利普·约翰逊 [次年，密斯受到了其建筑生涯最重要的项目的委托，西格拉姆大厦（1954 ~ 1958），与菲利普·约翰逊合作完成]。这场展览在美国国内及世界各地产生了空前的影响。借诸密斯的作品，它建立了一个全新的全球经典标准，延续数年。但这一影响并未立即显现出来，彼时，地域主义的趋势再次兴起。

第十章

地域主义兴起

20 世纪 50 年代初期，国际式风格的热潮在美国及世界各地都逐渐退去。约翰逊与希区柯克先前那番胜利的言辞与事实相去甚远。仔细观察他们 1952 年的“美国建造”展览，我们会发现这显然只是虚张声势。其中涉及的项目只有一半符合国际式风格的定义，我们可以看到有密斯的范斯沃斯住宅、湖滨大道公寓、埃罗·沙里宁的通用汽车技术中心、马歇·布劳耶的恺撒小屋、阿尔托的高年级学生宿舍、格罗皮乌斯的哈佛研究生中心、菲利普·约翰逊在新迦南的玻璃屋以及皮耶特罗·贝鲁斯基（Pietro Belluschi）的公平储贷中心。但另外一部分项目却是地域主义的经典：诺伊特拉的特里梅因住宅、保罗·鲁道夫的希利住宅、哈维尔·汉密尔顿·哈里斯（Harwell Hamilton Harris）的约翰住宅、赖特的旅人教堂（Wayfarer's Chapel）与赫伯特·雅各布斯住宅（House for Herbert Jacobs）、埃利尔与埃罗·沙里宁的伯克郡音乐中心剧场与保罗·索莱里的沙漠住宅。其展出内容与这本书中所陈述的中心思想并不一致：其选择的案例并不能说明问题。

国际式风格的建筑也未能顺利发展。1952 年，《美国建造》出版之时，美国国内的公众以及专业人士已经大量转向反对他们的阵营，最主要的原因正是联合国总部大楼。简·莱福勒（Jane Loeffler）在《外交建筑》中指出，这是一场公关危机，受到了新闻媒体大量的负面报道。刘易斯·芒福德就是其中之一，他在 1952 年 12 月份的《纽约客》中对它进行了炮轰。[1] 鲁道夫·辛德勒（Rudolph Schindler）、布鲁斯·戈夫（Bruce Goff）与皮耶特罗·贝鲁斯基跟随其中并表示了对这栋建筑的失望之情。[2] 保罗·鲁道夫甚至认为这栋建筑将导致“所谓的国际式风格彻底倒台”。[3]

1955 ~ 1958 年间，由保罗·莱斯特·维纳和约瑟夫·路易斯·塞尔特（他是国际建筑师协会的创始人之一、国际式风格的主要代表人物、新纪念性运动的联合发起人，1947 年与吉迪恩一起撰写了“新纪念性九点”）共同进行了哈瓦那新城规划以及古巴独裁者弗伦西亚·巴斯蒂亚的新府邸的设计，这个方案如若建成，不但国际式风格将会因此倒台，新纪念性也不能幸免。在哈瓦那项目中，塞尔特一心想要颠覆“人本主义”的原则，尽管1952年他在《城市心脏》(The Heart of the City)一书中自己提出过：“尊重当地风俗以及当地居民的生活质量。”

塞尔特和维纳的方案提议将哈瓦那老城的绝大部分夷为平地，改建为商业中心（该地自1982年起成了世界遗产，其中有大量17、18世纪遗留的建筑，拥有世界最大范围的柱廊）。[4] 用历史学家罗伯特·塞格雷(Roberto Segre)的话来说，这将会“抹去构筑起该社区社会记忆的建筑类型”，并且损毁“哈瓦那街道两旁高贵的历史记忆，换之以质朴的住宅建筑、矫饰的折衷建筑以及从露天市场中提取的设计趣味”，[5] 将其中的居民全部驱逐到周围的住宅项目中。这个方案还包括一个横跨海峡的总统府邸，并从老城区建设一条海底隧道将之与新的商业中心相连。方案的第三部分是在海湾建造一个岛屿，朝向著名的海滨步道。这座岛的目标是成为“拉丁美洲的拉斯维加斯”，由当地政府与国家犯罪集团组织（National Crime Syndicate）的头目、美国排名前十的诈骗犯梅耶·兰斯基（Meyer Lansky）及其同伙黑手党成员“幸运的”卢西亚诺（‘Lucky’ Luciano)、小圣·特拉菲坎特（Santo Traficante Jr）共同出资。[6]

由于古巴革命，该方案突然终止。原本将要产生的公关危机就这样被避免了。不过塞尔特的道德指南和合伙人莱斯特，在卡斯特罗接管政权后于1959年1月13日写道：

“自然，在古巴我有许多为卡斯特罗工作的朋友，希望在未来几个月里能与新总统会面，将我们在古巴做的项目展示给他……听说该项目的管理办公室未有变动。只是掌权者发生了变化。如果新项目不能建成，将会是莫大的遗憾。”[7]

曾经的主流建筑又遭遇了一次挫折，即人们对于格罗皮乌斯和皮耶特罗·贝鲁斯基设计的泛美航空公司大楼（1958 ~ 1963）的反应。主要的舆论批评集中于这座大楼对环境产生的影响以及与周围城市建筑的不协调。《纽约时报》的评论员艾达·路易斯·赫克斯特布尔（Ada Louise Huxtable）称之为个人趣味凌驾于公众的忧心之上、使人难以容忍的案例。[8]

而地域主义正成为越来越受欢迎的选项，不仅仅局限于现代艺术博物馆的展墙上，也不仅仅局限于美国的主要建筑院校。1944年，保罗·祖克尔（Paul Zucker）出版了一本名为《新建筑与城市规划》(*New Architecture and City Planning*)，基于他所组织的一场研讨会的会议纪要，大量常春藤盟校重量级的教育工作者都参与其中：塞吉·希玛耶夫、路易斯·康、查尔斯·艾布拉姆斯（Charles Abrams)、理查德·诺伊特拉、约瑟夫·路易斯·塞尔特、奥斯卡·斯托罗诺夫（Oscar Stonorov）、乔治·博厄斯（George Boas）、阿尔伯特·迈耶（Albert Mayer）、西格弗里德·吉迪恩、乔治·尼尔森、卡罗尔·L·V·米克斯（Carroll L. V. Meeks）、拉士路·莫霍伊·纳吉（László Moholy Nagy）、约瑟夫·亚伯斯（Josef Albers）。研讨会试图规划当时建筑院校的课程体系。其中30%的内容与区域规划相关。

在20世纪四五十年代，区域规划是建筑系课程设置中非常重要的一部分。原因是主要的政府规划项目在进步年代都由景观设计师来执行。19世纪末期，许多大都市以及地区的初步规划都以公园系统为核心，将休闲、交通、暴雨排泄以及洪涝防治、废水管理系统结合在其中，为未来的城市发展建立起基本框架。弗雷德里克·劳·奥姆施特德（Frederick Law Olmsted）、他的儿子约翰·查尔斯·奥姆施特德（John Charles Olmsted）和小弗雷德里克·劳·奥姆施特德（Frederick Law Olmsted Jr）、查尔斯·艾略特（Charles Eliot）以及约翰·诺伦（John Nolen）当时不仅仅是景观设计师，他们还负责了整个社区的设计，例如森林山公园。[9] 1909年，他们是全国城市规划会议的创始人以及首任主席。1909年，哈佛大学景观设计学院开设了美国大学首个城市设计课程，1923年，设立了区域规划的学位。

20世纪40年代中期，许多美国大学急于效仿哈佛大学，将“地区”纳入他们的课程系统中。1943年，刘易斯·芒福德被斯坦福大学聘用，创建了人文科学系，意欲借此开展更宽广范围的、多学科交叉的地区规划项目。[10]20世纪50年代中期，他又成了宾夕法尼亚大学城市与区域规划的教授。伊利诺伊理工大学借由德国移民路德维希·希尔伯塞米尔（Ludwig Hilberseimer）转向了地域主义，他曾是柯布西耶国际建筑师协会的早期追随者之一，但后来尝试着接受了芒福德与斯特恩的区域规划协会的立场，并体现在他的教学与写作中，例如1949年的《新区域格局》。[11] 此时两所重要院校成了环境设计的中心：在伯克利，威廉·乌尔斯特创立了环境设计学院。在费城大学的景观设计系，沃尔特·艾萨德（WalterIsard）于20世纪50年代中期创立了区域科学协会。

但20世纪四五十年代美国最先锋的地域主义建筑学院或许位于北卡罗来纳州立大学，亨利·L·坎弗费尔（Henry L. Kamphoefer）于1947年创立，并任院长。该学院是名副其实的权威。坎弗费尔为新成立的建筑学院创建了严格的招生政策，邀请了建筑、规划、工程、雕塑、艺术、景观设计、文化评论与系统理论等各领域的贵宾来访授课。亚历山大·阿尔基边科（Alexander Archipenko）、鲁道夫·安海姆（Rudolph Arnheim）、皮耶特罗·贝鲁斯基、马歇·布劳耶、罗伯托·布勒·马克斯（Roberto Burle-

Marx)、菲利克斯·坎德拉(Félix Candela)、塞吉·希玛耶夫、托马斯·丘奇(Thomas Church)、亚瑟·C·克拉克(Arthur C. Clarke)、威廉·杜多克(Willem Dudok)、查尔斯·伊姆斯、加勒特·埃克博(Gerrett Eckbo)、詹姆斯·马斯顿·菲奇(James Marston Fitch)、尤娜·弗里德曼(Yona Friedman)、巴克明斯特·富勒、瑙姆·加博(Naum Gabo)、查尔斯·E·高斯(Charles E. Gauss)、克莱门特·格林伯格(Clement Greenberg)、沃尔特·格罗皮乌斯、劳伦斯·哈普林、道格拉斯·哈斯凯尔、约瑟夫·赫德纳特(Joseph Hudnut)、约翰·约翰森(John Johansen)、路易斯·康、理查德·凯利(Richard Kelly)、丹·凯利(Dan Kiley)、罗伯特·勒·里克莱斯(Robert Le Ricolais)、埃里克·门德尔松、密斯·凡·德·罗、乔治·尼尔森、皮埃尔·奈尔维、理查德·诺伊特拉、塞德里克·普莱斯(Cedric Price)、艾德·莱因哈特(Paul Rudolph)、保罗·鲁道夫、埃罗·沙里宁、马里奥·萨尔瓦多里(Mario Salvadori)、佐佐木英夫(Hideo Sasaki)、爱德华·赛克勒(Edward Sekler)、约瑟夫·路易斯·塞尔特、拉斐尔·索里亚诺(Raphael Soriano)、克拉伦斯·斯坦因(Clarence Stein)、詹姆斯·斯特林、雷蒙德·斯蒂茨(Raymond Stites)、爱德华多·托罗佳(Eduardo Torroja)、海因茨·福尔斯特(Heinz von Foerster)、H·Th·韦德维尔德(H. Th. Wijdeveld,当时为访问教授)与弗兰克·劳埃德·赖特均在此列。[12]

很明显,该学院的研究方向是现代结构工程技术在南方区域发展中的应用。刘易斯·芒福德是最先被任命的教授之一。1947年,他加入教职工的行列并工作了四年时间。[13] 由于芒福德的推荐,马修·诺维斯基被邀请到该学院任教(他当时非常年轻,就曾与尼迈耶、柯布西耶以及哈里森与阿布拉莫维兹一起竞争联合国总部大楼项目)。1948年秋季学期开始,诺维斯基被任命为建筑系的系主任。当时他作为阿尔伯特·迈耶的副手,在其所做的区域规划的基础上起草昌迪加尔的城市设计,而作为系主任,他希望在明确对科技手段的要求的同时,将地域主义的内容自然地渗透到学院的课程安排中。[14] 令人惋惜的是,1950年诺维斯基乘坐飞机从昌迪加尔回到纽约,经过埃及上空时发生了空难,当时年仅40岁,随后接替他进行昌迪加尔规划设计的是勒·柯布西耶(图10.01)。[15]

除了进行课程编排之外,坎费弗尔还对美国南部的区域发展进行着研究。1948年,他委派诺维斯基对北卡罗来纳州集市部分设施的发展进行了一系列的研究,包括非常先进的工程项目罗利竞技场。[16] 阿根廷建筑师及工程师爱德华多·卡塔拉诺(Eduardo Catalano)随后接手他的研究(1951 ~ 1956),他位于罗利的自宅便是结构创新的杰作。其自宅设计进行

图 10.01　阿尔伯特·迈耶与安德鲁·诺维茨基（Andrew Nowicki），昌迪加尔规划（其中的交通分流不久之后被柯布西耶运用到他的昌迪加尔规划中）

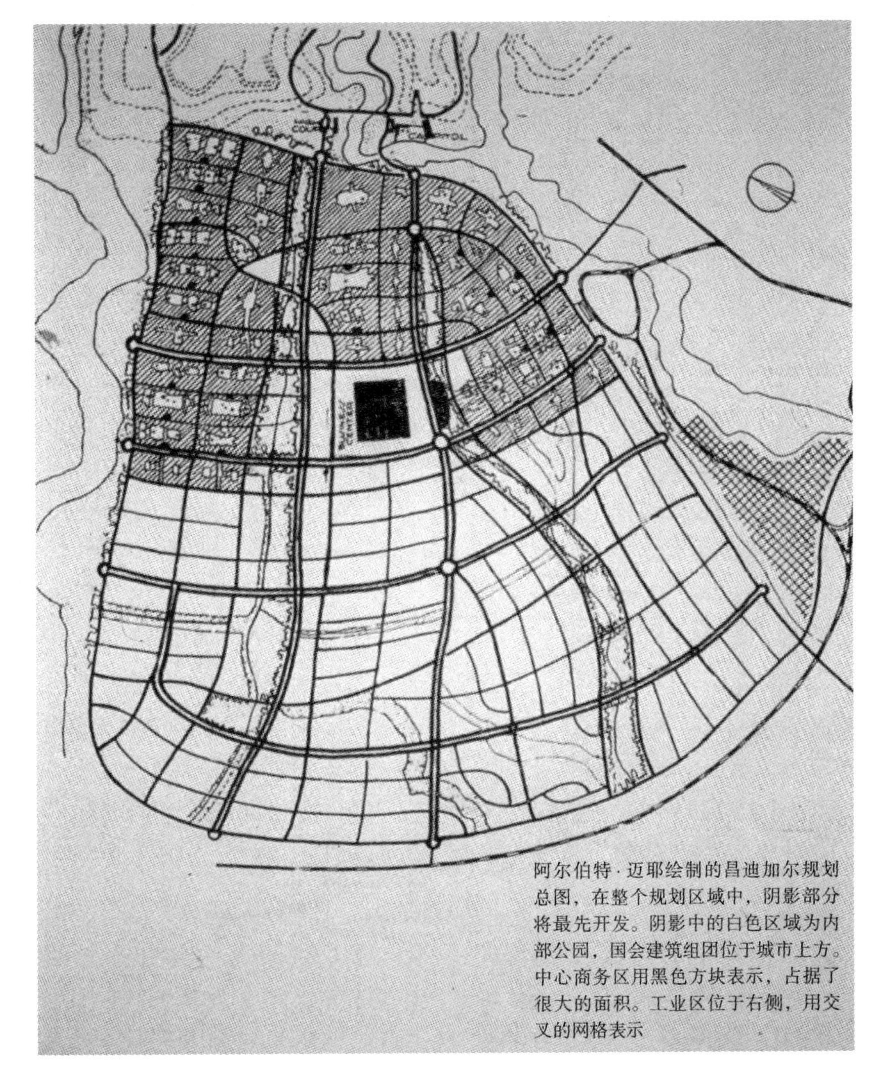

阿尔伯特·迈耶绘制的昌迪加尔规划总图，在整个规划区域中，阴影部分将最先开发。阴影中的白色区域为内部公园，国会建筑组团位于城市上方。中心商务区用黑色方块表示，占据了很大的面积。工业区位于右侧，用交叉的网格表示

了有趣的探索，使现代技术服务于北卡罗来纳州潮湿的亚热带气候：屋顶被树木的林冠所覆盖，房屋采用正方形的平面，全玻璃围合，夏日凉风从中拂过。

北卡罗来纳州立大学建筑学院另外一例先锋建筑作品是巴克敏斯特·福勒的网格穹顶，该方案试图融入南方的真实地域环境中。在方案深化过程中，福勒充分利用了坎费弗尔与老师及学生一起工作时的那种实验精神。[17] 1952 年 4 月 6 日，温士顿塞勒姆的《守卫日报》刊载了一篇关于该学院的文章，其标题是“真正的地域建筑是州立大学设计学院的目标”。

20 世纪 50 年代初期，地域主义同样是美国建筑师协会（American

Institute of Architects）的议程，其立场体现在它及美国国务院对于 1951 年玛丽·米克斯（Mary Mix）组织的巡回展览 [18]“1947 年后的美国建筑”的支持，该展览是对莫克之前工作的延续。

在对该展览的介绍中，米克斯陈述地域主义是美国建筑三大特征之一，其他两点是折中主义及工业化。对她而言，地域主义是指适应气候但不受历史形式的束缚；采用当地的材料。经典案例即是运用木瓦或木墙面板的科德角小屋，文森特·斯卡利（Vincent Scully）在其 1955 年的著作《木瓦建筑》（*The Shingle Style*）一书中对这种地域建筑类型的优点进行了阐述。米克斯的展览相较于莫克而言包含了更多的地域主义者：诺伊特拉在波多黎各设计的公立学校与医院、拉斐尔·索里亚诺与昆西·琼斯（Quincy Jones）在洛杉矶以及哈维尔·汉密尔顿·哈里斯在旧金山海湾地区的建筑。其中最引人入胜的是安东尼·雷蒙德（Antonin Raymond）在本地治里为奥罗宾多的学生设计的学校，是最早的现代热带建筑之一，建成于 1936 年 [19]（图 10.02）。

至于理查德·诺伊特拉，不用多说，他在早年即开始沉迷于将建筑融入场地与地区的问题。1946 ~ 1947 年，他设计了考夫曼沙漠住宅，位于加利福尼亚州的棕榈泉。该项目由埃德加·考夫曼委托诺伊特拉进行设计，同时他还委托赖特设计了流水别墅（1935 ~ 1939），这两栋建筑都因其与环境和谐相处而成为 20 世纪的建筑范本。诺伊特拉在他的《场地的神秘与现实》（斯卡斯代尔，1951）中写道：“试着理解场地的特征及其不同寻常之处。辨识出场地所带来的机会并加强它。”

图 10.02 北卡罗来纳州温士顿塞勒姆的《守卫日报》，1952 年 4 月 6 日刊头版，展示了巴克敏斯特·福勒为一家纱厂所做的网格穹顶状设计，并称之为地域主义项目

JOURNAL AND SENTINEL

WINSTON-SALEM, N. C., SUNDAY MORNING, APRIL 6, 1952 SECTION C

True Regional Architecture Is Goal Of State College School of Design

By Chester S. Davis

IN YEARS PAST a new idea had about the same chance in the South that a snowball has in hell.

But the tempo is changing. New ideas are flowing into the South in an unprecedented manner. And the receptions, while they are warm, are no longer as hot as hades. You don't need to go beyond the field of architecture for proof of that fact.

Back in the 1920's, when the Dukes, father and son, put up the money and Trinity College gave up the ghost, there was no particular squabble over architectural style.

At that time the goal was to build something impressive and something that looked like a college. Since something that looked like a college was, of necessity, something built in years past, the Dukes turned in that direction. They found their answer in the Gothic style.

After World War II, when the matter of the Wake Forest College move was under consideration, the answer was not so clear cut. There were a few laymen who felt that the move provided a great opportunity to take the tools, the techniques and the materials of today and use them to fashion a college tailored to the functions of present-day education.

But there were others—the majority, in fact—who scoffed at that brand of nonsense. This group wanted something traditional. The gracious Georgian style appealed to them.

So Georgian was selected. Although the style requires a careful balance of proportions, the persons making the decision saw no reason why they could not eat their functional cake and have their Georgian icing

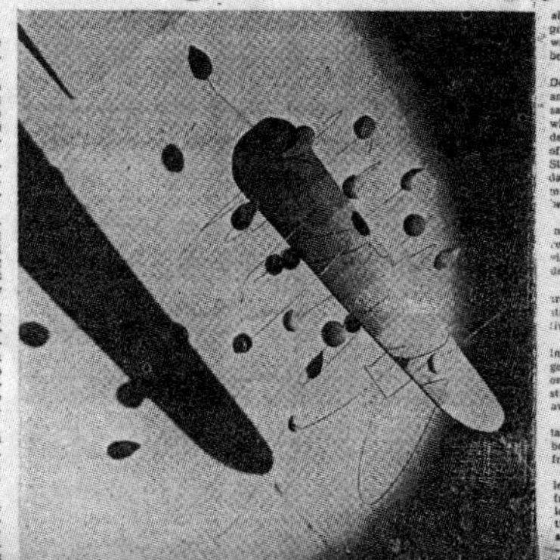

about the School of Design that should be present in every college department and yet which rarely is found in any but the very best.

Because of that stimulating atmosphere Dean Kamphoefner has been able to attract and hold men whose ability far exceeds the salary they are paid. Roy Gussow, a sculptor who teaches the basic principles of artistic design, has remained at State despite offers of better paying posts elsewhere. Duncan Stuart—Kamphoefner calls him "a present day Leonardo da Vinci"—is another faculty member who has withstood the lures dangled before him by better heeled schools.

Just to make certain that there is no slack in the pace Dean Kamphoefner has done a remarkable job of bringing in a parade of visiting lecturers to punch and prod his students with their ideas.

The students—there are just over 200—are undergraduates, but in name only. The atmosphere in which they live and work for five years is that of a graduate school.

They discuss architecture over their morning eggs and they are still at it when they get around to a late evening beer. The pace—one that they tend to set for themselves—is stiff. Out of 100 men entering the school, an average of only 20 graduate.

Although the school has an excellent reputation in academic circles it has just now begun to take out-of-state students away from the big-name schools.

As a result, the faculty has had an excellent opportunity to take Carolina boys fresh from the farm and village and turn them loose in a field which is a curious combination of sophisticated art, engineering and social philosophy.

These boys, a step at a time, learn to find harmony and proportions through ex-

A textile mill (above) designed by State College students uses tensile strength and new materials to escape the vast investment in massive walls and roofing that is typical in traditional building. The factory would be covered with translucent plastic. This design seeks efficiency in operation and economy in construction.

most unusual generosity—on the 90 per cent automatic textile mill designed by 12 students working under the guidance of visiting Professor Buckminster Fuller.

Over the past four years the students at the School of Design have won an astounding number of top architectural awards.

But those are only straws in the wind. Ultimately the test of this school must be its impact on the architecture of North Carolina and the Southeast. That impact has been greater than most of us realize.

When the school was organized the state's vast public school building program was just getting started. At the time, nine out of every 10 plans submitted on proposed new schools were designed in the traditional manner. That was what the local school board wanted. Working with Clyde Erwin, state Superin-

perience will clear your mind of some of the more common prejudices against "modernistic architecture."

The accomplishments of the School of Design spring from the spirit and not from the flesh. No architectural school was ever hatched in a shoddier nest.

In 194[illegible] the School of Design was a pretentious name for several worn out army barracks. The work in design and descriptive drawing is still done in those barracks. Their virture, besides having roofs, is that they must erase any self doubt in the students. Anybody could design barracks better than those!

Today the school's administrative offices and some of the classrooms are located on the third floor of the physics building. Dean Kamphoefner has been promised that his

然而赖特和诺伊特拉之间有着根本性的不同。赖特将建筑融入场地的手法是拉斯金式的。这种融入在于旁观者的眼中。而诺伊特拉的住宅从外部看并不仅仅是坐落于景观中的建筑而已。与赖特的住宅相比，它与景观的界限被模糊，内外之间不再明确分隔。这种手法的目的是产生内外的空间渗透，从而使得起居室的空间扩展到远山脚下，超越了光亮的落地玻璃窗。再次引用诺伊特拉的文字，“内外之间仅有的分隔”就是玻璃“微妙的光泽”，并未受到落地窗分隔的影响。他还陈述道他的灵感来自于“希腊古典神庙的室外空间”，正如“建筑可以通过不断向外扩张从而扎根于自然，或许场地也能够用温和地渗透这种方式融入建筑”（图 10.03）。

诺伊特拉当时并未卷入关于地域主义的争论，但正在进行建筑实践的年轻建筑师，南方人保罗·鲁道夫却参与其中。他全心投入在佛罗里达州的地域主义设计实践的同时，开始孤身一人进行着反对国际式风格，支持地域主义的活动。[20] 1949 年，他写道：

“时至今日我们已然非常清楚，对传统的尊重并不意味着满足于对传统元素的随意采用或是简单效仿。我们已然明白设计中的传统一直以来都意味着对人们永恒的习惯所产生的基本特征的延续。”[21]

图 10.03　热带建筑案例：理查德·诺伊特拉在波多黎各进行的住宅设计（1944）

1954 年，他向美国建筑师协会朗读了他写的一封信：

“我们急需重新研习（传统建筑），从中学习组织不同空间的艺术：宁静的、围合的、孤立的或是阴暗的空间；熙熙攘攘、充满活力的空间；铺地装饰的、高贵、宏大、华丽甚至令人敬畏的空间；神秘的空间；定义、分隔抑或连接不同空间氛围的过渡空间。”

20 世纪 40 年代下半叶，鲁道夫与他的合伙人拉尔夫·特维希尔（Ralph Twitchell）一起工作，为位于佛罗里达州萨拉索塔的“茧屋”设计轻型木结构（1948 ~ 1950），该方案采用了长方形的平面，一层平台向湖面伸展。尽管在尺度上十分现代，却因为使用了战时的轻质材料而显示出年代感，这一实验性质的做法是为了适应佛罗里达群岛的气候（图 10.04）。[22]

1957 年，他的地域主义理论发表在耶鲁建筑学院院刊《视角》中。与诺伊特拉一样，鲁道夫的许多想法来自于弗兰克·劳埃德·赖特关于建筑与场地之间关系的理论。在这篇文章中，他抱怨道当时的建筑“质量低得前无古人”因为“有了聪明的免责条款，建筑能用并且在预算之内我们似乎就已经满足了”。他向他的读者建议道：

“仔细观察我们所称的未受过教育的人们以及他们解决问题的方法……当然，我所指的是民居建筑。我经常思考并认为人们在建造自己的房屋时，解决了许多建筑师容易忽略的问题。”[23]

对他来说，“地域主义是通向那种建筑丰富性的单行道，其他运动都渴

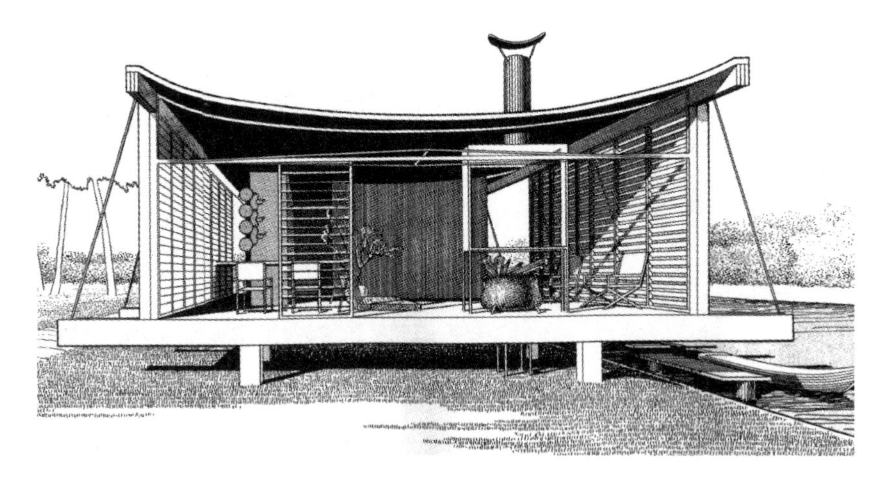

图 10.04 保罗·鲁道夫，为佛罗里达西耶斯塔岛的希利家设计的“茧”屋（1950）

望达到这一点，并且这种丰富性在当今是如此稀缺”。在这篇文章中鲁道夫还批判了密斯的湖滨大道公寓，因为其忽略了朝向问题而采用统一的立面设计，尽管这栋建筑并没有安装空调设备。他更喜欢柯布西耶采用遮阳板的设计手法，并认为尼迈耶的教育卫生部大楼更佳，因为其“根据朝向调整立面设计”。他认为尼迈耶的这栋建筑完美地适应了温暖的气候，并且有着与当地相适应的拉丁建筑形式。向光一面，明亮的阳光在干净清晰的遮阳构件下投下了深深的阴影，这里的强烈光线带来了别样的立面变化。波士顿拥有温和的日光并时常沐浴在薄雾中，这样的手法若应用在这里的建筑上便会显得非常不恰当。他还将纽约的利弗住宅（Lever House）比做“玻璃纸包装的包裹……像罐头浓汤一样具有美国特色”。最终得出结论“然而建筑与容器不同，我们的建筑必须与当地情况相适应”。

这篇文章发表两年之前，在美国建筑师协会所组织、位于密西西比州比洛克西的海湾各州会议上，他宣称“地域特色是所有优秀建筑的必要组成部分，人们既不能抵制它也不应该过分强调它”。诺伊特拉和唐纳德也参与了这场会议。唐纳德反对“纪念碑式的匿名”，并展示了自己日益具有热带风格的设计实践项目，宣称“精彩的文化融合以及伟大的古典建筑最初都来源于亚热带地区，而人类本身却来源于南方”。[24]

1956 年，另外一个重要的专业会议：西北地区委员会召开，来自南加利福尼亚的建筑师哈维尔·汉密尔顿·哈里斯（Harwell Hamilton Harris）辨别了“局限的地域主义”和“自由的地域主义”。在提到新奥尔良的法国区时，他写道：

“这种地域主义是在世界风云变化之时固守陈规的结果……与其关注如何传达新的思想，它更关心如何保留下晦涩的方言。这是反对世界统一也反对进步的一种做法。这类地域主义成为该地区放错位置的自尊心的伪装，助长了无知和自卑。让我们把这种地域主义称为‘局限的地域主义’。

与‘局限的地域主义’相对的是……‘自由的地域主义’。这是一个地区的表现形式，与该地区当下的思潮尤其一致。我们称这种表现形成是‘地域的’，仅仅因为它不能出现在其他任何地方。这是这个地区的灵魂，能使人们产生超出一般意义的共鸣，并且超出一般意义的自由。这种地域主义的意义在于它所产生的表现形式对其外的世界来说非常重要。”[25]

一个有趣的例子发生在 20 世纪 50 年代初期。地域主义的捍卫者 J·B·杰克逊在一篇杂志中写道他发现了为美国西南方的生活方式以及地形量身定制的景观形式。因为他对于沙漠地理与地形神秘的痴迷态度，艺术评论家露西·利帕德（Lucy Lippard）将他称为“当地的诱饵”，[26] 并将他与地景艺术的创始艺术家们沃尔特·玛利亚（Walter de Maria）、罗伯特·史密森（Robert Smithson）以及詹姆斯·特瑞尔并列。[27] 杰克逊攻击约翰逊与希区柯克的“美国建造”无视美国民居建筑的活力，喜欢展示“那些认为自己没有义务与周边环境相适应的建筑”。[28] 对杰克逊来说，最大的威胁是“包豪斯”，他几乎采取了一种排外的激动情绪来攻击它。

1949 年，芒福德继续捍卫着地域主义，并策划了一场名为“旧金山海湾地区民用建筑”的展览，在旧金山市民艺术博物馆开幕，从 9 月 16 日持续到 10 月 30 日。他认为海湾地区风格不仅仅是与“所谓国际式风格充满限制并且虚无的方法、标签与陈词滥调”相对，更是对另外一种真实的现代运动的再次确认以及对战后低质量建筑的抵制。乌尔斯特随后也组织了一场关于海湾地区建筑的展览，并进行了相似的论述。1954 年 4 月的《加利福尼亚月刊》中，乌尔斯特坚称“建筑是一种社会艺术”、“建筑不能也不应该呈现出不属于当下的生活方式”（图 10.05）。

地域主义的品牌推广 [29]

20 世纪 50 年代中期，越来越多的同行以及公众从对国际式风格的痴迷中清醒，甚至那些在 1947 年现代艺术博物馆举办的抵制地域主义的会议中慷慨陈词的顽固派也开始动摇了。不久后他们开始转变话锋——至少尝试着如此。

图 10.05　威廉·乌尔斯特，斯库克·坎宁公司办公楼，为促进加州的罐头商与种植户的合作，森尼维尔，加利福尼亚州（1942）

令人意外的是，西格弗里德·吉迪恩是最先转变态度的一位。经过了几乎六年的时间，他由新纪念性（1948）的首要推崇者转变为虔诚的地域主义者。1954 年，他发表了《地域手法》（*The Regional Approach*），在书中修正了他曾经创造的那项运动；并且转向反对国际式风格的立场，用他的话来讲：

其中的原因是当代建筑的“风格”往往与另外一个口令式的标签相联系，在这里就是“国际式”。20 世纪的确有一段较短的时期国际式确实是“国际的”。但随后它很快变得具有破坏性，并像回旋镖一样不时回击一下。“国际式”建筑——“国际式风格”，其论调飘于空中，没有根基。[30]

吉迪恩在该文中还阐述道，1951 年他在阿姆斯特丹参加一场艺术评论家的研讨会，从那时起他就成了一名地域主义者。在那场会议中他宣称荷兰风格派是地域主义，因其代表着荷兰的围垦地。他将自己视做地域主义的拥护者，与赫里特·里特维尔德（Gerrit Rietveld）的观点针锋相对，后者当时“在观众席中起身强烈抗议”。[31]

他过去不断宣传的是卓越的、英雄主义的新纪念性建筑而不是平庸的日常建筑，如今却开始赞颂他的“新地域手法”。从这个角度，他挑选出的案例之一就是他的老伙伴赛尔特 1953 年在哈瓦那设计的住宅项目，正如我们所见，这个项目实际上对这座城市的地域特征视而不见。

1956 年，吉迪恩甚至采取了希区柯克在一年前在现代艺术博物馆的“拉丁美洲建筑”截然相反的行动方针。他为巴西建筑师恩里克·明德林（Enrique Mindlin）所举办的“现代建筑在巴西”撰写了介绍。在这篇介绍中，吉迪恩对一个事实予以赞扬：“巴西建筑的发展过程中有一些非理性的部分”。[32] 不管吉迪恩眼中爆炸性的经济增长指的是什么，当时房地产投机行为毫不间断、缺乏规划政策的制约，都对优秀建筑的形成造成了一定的阻碍，“巴西建筑像热带雨林的植物一样不断生长”。在他的观点中，巴西建筑优于美国因为它“以惊人的速度呈现出自己的建筑表现形式”。他充满敬意地称之为“巴西现象”，并认为这具有典范意义。

皮耶特罗·贝鲁斯基在俄勒冈州波特兰市的公平储贷中心明显属于国际式风格，并且与约翰逊及希区柯克 1953 年的“美国建造”展览的主题相称，然而他非常迅速地转换了立场。到了 1955 年，他的观点听起来已经非常像一名地域主义者。正是这时他发表了《建筑中地域一词的含义》（The Meaning of Regionalism in Architecture），抱怨道“在美国我们通常将‘地域主义’视做我们建筑主流文化中一种天真、愚蠢的变奏”。他以充满歉意的语调坦白道，他曾经看待地域主义：

“以特别深沉的感情，当我频繁踏入其他国家的土地。那些在全世界千篇一律的直白的建筑成了死气沉沉、标准化的背景，地域建筑的案例却更加引人注目。所有游历国外的人都会推测这些古城如此统一、美丽、生机勃勃的成因，也都会开始思考为什么现代居民似乎已经丢失了给自己生存的环境赋予特征和意义的能力”。[33]

该文章的结尾，贝鲁斯基几乎以一种诗意的方式赞颂着地域主义：

“人们或许会猜测人类文明在这个时代的走向与人们对建筑形式以及肮脏的环境的不满之间的关系。构成我们所称的地域主义的建筑形式反映了过去那个平静年代的特征。诚然在如今这个喧嚣的时代,这种形式无法复兴。我们无法从滚滚向前的历史车轮中撤退抑或是逃离，但我们必须坚信人类社会将在再次追求真善美的过程中变得更加智慧……这些是我不久前重游爱琴海、第勒尼安海群岛、布列塔尼半岛、提洛尔精巧的村落时产生的一些空想，我们这一代人曾经多少有些羞于承认这些简单、自发的建筑形式多么令人愉悦，唯恐被认为太浪漫多情。”[34]

大使馆项目

贝鲁斯基以及吉迪恩的这种转变并非只是情感上的。地缘政治学再一次起到推波助澜的作用，更准确地说，是当时三个重大国际建筑项目背后的地缘政治学。贝鲁斯基参与到其中的是在国外建筑业务部门（Foreign Buildings Operations）领导下的美国国务院大使馆项目。第二个是位于波多黎各、哈瓦那、耶路撒冷、雅典、开罗以及伊斯坦布尔的希尔顿大酒店。第三个是伊拉克政府希望巴格达甚至整个国家能够完全现代化。在这三个案例中，建筑师都以地域的手法传达着他们的思想。积极面对而不是像从前一样抑制其中的地域因素，建筑师能够收获颇丰。

冷战时期越来越多具有争议的项目开展，使得声援地域主义的声音越来越多。随着殖民列强势力的减弱，越来越多的新国家形成。在 1947 ~ 1964 年间，大约 50 个新国家成立。对于美国来说，大使馆建筑成了平衡苏联在第三世界影响的一个重要方式。美国政府的国外建筑业务部门从 20 世纪 40 年代中期开始负责大使馆建筑的设计与建造，在 1954 年时经历了一次政策的转向。国际式风格影响下的建筑被认为不能胜任,对当地的文化不够敏感。国会否决了哈里森与阿布拉莫维兹展示的位于哈瓦那以及里约热内卢的大使馆设计方案，并将他们的方案与联合国总部大楼相比较，认为其抛弃了周围的真实环境。[35] 冷战时期的各国之间的权利平衡十分微妙，需要一种新的、更加得体的大使馆建筑。

在这种转变中，皮耶特罗·贝鲁斯基是中心人物，当时被任命为新成立的建筑咨询委员会（Architectural Advisory Board）的主席（如今他是MIT 的系主任）。美国通过其大使馆建立正面形象的需求越来越强烈。美国国务卿约翰·福斯特·杜勒斯（John Foster Dulles）邀请两院议员加入到建筑咨询委员会中。1954 年,《艺术与建筑》上的一篇匿名文章宣称“美国政府正在将现代美国建筑塑造为美国文化活力最具有说服力的展示方式。这归功于 FBO——美国国外建筑业务项目部”。

在贝鲁斯基的领导下，一个建筑咨询小组形成，帮助国外建筑业务项目部选择建筑师以及评估他们的设计。转向地域主义，这一方法为着眼于在国外进行建筑设计的美国建筑师提供了良机。建筑师们善于抓住进行实践的机会。约瑟夫·路易斯·塞尔特就是其中之一，他正准备接受设计巴格达大使馆的委托，他在笔记中写道：

“每一个项目在最初阶段需要考虑的问题都基于国务院的要求，他们要求本国参与讨论的建筑师去勘察基地，了解材料、当地的资源以及工艺，去了解当地文化、气候以及人口等方面的知识……（因为）这是一个文化交流项目，能够起到互利互惠的作用。”[36]

1954 ~ 1956 年间，建筑咨询委员会定期召开会议，拿出了 15 个新的设计项目。[37] 其中 1957 年保罗·鲁道夫的约旦阿曼大使馆、1958 年密斯的圣保罗领事馆、1960 年路易斯·康的安哥拉罗安达领事馆以及约翰·卡尔·瓦纳克（John Carl Warnecke）的曼谷大使馆未能建成。但爱德华·德雷尔·斯通的新德里大使馆、沃尔特·格罗皮乌斯的雅典大使馆、约翰·约翰逊的都柏林大使馆、哈里·威斯（Harry Weese）的加纳阿克拉大使馆、拉尔夫·拉普森以及约翰·凡·德·梅伦的哥本哈根大使馆、休·斯塔宾斯（Hugh Stubbins）的丹吉尔领事馆、理查德·诺伊特拉的卡拉奇大使馆、马歇·布劳耶的海牙大使馆、埃罗·沙里宁的伦敦大使馆以及约瑟夫·路易斯·塞尔特的伊拉克巴格达大使馆都陆续建成（图 10.06）。

贝鲁斯基对于美国扩张过程中地域主义作为一种品牌策略所扮演的角色非常清楚明白。1955 年，他强调：

“国务院通过其国外建筑事务部门要求亨利·谢普利（Henry Shepley）和我前往印度、巴基斯坦以及伊拉克寻觅当地建筑风格的要素，以运用到将在这些地方建立的大使馆中，此时评估这些地区的建筑特色已经不仅仅是一个学术问题。”

人们认为建筑咨询委员会的成立至关重要，因此在 1954 年美国建筑师

图 10.06 爱德华·德雷尔·斯通，美国大使馆，新德里（1959）

协会组织了一场与这个事件相关的会议。1955 年 5 月，《建筑论坛》杂志发表了一篇名为“美国建筑在国外。正值最佳的现代设计如今在国外代表着这个国家”。采用了世界各地国外建筑事务部门所控制的项目，意图表达美国正在翻开其位于世界领导地位的新篇章。“不知有意还是无意，美国政府已经将美国建筑变成了我国文化领导权的传播载体”。[38]1956 年 6 月，在《建筑实录》中还出现了另外一篇篇幅很长的文章，名为《大使馆建筑》:

“国务院领导下在世界各地进行大使馆设计，是美国建筑师极少遇到的挑战。受到委托进行设计的建筑师被要求：（1）在国外代表美国建筑；（2）使得这些建筑深深地适应于当地环境以及文化，从而能够受到东道主的欢迎而不是批判。建筑被要求承担起非常重要的外交任务。”

简·莱福勒指出，地域主义大使馆与当地的现实往往有一定的差异。在她的观点中，例如斯通在新德里的美国大使馆、沃尔特·格罗皮乌斯的雅典大使馆以及约瑟夫·路易斯·塞尔特的巴格达大使馆都是试图讨好当地居民而进行的设计，导致了一些不自然的手法掺杂其中，有时候甚至建筑整体都显得做作。[39] 但这些弱点实际上来源于建筑师对于建筑所处的地域文化的不了解，以及认为地域文化并不重要的天真。根据罗恩·罗宾（Ron Robin）的说法，一系列的幻想——东方式的、热带式的、盖尔式的、非洲式的，使得他们对于地方图案不可避免地进行了平凡化的转译。[40]

大多数建筑师采用了最媚俗的手法，来证明他们的项目符合于当地特征。比如格罗皮乌斯就宣称他在设计雅典大使馆（1959 ~ 1961）时借鉴了帕提农神庙。约翰·约翰逊在设计都柏林的爱尔兰大使馆的立面时，借鉴了爱尔兰毛衣的编织纹路。哈里·威斯强调他为加纳阿克拉设计的大使馆立面中使用的锥形混凝土节点是受到了非洲长矛的启发，约翰·卡尔·瓦纳克未能建成的大使馆位于曼谷，与泰国宝塔形式相似。

为了使大使馆项目符合桑迪·伊森斯塔特（Sandy Isenstadt）所称的“对更好的未来的希冀”的出发点，贝鲁斯基很可能已经竭尽所能。[41] 举例来说，若为爱德华·德雷尔·斯通的印度大使馆（1954 ~ 1959）辩护，他会这样说：

“偏巧国务院不赞同爱德华·斯通为新德里大使馆所构思的设计，因其不够“印度”。如果我们有耐心和勇气阅读完所有评论家们、乱出主意者、社会卫道士以及傲慢的专业人才的文章，肯定会彻底陷入困惑之中。”

他只对建筑风格可能会产生的影响感兴趣：

“令人激动的是我们能够感知到斯通对于印度当地要素那敏感的理解，感知到他将属于当地的那些因素巧妙地包含于设计之中……他没有抄袭，而是用情感共鸣与理解承载他的创作。精细的穿孔板、挑檐、水池、平衡的比例关系、精致的材料……实际上我们应该再次申明斯通的设计完全与印度的环境相适应……想到这样的设计会对当地建筑师产生怎样的影响时，我感到非常欣喜。我遇到过许多当地建筑师以及德里建筑学院的学生们，浏览了他们的作品、与他们进行交流后我发现他们正急于寻找本土的表达方式，但西方的影响太过强烈并干扰力十足，很少人能够拥有设计出突破性作品的智慧或成熟度，而只有这种作品才能反映出他们作为一个独立国家的状态，反映出他们古老的文化与新方法、新科技的综合。”[42]

然而尽管贝鲁斯基向国务院为这栋建筑的印度特性而高声辩护，它还是不适于它所处的环境。斯通声称他的新德里大使馆从泰姬陵中得到了灵感，这两者实际上却毫无相似之处。不仅如此，莱福勒指出该建筑有着非常糟糕的小气候，完全不顾当地气候的需要。双层的伞形屋顶被放置在建筑顶部，以期减少热量的吸收，实际上却使之增大。由网格屏风遮挡的玻璃幕墙随后被证明无法清洗，并再一次加强了建筑内部的热辐射。[43]

另外四栋大使馆建筑将不会是东拼西凑之作，但也并不符合最初的原则。首先是密斯的圣保罗领事馆（1957 ~ 1962）。它虽说没有迎合低级趣味，但其以钢为骨架的玻璃立面、由柱状网格支撑的两层半楼板、矩形对称的平面结构：四个开间宽、七个开间长都表明着它将无法很好地适应热带气候。[44] 但这个方案没有建成。

其二是保罗·鲁道夫为约旦阿曼设计的大使馆（1954 ~ 1956）。正由于20世纪40年代他在佛罗里达州成功并且大量地进行气候适应性建筑的设计，这栋建筑非常理想地与环境融合在一起，它的双层屋顶可供冷空气从中流通。有趣的是鲁道夫的地域主义方案，非常具有技巧而并非只是元素的拼贴，却未能打动建筑咨询委员会的成员们，被拒之门外。

其三是理查德·诺伊特拉位于巴基斯坦卡拉奇的大使馆设计（1955 ~ 1956）。诺伊特拉对于热带地区非常了解，他的作品在印度、关岛、巴西等地被广泛传播。他的方案是一个纯粹的板式建筑，与热带气候完美适应，通过狭小的水平带窗、垂直可调节百叶以及水景与炎热的卡拉奇气候相呼应。但因为它与当时建筑团体中的敏感要素相背离，诺伊特拉的合作伙伴罗伯特·亚历山大（Robert Alexander）在游览该建筑的基地时，虽没有采用诺伊特拉所摈弃、其他大使馆建筑中所谓“美丽”部分，但却开发了圆柱形的模具来浇筑混凝土拱顶，并将这种伪民居拱顶加盖于建筑之上，作为后部仓库立面的装饰以及主要行政楼的屋顶。[45]

其四是路易斯·康于1961年为安哥拉罗安达设计的大使馆。[46] 如果他能够拿下委托，这个方案可能会成为一个地域主义的杰作。在参观罗安达时，他发现处在安哥拉靠近赤道的区域，这里有着“非常耀眼的阳光”，因此在外工作的人们喜欢看向身边的墙壁而不是天空。“看向窗户的话”，康说道：“人们没法忍受，因为阳光的反射。与耀眼的阳光形成对比的深色墙面会使行人感到舒适。”康尝试着用建筑的手法来应对当地的条件，意料之中的是，解答就隐藏在罗安达人的日常行为中，他作了如下描述：

“我……注意到当人们在日光下劳作时——其中许多人都如此，本地人……时常朝向墙面而不是朝向空旷的野外或者街道。在室内，他们会将椅子面对着墙，通过阳光在墙面的漫反射做手头上的活。”[47]

通过这个观察，康开始思考设计能够吸收日光的墙面，从而能够对日光进行漫射和重新分配。他回忆道：“我想到了在每扇窗子前设立一堵墙……为了不阻挡视线，我想到了在墙上开洞。”[48] 最终，他在建筑周围又添加了一层墙壁围合的空间，减少过度的阳光直射——“用瓦砾将建筑包裹起来”，如他所说，目的是为了吸收阳光并向内辐射。他提出采用一种混凝土隔墙对建筑进行包裹，其精美的肌理、浅灰色的表面将会吸收一半的光线、反射出另外一半，再将这些光线向内漫射。在室内，那面墙上的柔和光线反射到人们眼中，他们的生活及工作空间被更加舒适的光线照亮。对康而言，甚至当居民们看向天空或者太阳时，一侧色泽温和的墙面也能帮助减少眩光。

除了加强光线与空间的特殊体验外，他也相信这种方式比他的同行爱德华·德雷尔·斯通在新德里大使馆下意识采用的网格格栅更佳：

“有些建筑采用了条状格栅或者网状格栅……在窗户前……（网状格栅）暗面朝向光源；仅仅给使用者带来了另外一种眩光……极小的……光线朝向格栅深色分隔所产生的眩光。这样的遮阳形式还不能满足需求”。[49]

在他的领事馆设计中，康提出了一种“遮阳顶棚”的策略，用他的话来说，将一种格网交织的伞形遮阳篷悬于“雨屋顶”即真正的屋顶结构之上。遮阳顶棚阻断了部分阳光的直射，同时又不会隔绝空气的流通，从而有效地减少领事馆建筑内部的热量。在这个设计中我们可以看到对当地文化的尊重以及真正进行交流的尝试，在观察与研习中形成。

“我感觉到这种将雨棚和遮阳篷分开的做法，仿佛在向街道上的行人讲述他们的生活方式。我在解释着风的大气情况、光线的情况、太阳的情况以及朝向他的眩光。我希望采用一种充满智慧的设备，对他来说似乎仅仅是一种设计，并且看起来符合审美。实际上我并不需要仅仅看起来美的东西，我希望能对生活方式进行清晰地阐释。[50]”

第二个引发地域主义建筑回应的大型建筑品牌化项目是位于开罗、雅典、伊斯坦布尔、波多黎各以及耶路撒冷的希尔顿大酒店。康拉德·希尔顿是将美国的地缘政治学带入自己商业领域的一名企业家。正如安娜贝尔·简·沃顿（Annabel Jane Wharton）所说，在他的自传《欢迎惠顾》（*Be My Guest*）中，他“明确将自己的跨国酒店集团描写为一种意识形态，从大众的意义上来说是一种政治宣传”。[51] 他一再地重申希尔顿酒店的建设不仅仅是为了盈利，更是为了向酒店所处的国家施加政治影响。康拉德·希尔顿当时正致力于外交并从中获利，他写道：

“如今为什么希尔顿要在全世界的重要城市建设酒店呢？因为我们肩负重要的任务。坦白地讲，这种任务即便使用卫星和氢弹也无法达成。在此我并不是想贬低西方世界的军备项目，我们必须保证我们的防线比共产主义国家更坚固……但是通过对亚洲、非洲以及中东进行工业援助，我们将得到远超过军事援助的红利。”[52]

他还补充道：“我们的每一栋酒店都是一个‘微型美国’。”[53]

1951 年，希尔顿与土耳其政府宣布了他们将在伊斯坦布尔建设希尔顿酒店的计划。[54] 1955 年 6 月，这个项目正式启动。由土耳其建筑师塞达·H·艾尔登（Sedad H. Eldem）与 SOM 的戈登·邦夏（Gordon Bundshaft）合作进行设计。纳撒尼尔·奥因斯（Nathaniel Owings）在他的回忆录中写道：“如同陨石坠落一般，像一千零一夜的故事一样不可思议的任务来到我面前：伊斯坦布尔的希尔顿酒店……最后的设计成果是具有强烈土耳其风格的建筑与美国管道及供暖设备的有力结合。”[55] 这栋建筑中包含了许多模仿元素，比如艾尔登在主门厅设计的漆绘拱顶，因为与波浪相似的形式而被称为飞毯的入口雨棚。[56] 酒店外立面装置了柚木制的玛世拉比亚（当地传统遮阳用的木屏风）以及装饰性的瓷砖，使人联想起土耳其帝国时期的建筑，甚至有一个郁金香房间专门为女士预留，如同女性伊斯兰教徒的闺房。但是建筑的整体被小心翼翼地放置在伊斯坦布尔的群山中，与当时该城市里的其他酒店相比对整个风景的破坏反而较小。

图 10.07 伊斯坦布尔希尔顿酒店广告（1956）

开罗的希尔顿酒店于1953年完工。当时，法鲁克国王的政权被推翻，美国在该国的影响力逐渐衰减。但是这个酒店项目却没有受到影响，其装饰仍然与古埃及法老时期的装饰风格相似。入口门厅中容纳了一个巨大的雕塑，从埃及博物馆中复制而来：一尊正在狩猎尼罗河岸野生动物的法老王巨像。在贵宾室中，黄铜灯座借鉴了莲花的外形，作为隔断的帷幔上也装饰着同样种类的莲花。

这个时期最后建成的一座希尔顿酒店位于雅典，建造于1957 ~ 1963年间。当时的广告中强调这栋建筑“通过古雅典竞技场风格的下沉台阶逐步进入，内有古典式风格的门厅、长廊露台、花园、极佳的游泳池、健身中心以及花园房间。内庭院仿照希腊天井的设计，被迷人的商铺所包围”。

该项目受到皇家法令的允许，能够不受雅典限高的限制。令人愤慨的是，这项新法规正是由当时希腊方的设计师之一制定的，该人同时还是市政工程部门的高官，控制着建筑高度。这次豁免为未来更多高层建筑的出现提供了机会，给历史景观的全貌带来了损害（图10.07）。

一名具有相当影响力的希腊记者歌颂了这栋建筑的全球主义特征，他说道：“正是，这就是……最完美的美国产品，如同闪耀的凯迪拉克……与欧洲人喜好的奢华以及希腊大理石相结合”，“在月光中，伴随着音乐声以及晚间的微风，一杯美酒”来好好享受，然而此时这栋建筑正与当地的环境格格不入。[57] 文森特·斯考利（Vincent Scully）是唯一直面这个项目的陈词滥调以及与环境不相协调的现实的评论家。他辩论道，用如今的话来说，这个项目是“不可持续”的，并且将会加重“如今雅典上空的浓雾”，这一现象当时很少人留意，而能够感知到它的长远影响的人更是寥寥无几。“这栋建筑所起的作用”，他得出了结论，“几乎可以精确地表达为下作的”。[58]

大巴格达城

伊拉克政府着手开启了当时的第三个大型建筑项目，在建筑专业领域起码引起了一部分地域主义的回应。希腊建筑师康斯坦丁·佐克西亚季斯（Constantine Doxiadis）（他在当时恰巧也反对了参差不齐的希尔顿大酒店项目）是首位被聘用的建筑师。从1945年起，他与当时负责希腊重建项目（由马歇尔计划及杜鲁门主义提供资金）的美国专家保持着密切的联系。时至1955年，他受命于伊拉克首相努里·赛义德（Nuri alSaid）于1950年创立的发展委员会，致力于伊拉克的国民住房项目，与极具影响力的规划咨询师雅克·克兰（Jacob Crane）合作。[59]

佐克西亚季斯最初受到国王费塞尔二世的命令为几乎整个国家的版图制定一个五年计划。1958 年，他又被任命为巴格达进行总体规划。该规划强调两个方面：保障所有人的居住以及城市及区域长久发展的基础。佐克西亚季斯特别注意将他的地域手法与卢西奥·科斯塔的巴西利亚以及勒·柯布西耶的昌迪加尔区别开，他将这两个人比做“魔法规划师”，认为他们的规划方案仿佛藏在了袖子里，“像兔子一样”被一把揪出来。[60] 他许诺会“诊断”每个基地特有的本土的、地域的需要以及潜能，而不是施加普适的规范和标准。他雇用了一批来自各学科领域的合作者，独特的是，其中不仅有建筑师和规划师，还有考古工作者及社会学家。同时他还与本土建筑师合作，例如里法特·查德基利（Rifat Chadjiri）与默罕默德·马基亚（Mohamed Makiya），并邀请了于 1945 ~ 1949 年间修建了新古尔纳村的哈山·法帝（Hassan Fathy）加入到项目组中。

佐克西亚季斯起草了一份能够容纳 300 万居民的规划，这是当时巴格达居民数目的三倍。这个方案保留了历史遗留下的露天市场，但并没有将其模式运用到新规划的居住区中。它将新的居住区进行多中心的分散布置，由“邻里单元”组成，或者模仿英国战后新城的设计，将之划分为居住区，以行人流线为主要考虑因素。哈山·法帝建议容纳当地的社交习惯以及更多的公共空间。解决方式之一就是所谓的闲谈广场，每 10 户或者 15 户为一组设置一个。佐克西亚季斯同时也呼吁在每个居住区都设置公共浴室以及清真寺，[61] 以及临时的室内市场。还提议用钢筋混凝土演绎传统窗外的木质屏风。[62]

一些小规模的委托随后蜂拥而至。1957 年，从哈佛大学设计研究院毕业的建筑师尼扎尔·阿里·乔达特（Nizar Ali Jawdat）说服他的父亲，当时费塞尔二世执政时的首相，雇佣世界闻名的建筑师在巴格达建造大型项目。六个不同的项目就此产生。勒·柯布西耶被委托设计用于竞争 1960 年奥运会主办城市的运动场（实际上该运动场直到 1981 年才落成，并更名为萨达姆·侯赛因体育场）；阿尔瓦·阿尔托受到一个邮局与一个博物馆的委托，但两个方案都没有建成；吉奥·庞蒂（Gio Ponti）被委托设计发展委员会总部；沃尔特·格罗皮乌斯的事务所 TAC（The Artists' Collaborative）受到了在城郊设计新大学的委托；弗兰克·劳埃德·赖特提交了大巴格达的总体规划，但仅有一部分得见天日——不是在伊拉克而是 1964 年在亚利桑那大学，被重新命名为甘米奇音乐厅。[63]

在这六个项目中，格罗皮乌斯及赖特的设计很明显是用东方地域手法对他们设计思想的转译。格罗皮乌斯与 TAC 进行设计的场地位于巴格达市郊，是在底格里斯河湾中的一片古老棕榈林。最初方案中包括 273 栋建筑，其中只有一部分是格罗皮乌斯设计的。格罗皮乌斯正鼓吹他在雅典设计的美国大使馆（1959 ~ 1961）中的地域主义立场的同时，他也进行着巴格达大学的设计。然而与雅典大使馆截然相反，这个项目受到地域主义者欧内斯托·罗杰斯的高度赞赏，他认为格罗皮乌斯在其中“搁置了包豪斯的纯粹性”并“让位给民居建筑的自由”，[64] 从而“避免了过度的美国风格”。[65] 确实，这个项目采用了当时已经司空见惯的混凝土玛世拉比亚，在摩天楼的顶端放置了拱顶。同时还设计了一个清真寺，巨大的混凝土穹顶由三个柱子支撑，被水池所环绕。

然而这个项目也将 500 棵棕榈树连根拔起，以一种现代的方式种植在街道两旁，同时砍除了校园中上千的棕榈树种植上了草皮，在这样一个炎热、干燥，气温时常到达 50℃的沙漠气候中，室外阴影区就这样消失了。

毫无疑问，当时弗兰克·劳埃德·赖特对伊拉克文化的尊重并非出自真心。在他写给伊拉克政府的信件中，明显看出他分不清伊朗和伊拉克，“能够得到在波斯进行设计的机会，于我而言就像沉迷于天方夜谭的小男孩听到了一则新的故事”，并继续叙述着他年幼时对于一千零一夜是多么着迷。[66] 尽管最初收到的是一个剧场及歌剧院的委托，他前往巴格达说服开发委员会让他进行新巴格达的总体规划。当时年仅 21 岁的费塞尔二世决定

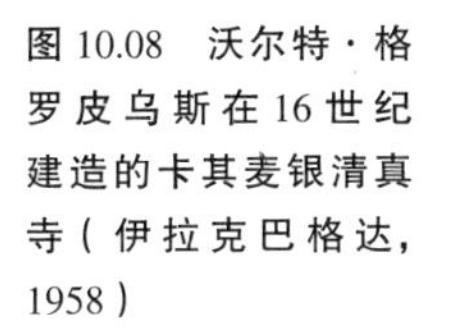

图 10.08　沃尔特·格罗皮乌斯在 16 世纪建造的卡其麦银清真寺（伊拉克巴格达，1958）

图 10.09 TAC 与沃尔特·格罗皮乌斯为巴格达大学的清真寺所做的设计

让赖特负责当时城市重建项目中的大部分，包括一个歌剧院、一个名为伊甸园的主题公园、一个国家博物馆、一个邮电局、植物园、停车场、一个画廊、大学、底格里斯河上包含一座市民礼堂的岛屿、内有池塘的景观公园、一个天文馆、集市、动物园、为 8 世纪的哈里发哈伦·拉希德（Harun al Rashid）竖立的纪念碑、一个赌场、直升机停机坪、无线电及电视塔——通过螺旋的形式以及金字塔形建筑相互呼应（图 10.08、图 10.09）。

赖特重建巴格达的东方视角基于他童年的幻想，但由于伊拉克国内发生政变，费塞尔二世随后被阿卜杜勒·卡里姆·卡西姆（Abdul Karim Qassim）将军所暗杀，1958 年，他为巴格达设计的总体规划与佐克西亚季斯更加实用主义的规划方案一起戛然而止。费塞尔二世进行的委托中，仅有格罗皮乌斯的大学项目持续了下去。

第十一章

重新定义的地域主义

尽管战前及战时地域主义曾与纳粹德国与维希政府的沙文主义及种族政策纠缠在一起，二战后，地域主义和国际式风格的竞赛在美国上演之时，欧洲对于地域主义的兴趣并未消失。

在德国，除了去纳粹化项目以及同盟国试图推行“包豪斯”风格的现代建筑的努力外，对家园建筑师的尊敬并未减少。舒尔茨・瑙姆伯格直到1949年去世之前都忙于出版著作，保罗・波纳茨（Paul Bonatz）直到1948年之前都在安卡拉和亚的斯亚贝巴进行着风格集成之作的设计，保罗・施密特那（Paul Schmitthenner）进行了大量混合家园风格与古典风格的建筑实践，一直持续到20世纪60年代晚期。

在法国，人们对于地域主义仍抱有强烈的共鸣，勒内・克劳斯亚（René Closier）作品的成功可以从侧面说明这一点。在德国，家园运动仍然是地域主义的核心，而法国的情况则与之相反，在这里地域主义的概念与提防过度工业化以及战后重建的大批量生产产生的文化及生态影响紧密联系在一起。整体的趋势不是追溯过去的地域主义形式而是对之进行重新定义与复兴。

在二战后时期引领风潮的建筑中，不仅勒・柯布西耶的作品有着地域主义的根基——他最初的作品经过地域主义模板的塑造，与他在拉绍德封的工艺美术学院接受的教育相一致——尽管他不定期地、用词夸张地对地域主义进行抨击，他的思想仍然与场地的环境及文化特性深深联系在一起。

在二战前的1933年，他为位于奎德奥查亚（Qued-Ouchaia）的杜朗居住区设计了一个方案，1934年他向位于阿尔及利亚，人口约5万人的小镇内穆尔提交了一个城市规划。这两个方案都来源于对地区、场地以及“地形学”上的特性的认知。他将内穆尔项目称为“钢铁和水泥制造的阿尔及尔新卡斯巴”，并宣称与殖民时期的聚居地相比，古老的卡斯巴建筑更为优秀。1930年，在俯瞰太平洋、雨水丰富的智利乡村，柯布西耶受到该地棚屋的启发,设计了埃拉苏里斯乡间住区(未建成),采用了当地的坡屋顶形式,两面相邻的山墙向中间倾斜,完美适应了大雨天气。通过这种手法,他无意中发明了所谓的“蝴蝶屋顶”,随后成为该世纪中期全世界建筑的一种风潮。毫无疑问,对这个手法的首例模仿是最值得研究的,即安东尼·雷蒙德的设计,他当时站在地域主义的立场上。这个案例的伟大之处在于同样的精神跨越了国家的界限得以应用,该手法在1934年被运用于同样多雨的乡村,他的日本自宅中。

二战后,勒·柯布西耶设计了一个位于地中海地区的低层酒店,名为“洛克和罗柏”(Roq and Rob,1948 ~ 1950),目标人群是“战后”的居民,与希尔顿酒店的激进和傲慢相反,回应了地域文化以及历史环境,从地中海民居建筑空间汲取了灵感。

对阿尔瓦·阿尔托而言,勒·柯布西耶是一名过于技术统治论的全球主义者,同时也是国际式风格的形式主义者。阿尔托回避与建筑普适系统的任何联系。尽管他是古典建筑和文化的仰慕者,却从未将它们视作一种标准;对于现代建筑也是如此。早在二战前,对于国际式风格的宣传者来说,阿尔托还不太值得一提,他们认为他的地域手法过分主观。正如我们所知,吉迪恩甚至因为阿尔托的地域主义立场,将他排除在他在《空间、时间、建筑》中所建立的现代建筑标准之外。阿尔托对于场地、材料、微气候、地区生活方式的考虑与主流美国全球主义建筑师相悖。同时他与战前在芬兰建筑中风靡的斯堪的纳维亚民族主义地域建筑以及仿制民俗建筑毫不相干。

在尊重地域并对上述元素进行交叉考虑的同时,阿尔托还对于地区中的历史建筑保持着批判的眼光,这与我们在本书开头中所提到的立场相一致,回到启蒙运动时期的批判性哲学以及伊曼努尔·康德(Immanuel Kant)[1]与法兰克福学派的著作。[2]

他的批判性地域主义手法在1948 ~ 1952年设计的萨伊诺萨罗市政府中心中得到了充分的体现,该市镇在一个胶合板加工厂周围发展起来,位于二战时德国和苏联军队猛力交火并受到极大破坏的森林中,阿尔托试图在这个建筑中找寻场所感和社区属性。从场地和项目本身的特殊性出发,产生了一个独特的设计方案。整个建筑群围绕庭院展开,被人工抬起,位于林木繁茂的乡村景观之上。建筑之间的缝隙允许人流到达中庭,同时也使得视线穿透建筑到达远处的河流,并保障低矮的北方日光从中穿过。材料是裸露的,采取了与当地建筑相似的做法:深色的红砖、木和铜以及多变的屋顶形状。

到了拉丁美洲,亨利·拉塞尔·希区柯克的观点一度是正确的。地域主义压倒性地成为当时最优秀建筑的主要灵感来源，在反殖民主义、类达达主、前卫文化运动食人者运动 [起源自奥斯瓦德·安德拉德（Oswald de Andrade）在 1928 年发表的《食人者宣言》] 盛行的巴西更是如此。食人者运动将伟大的艺术家、作家、演员、雕塑家以及音乐家——艾托尔·维拉·洛柏斯（Heitor Villa- Lobos）、卡门·米兰达（Carmen Miranda）、埃米利亚诺·达·卡瓦尔坎蒂（Emiliano da Cavalcanti）、热拉尔多·德巴罗斯（Geraldo de Barros）——最终也体现在格雷戈里·瓦尔查威茨克（Gregori Warchavchik）、里诺·利瓦伊（Rino Levi）、阿方索·雷迪（Affonso Reidy）、罗伯托·布勒·马克思（Roberto Burle Marx）以及奥斯卡·尼迈耶的建筑作品中。[3] 到了 1944 年，前卫艺术家们的身份转变了。从包罗万

图 11.01 阿尔瓦·阿尔托，萨伊诺萨罗市政府中心，萨伊诺萨罗，芬兰（1948 ~ 1952）

图 11.02 卢西奥·科斯塔，布里斯托大楼细部，里约热内卢（1950）

象的文化理想：对贪婪摄取的欧洲文化以及巴西本土元素的融合转而寻求更加纯粹的巴西特征。首届巴西地域主义会议 [由吉尔贝托·弗雷雷（Gilberto Freire）组织] 等事件在新的背景下开展[4]（图 11.01）。

年轻的"食人者"奥斯卡·尼迈耶因其反对古典及现代普适标准而备受尊重，这是巴西利亚时期之前的奥斯卡·尼迈耶。正如前一章中提到的，在二战期间他与其他巴西建筑师的作品在当代艺术博物馆中展出，并受到观众的喜爱。令人感触最深的是他那与热带地域文化和环境融合在一起的独创手法。1938 年，在教育及公共卫生部大楼的设计中，勒·柯布西耶引入了新的手法——百叶窗，是对于热带气候的地域主义回应。当时与他合作的有卢西奥·科斯塔、奥斯卡·尼迈耶和阿方索·雷迪（图 11.02）。

该项目解放了巴西本土建筑师的思想，使得他们能够追寻"巴西风格"的新定义。勒·柯布西耶并没有给他们解答，他设计百叶窗的初衷并不是希望它成为一个标准答案；这只代表着一种思考方式，代表着一种地域主义手法。与阿尔托相仿，尼迈耶与他同代的建筑师们所采用的地域主义并非是对于殖民风格或是民俗传统的模仿。他们从这些历史痕迹中借鉴的同时又与他们保持着批判的距离，仿佛与那个时代素不相识。在这类风格的建筑中，20 世纪三四十年代阿方索·雷迪、卢西奥·科斯塔以及里诺·利瓦伊的作品最具代表性。莉娜·柏·巴蒂（Lina Bo Bardi）的作品非常耐人寻味，是巴伊亚地域主义运动的一部分。她的建筑代表着全新的起点，将巴西的植物融入墙体中，例如位于巴伊亚萨尔瓦多的沙梅屋（Chame Chame house，1958）。[5] 这座房子围绕着一棵古树，这里曾是过去非洲奴隶的居住地，场地上充满着鹅卵石、植被、贝壳以及陶瓷碎片，引起人们对于过去的回忆（图 11.03）。

另外一个景观设计案例对当时的巴西地域主义建筑以及世界建筑产生了独特的影响，它是建筑师及画家罗伯托·布勒·马克思（1909 ~ 1994）的作品。马克思与卢西奥·科斯塔一起接受了建筑学的教育，并随后与他一起工作。他与尼迈耶合作了数个项目，包括 1942 年的帕普哈综合体，尝试对巴西巴洛克艺术以及巴西舞蹈的灵活与动感进行重新诠释。

帕普哈是一座为上流社会建设的卫星城，位于 1940 年完工的如画风格的人工湖岸，当地的行政长官儒塞利诺·库比契克（Juscelino Kubitschek）邀请当时 30 岁的奥斯卡·尼迈耶设计其中的纪念性建筑。其中一个作品是歌舞厅（1942）。从中明显可以看出尼迈耶再一次受到了勒·柯布西耶“蜿蜒的法则”的影响，拥抱蜿蜒、有机的轮廓（《精确性》，1930 年）。但与此同时，这栋建筑通过韵律与几何学反映了当时巴西文化中更加广阔的地域主义趋势，将身体运动与环境相联系。

帕普哈的这座歌舞厅位于米纳斯吉拉斯，贝洛哈里桑塔是一座桑巴歌舞厅，其自身仿佛同这种典型巴西舞蹈一样摇摆起来。它建成于 1942 年。一年后，阿西西的圣弗朗西斯教堂建成，其性感、起伏的曲线成为尼迈耶

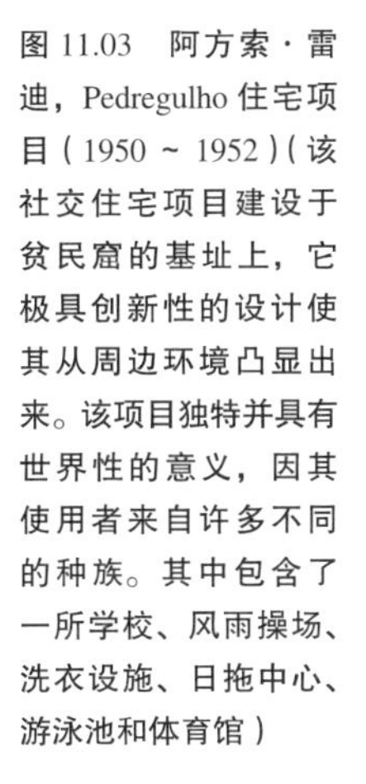

图 11.03　阿方索·雷迪，Pedregulho 住宅项目（1950 ~ 1952）（该社交住宅项目建设于贫民窟的基址上，它极具创新性的设计使其从周边环境凸显出来。该项目独特并具有世界性的意义，因其使用者来自许多不同的种族。其中包含了一所学校、风雨操场、洗衣设施、日拖中心、游泳池和体育馆）

个人风格的标志，并被巴西建筑师争相效仿。1956年，库比契克成了巴西总统，再一次邀请尼迈耶设计更具雄心的巴西利亚，但不论该设计成功与否，都肯定不能纳入地域主义的范畴（图 11.04、图 11.05）。

与20世纪40年代美国对于巴西建筑的热烈欢迎相比，墨西哥建筑并未引起太多的注意。在20世纪30年代，大萧条时期，墨西哥地域主义“壁画家”如霍斯·史奎洛斯（José Siqueiros）、迭戈·里维拉（Diego Rivera）与霍斯·奥罗斯科（José Orozco）在美国非常风靡，但他们的马克思主义倾向或许促使政府减少了对墨西哥艺术家的进一步宣传。

20世纪20年代，墨西哥的教育部长霍斯·巴斯孔塞洛斯·卡尔德隆（José Vasconcelos Calderón，1882 ~ 1959）创立了“壁画运动”，邀请画家们在墨西哥的公共建筑上创作壁画，为墨西哥的广大人民群众构筑起民族及社会身份感。尽管他在文章中表达出将人们融合在一起创造出宇宙种族的愿望，他所发起的文化项目却触发了大量极具创造力的地域主义作品，20世纪70年代，在他的文章的影响下产生了奇卡诺地域主义运动。

1931 ~ 1932年间，胡安·O·戈尔曼（Juan O’Gorman）为迭戈·里维拉和弗里达·卡洛（Frida Kahlo）设计了一座双户的住宅工作室。在基地上，两个方盒子以墨西哥当地的方式被分隔开——仙人掌栅栏，尽管方案借鉴了勒·柯布西耶的欧珍方住宅，但其中鲜活的蓝色、赤褐色以及空间组织都很好地融入到了当地的气候和文化环境中。尽管受到社会主义国际式理念的影响，墨西哥的地域主义运动在战时和战后仍然在强烈的地域主义/民族主义意愿中不断发展。其民族主义立场产生的根源一是对美国发起

图11.04 莉娜·柏·巴蒂，沙梅屋，巴伊亚萨尔瓦多，巴西（1958）（该房屋附近有许多“坎东布雷教”住宅，居住着过去的非洲奴隶。柏·巴蒂设计的房屋覆盖着鹅卵石、植物、贝壳以及陶瓷碎片——唤醒人们对于过去和场地的回忆）

图 11.05　罗伯托·布勒·马克思，Capela da Jaqueira 花园，伯南布哥（1954）

的全球化从未止息的敌意及恐惧，二是对西班牙统治时期在文化、政治上的镇压记忆犹新。由马里奥·帕尼（Mario Pani）规划、超过 110 名艺术家参与设计的墨西哥民族自治大学正是这种民族主义的体现。其中最引人注目的是胡安·O·戈尔曼、古斯塔沃·萨维德拉（Gustavo Saavedra）与胡安·马尔提纳斯·德·贝拉斯科（Juan Martínez de Velasco）设计的中央图书馆（1952）；上有迭戈·里维拉绘制的巨幅壁画的大学体育馆；以及校园中随处可见的壁画。建筑与艺术用这种方式结合在一起，为整个学校赋予了墨西哥的民族特征（图 11.06）。

德国历史学家、流亡艺术家马蒂亚斯·佐列治（Mathías Goeritz）在墨西哥城的生态博物馆是另外一个地域建筑与艺术结合的例子，该项目建成于 1953 年，是 20 世纪最重要但却最被忽视的建筑作品之一。佐列治试图设计一个深深根植于墨西哥环境和文化的实验性博物馆。开幕之时，路易斯·布努埃尔（Luis Buñuel）精心策划了一场表演。这栋建筑借鉴了 O·戈尔曼的里维拉和卡洛住宅中裸露和直白的风格。两个棱柱形的房间通过一个螺旋向上的踏步及高墙围合的庭院相联系，只能看见天空的庭院中，一条 Z 字形的“龙”在地面爬行。建筑的色彩关系以及与天空颜色的对比与约瑟夫·阿尔伯（Joseph Albers）的一幅画作相近，他们都曾于包豪斯任教。对比强烈的色彩同时以一种抽象的方式象征着墨西哥人民简单的生活空间。佐列治的作品对于路易斯·巴拉干（Luis Barragán）建筑风格的转变起了决

图 11.06 奥斯卡·尼迈耶，歌舞厅，帕普哈，贝洛哈里桑塔，米纳斯吉拉斯，巴西（1942）

定性的作用，它们从柯布西耶式的仿品转变为更具盛名的极简主义、浓墨重彩的作品，例如他的自宅、阿普勒达斯（Las Arboledas）和克鲁伯斯（Los Clubes）。不久之后佐列治与巴拉干合作设计了卫星城的纪念碑，以一种非凡的、新奇的方式将墨西哥民居建筑的浓烈色彩与抽象的雕塑形式结合在了一起（1957）（图 11.07）。

毫无疑问的，佐列治、O·戈尔曼以及勒·柯布西耶所进行的地域主义实验可以追溯到 19 世纪下半页英国建筑师对于民居建筑的研究，都是从地域主义民俗文化中汲取的灵感，其范围从当代的乡村民居到"原始艺术"，通过这种方式表达他们的政治立场，用文化的方式表达"人民群众的力量"，与全球主义的国际式风格及其追随者新纪念性相抗衡。

相似的在欧洲，通过新一代地域主义建筑师的努力，转向民居建筑的理念在 20 世纪 50 年代也产生了实践的果实。在 1957 年《建筑师年鉴》中发表的文章《地域主义及现代建筑》中，[6] 詹姆斯·斯特林讽刺地域主义

图 11.07　胡安·O·戈尔曼，墨西哥大学图书馆（1952 ~ 1953）：与古斯塔沃·萨维德拉及胡安·马尔提纳斯·德·贝拉斯科合作设计的陶瓷锦砖饰面

是英国的一项"二流运动"，意图"响应另外一个英国二流建筑运动……新帕拉第奥（Neo- Palladianism）"。他这里提到的新帕拉第奥指的是鲁道夫·威特科尔（Rudolf Wittkower）的《人文时代的建筑法则》（1949，1952）在战后所产生的神秘影响，伴随着 1951 年在米兰举办的首届国际均衡会议（International Congress of Proportion）、第九届米兰三年展以及上一章所提到的，20 世纪 50 年代在美国有着强大势力的国际式风格、"新纪念性"与新历史主义（neo- historicism）。斯特林可能还被英国皇家建筑师学会当年在伦敦进行的关于"比例"的讨论所激怒（1957）。他的观点是"如今"，对他这一代人来说，"巨石阵比克里斯托弗·雷恩先生（Sir Christopher Wren）的作品更加重要"（图 11.08）。

这篇文章看起来像是歌德的地域主义—民族主义论调的升级版。但余下的部分却采用了另外一种语调。"在这个国家"，他写道："技术的衰退，尤其是在建筑和土木工程方面，使得建筑师无法再进行激进的或是科幻小说般的展望。"[7]"新传统主义"回归人们的视野，有经济理论、实用主义观点以及政策的支撑。斯特林认为应更多关注物质需要而非民族主义情结或情感需求，要求欧洲人参与到"对本土以及无名建筑的重新评估"以及"对传统技术及材料的重新评估"中。同时他对于当代艺术博物馆的"意大利建造"展（G·E·基德尔·史密斯策划，1950 年）表示出欣赏，该展览并

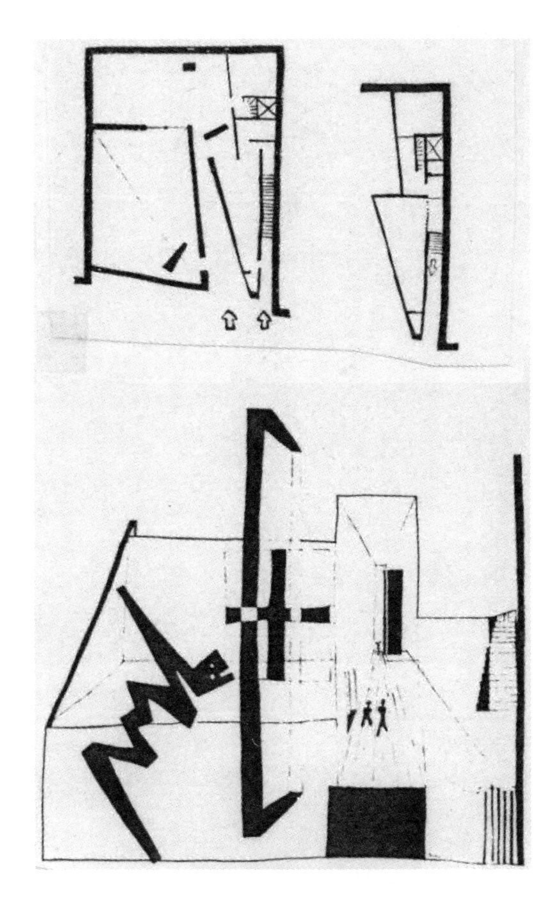

图 11.08　马蒂亚斯·佐列治，生态博物馆草图，墨西哥城（1953）

没有关注文艺复兴或是墨索里尼时期的建筑，采取了地域主义的立场。

该篇文章的结尾重复了芒福德在 1947 年的《纽约客》以及 1948 年当代艺术博物馆举办的会议中提出的观点：现代建筑若被新保守主义（Neoconservative）的浪潮所淹没，将置于危险的境地。为了抵御这种威胁，斯特林在文章中制定出了一种新的地域主义。他的村庄项目（the Village Project，1955）以及普勒斯顿填充住宅（Preston Infill Housing，1957 ~ 1959）正是这种新地域主义的体现。

当时他并未加入任何建筑团体。许多对于地域主义的论题感兴趣的建筑师都与国际建筑师协会相联系，并在学生时期拜读过芒福德的著作。曾与勒·柯布西耶合作，随后成为哈佛大学的一名教授的杰西·索尔坦（Jerzy Soltan）坦言，二战时，他在波兰的集中营中阅读了芒福德的书。[8]

同样被战后反对全球化以及新纪念性的思潮所影响，约翰·伍重（1918 ~ 2000）试图修复地域和自然，他为低收入群体设计了位于埃尔西诺、由国家资助的金戈居住区（Kingo Houses，1956 ~ 1958），此时斯特林尚未

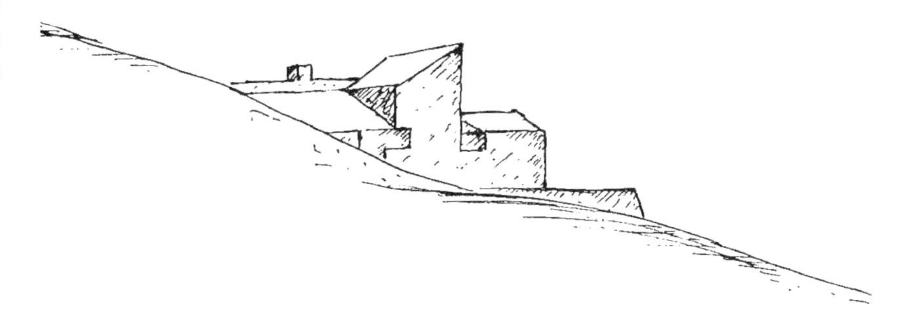

图 11.09　詹姆斯·斯特林绘制的位于风景中构想的民居建筑草图（1957）

开始在莱斯特的设计中工作。伍重师从于斯蒂恩·埃勒·拉斯姆森（Steen Eiler Rasmussen），是一名关注场地及材料的地域主义者，在居住区的设计中他采用了庭院建筑的形式，以保障私密性，同时仔细地处理了庭院的方位，保障最好的景观视野、遮挡大风和阳光。从丹麦乡村住宅中受到启发，这些住宅适应场地的轮廓而排列，并聚集起来形成一个个小社区，图 11.09、图 11.10。

20 世纪 50 年代，许多年轻的欧洲建筑师都以同样的方式进行着实践，为创造更好的现代生活环境而进行探索，并得到了丰富的成果。例如巴塞

图 11.10　约翰·伍重，金戈居住区总平面图，埃尔西诺（1956 ~ 1958）

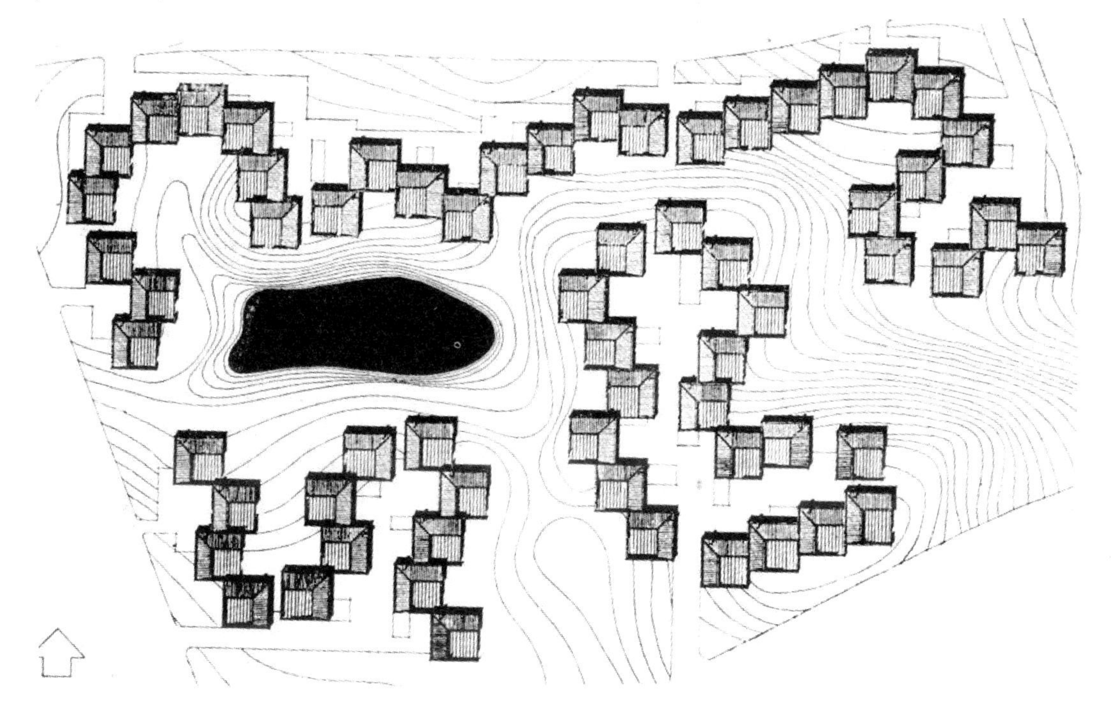

罗那的霍斯·安东尼奥·柯德奇（José Antonio Coderch）与曼纽尔·瓦尔斯（Manuel Valls），在希腊的阿里斯·康斯坦丁尼迪斯（Aris Konstantinidis）。

但这项运动已然覆盖全球。斯里兰卡建筑师明奈特·德席尔瓦（Minnette de Silva）也加入此列。与巴西建筑师莉娜·柏·巴蒂相似，她的作品很少获得来自国外的关注，直到她自费写作并出版了一本专著。[9] 20世纪40年代，德席尔瓦在伦敦的建筑联盟学院（Architectural Association）学习，该校是20世纪四五十年代仅有的对二战后非洲与亚洲建筑进行研究与教育的基地之一。尽管同时期的欧洲地域主义建筑师能够从成熟的欧洲民俗文化资料库中汲取营养，德席尔瓦却只能依赖于她曾经的老师奥托·柯尼斯伯格（Otto Koenigsberger）（二战后最重要的热带地域建筑师之一，他在印度、巴基斯坦、拉丁美洲和新加坡都有作品）。[10] 她的朋友简·德鲁（Jane Drew）与麦斯维尔·弗莱伊（Maxwell Fry）对热带地域进行研究。

20世纪50年代早期，恩克鲁玛（Nkrumah）宣布加纳“永获自由”之前，德鲁和麦斯维尔·弗莱伊在加纳进行工作，到1960年加纳独立之前，他们还曾工作于尼日利亚。在此期间他们出版了数本关于热带建筑的著作，书中社会及文化问题扮演着次要的角色，探讨地域问题时，环境以及微气候被放在首要位置。通过他们的建筑设计以及如今已成经典的《热带建筑》一书，百叶窗 [最先由史达摩·帕帕达奇（Stamo Papadaki）发明、随后被勒·柯布西耶应用并出现在安东尼·雷蒙德的戈尔康德修道所（Golconde Ashram）中[11]] 得以在非洲大陆广泛运用。[12] 然而他们的作品却未能像简·普鲁威（Jean Prouvé）在西非的法国殖民地中所设计的轻便的热带住宅（Maison Tropicale，1949 ~ 1951）一样精巧和实用。这种热带住宅不需要人工制冷，仅仅依靠自然通风，其室内就能够保持比室外更凉爽。曼西亚·迪亚瓦拉（Manthia Diawara）的一部纪录片描述了位于布拉柴维尔的一栋热带住宅被买走、并于2007年以500万美元的价格在佳士得拍卖行（Christie's）再次售出后，其曾经坐落的宅基地的命运。它曾经的主人米雷耶·恩加策（Mireille Ngatse）出演了这部纪录片，并证实了它的被动制冷功能。[13]

德席尔瓦的父亲在1948年后的后殖民政府工作，是锡兰岛（现斯里兰卡）反殖民主义运动的领袖之一。她的母亲是一名早期的锡兰妇女参政论者，为保护传统僧伽罗人的工艺品而大声疾呼。她的妹妹阿尼尔也非常活跃，创立了后殖民主义的杂志《玛格》（Marg）。对德席尔瓦而言，热带建筑需要的不仅仅是对微气候进行控制，它们必须对更宏观的政治及文化问题给予回应。

早在1950年，明奈特·德席尔瓦就意识到了她的职责所在，创造了“热

图 11.11 安东尼·雷蒙德，戈尔康德修道院，本地治里，印度（1936）

带气候中的现代地域建筑”这一短语。关于锡兰岛，她写道：

“与东方许多地区一样，在二战后从维多利亚女王时代与封建制度中脱离出来，接收到西方新的科学技术的影响。现代主义的形式未经消化就被加以运用，与锡兰的传统、与地域都缺乏联系……如今重要的是从现代西方文明中吸收我们所需要的部分，同时学习如何将我们的传统建筑形式传承下去。我们必须理性地思考，发展出本土的当代建筑，同时将传统文化中富有意义和价值的部分保留下来”（图 11.11）。

她继续写道“若要将我们的传统与如今的技术相结合，我们必须检视自己的文化根基，并充分理解它，而后再着手实现文学、音乐、绘画、教育、社会及建筑的创新”。

在她的处女作卡鲁纳拉特纳住宅（1949 ~ 1951）中，她在开放式的客厅里采用了日式的推拉隔扇，“古代日本的建筑特色被借用到现代建筑中”，

LES MAISONS PRÉFABRIQUÉES
A L'EXPOSITION POUR L'ÉQUIPEMENT
DE L'UNION FRANÇAISE

图 11.12　让·普鲁威，热带住宅，首次发表于《今日建筑》1949 年 12 月刊

与传统的斯里兰卡走廊相结合。[14] 她的第二个作品红十字礼堂（1950）中没有任何传统斯里兰卡建筑装饰。她为此辩护道：

“作为一名建筑师，我不愿对已经属于过去的建筑作品进行复制……我相信建筑应该以一种鲜活的方式满足我们的生活需要，适应最适宜、最进步的使用需求，同时继承传统建筑中合理与基本的原则，尽管时间流逝，它们仍然可信……但康提式屋顶的时代已经过去，它是封建时代的封建设计手法的体现”[15]（图 11.12）。

她的作品中也保留了一些传统地域手法，例如在低成本住宅中使用传统的素土夯实技术，与现代建造科技相结合[16]；传统走廊与米杜拉（民居中的花园），将他们与其他地域的现代设计手法或发现相结合，这种方式被她称作“跨地域主义”。

在科伦坡的森纳那亚克公寓（1954 ~ 1957）中，她采用了勒·柯布西耶的居住单元（Unité d’Habitation）、底层架空和屋顶花园以加大空气流通与循环，同时沿用了该地区的外走廊和米杜拉。

在她的《低成本住宅研究》（*Cost Effective Housing Studies*，1954 ~ 1955）中，她写道：“我们必须重新思考在拥挤的城镇中如何才能舒适的生活……我们已不再拥有战前那宽广的花园以及无边的柱廊。”随后她提问道：

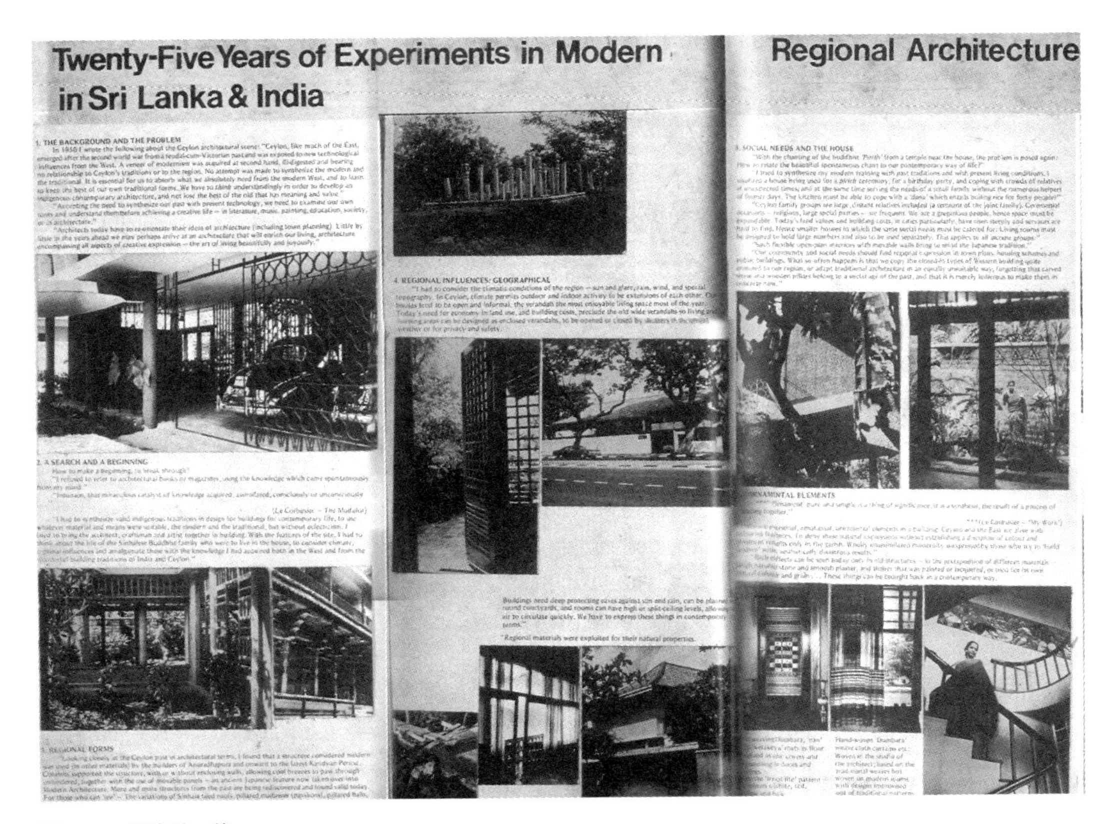

Twenty-Five Years of Experiments in Modern Regional Architecture in Sri Lanka & India

1. THE BACKGROUND AND THE PROBLEM

2. A SEARCH AND A BEGINNING

3. REGIONAL FORMS

4. REGIONAL INFLUENCES: GEOGRAPHICAL

5. SOCIAL NEEDS AND THE HOUSE

ORNAMENTAL ELEMENTS

图 11.13　明奈特·德席尔瓦，其《现代地域建筑》中的文章

“我们怎样才能在狭小、受限的场地上创造出舒适的空间氛围？”“我将房间内的通风作为首要问题之一，通过楼层之间的空隙、米杜拉以及位于平面中间的楼梯井来解决”，使得气流“能够在住房的水平、垂直方向流通，在小型城镇住宅中往往不能实现这一点”（图 11.13）。

劳里·贝克（Laurie Baker）以及查尔斯·科里亚（Charles Correa）也关注着相似的地域问题，但他们每个人都有着不同的研究方向。劳里·贝克（1917 ~ 2007）多数时间在印度的喀拉拉邦进行建筑实践。受到甘地的激励，他献身于地域主义，采用传统民居形式并且避免对于材料的过度加工以及浪费。他巧妙地运用了多孔砖构成的幕墙系统，保证空气流通并散射阳光，并经常使用再生材料。与其实现将方案设计好，他更偏好于在建造的过程中构思设计，沉浸于独一无二的场地中。[17]

查尔斯·科里亚因其大师之作，位于尚格拉哈拉亚（Shangrahalaya）的甘地纪念馆而闻名，在他的职业生涯中，对于传统建筑的借鉴几乎贯穿始终，并不断尝试以不同的方式将传统融入他的设计中。20 世纪 60 年代，他沉寂了一段时间，尝试以独创的方式对当代技术进行运用，从而设计出能

图 11.14 明奈特·德席尔瓦，森纳那亚克公寓，格雷戈里路，科伦坡，斯里兰卡（1954 ~ 1957）

完美适应印度热带气候的作品。例如在 1961 年德里工业博览会的斯坦利华展览馆中，他采用了一种随意“折叠”的钢筋混凝土结构，现场进行浇筑，并在顶端开口使热空气流出，通过对流使室内温度降低——是对印度一些地区传统风斗结构独具匠心的改良。他将同样的理念运用到了艾哈迈德巴德的管状住宅或称罗摩克里希那住宅（Ramkrishna House）（1962 ~ 1964）中，同时跨越了国界，运用在秘鲁利马由联合国资助的低成本住宅综合体（1969）中。[18]

1956 年的新一代

在欧洲，许多年轻的地域主义建筑师都被 CIAM 所吸引，尽管该组织的多数元老，除了勒·柯布西耶以外，都逐渐与战后世界的现实脱节。这些年轻建筑师在 1956 年，战后第十次 CIAM 会议于杜布罗夫尼克举办之时，召开了一个地下会议（也称小组十会议），准备于 1959 年在荷兰奥特洛的 CIAM 会议中接管这个组织。这将会成为 CIAM 的最后一次会议。尽管他们称自己为“小组十”，实际上代表的是反抗 CIAM 的建筑师群体。勒·柯布西耶致信给他们，在其中称他们为“1956 年的新一代”。地域主义问题正是这一代人的主要关注点之一。

与勒·柯布西耶的“洛克和罗伯”、阿尔托的萨伊诺萨罗市政府中心以及尼迈耶的帕普哈一致，新一代的地域主义建筑师并不试图回归战前局限于民族主义及种族主义形式的地域主义定义，与之诱惑性的唯情主义（Emotionalism）和虚假的场景保持着批判的距离。他们试图抵御战后主流

图 11.15　查尔斯·科里亚，印度斯坦利华公司展览馆研究模型，新德里（1961）

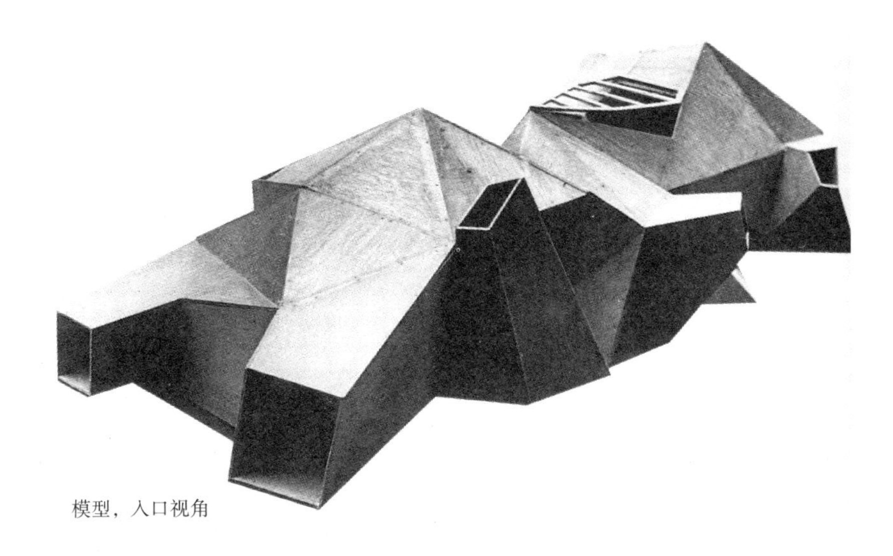

模型，入口视角

建筑师所倡导的普适的、集权的设计模式在全球化过程中的破坏力，呼吁尊重环境、文化遗产以及人类社区的价值。

这一点体现在卢多维克·夸罗尼（Ludovico Quaroni）在意大利南部靠近马泰拉的马尔泰拉设计的住宅［他是为意大利国家保障协会（INA）的公共住房项目服务的建筑师之一，该项目由美国经济合作署（American Economic Cooperation Administration）资助，帮助欧洲进行战后重建］以及詹卡洛·德卡罗（Giancarlo de Carlo）在马泰拉的斯皮那比安科所设计的商铺及公寓中。

夸罗尼和德卡罗都参与了意大利战后的一场文化运动，其参与者还包括马里奥·里多尔菲（Mario Ridolfi）与卡洛·艾莫尼诺（Carlo Aymonino）。法西斯统治的 20 年里，推行充满幻觉与暴力的纪念碑式文化，采用“后罗马”的纪念手法以体现其“帝国式风格”，这样的环境使得他们进一步明确了自己的立场。与之相对，他们赞同反纪念性的文化，赞同建立充满关爱的、回归“真实”的社会，关注在战后的废墟和贫困中意大利的日常生活。大量反对法西斯的意大利学者，尤其是文学和电影领域的学者们，都参与到这场“新现实主义”运动中。他们很少使用“地域主义”一词，但新现实主义的概念中包含了对意大利人民特定需求和愿望的认可、对他们自然和社会环境的理解，也就是说关注他们所处地区的现实状况。同时他们与地中海民居建筑及其“地中海主义”（Mediterranismo，一些亲墨索里尼的建筑师提出的运动）保持着适当的距离（图 11.15）。

但其中的现实主义概念并不那么清晰。仔细观察夸罗尼位于马尔泰拉

图 11.16　詹卡洛·德卡罗，马泰拉住宅项目，意大利（1957 ~ 1958）

的提布替洛项目（The Tiburtino project）图纸时，我们发现一幅现代生活的图景，与此同时其内部空间与弗朗哥时期重建废墟的愿景相似，对于教堂和牧师主导的地方教会中心来说并不十分适宜；效果图近处几个抽着烟的“英国”旅客显得非常另类。

相反的，德卡罗在 1959 年 CIAM 会议上所展示的项目在“从当地的建筑背景出发”的同时尊重了“当地人的生活习惯”，还考虑到“人们搬迁”到以过去的方式设计的新住所中“觉得并不舒适”。他的项目随后引发了一场辩论，因其使用了地域主义“如画”元素，如悬挑屋顶，与当地农民住宅的结构相似。但德卡罗独具匠心地将这些熟悉的元素以一种“陌生”的方式呈现出来；正如柯布西耶、阿尔托、尼迈耶或布勒·马克思一样，地域元素的使用并不是为了创造回到过去的幻觉，而是为了形成能适应于现在与未来的新方法。除此之外，用德卡罗的话来说，将传统地域元素容纳在现代技术和文化框架中是为了给予“人们……罗杰斯的建筑对人权的觉悟……抗拒他们目前缺乏权利的状况”。德卡罗通过他的建筑实践成功地对二战后的社会现实中地域主义应当扮演的角色进行了重新定义（图 11.16）。

在 1959 年 CIAM 会议中展示的另外一个意大利项目更加模棱两可：欧内斯托·南森·罗杰斯（Ernesto Nathan Rogers）的维拉斯加塔楼（1950 ~ 1958）。与当时米兰城的另外一座主流现代建筑，吉奥·蓬蒂的倍耐力塔楼针锋相对，罗杰斯的建筑试图代表意大利当代建筑的特征及趋势。

他用阿尔瓦·阿尔托初见塔楼时的赞叹来捍卫自己的立场:“它可谓极具米兰特色。”罗杰斯认为他的这栋建筑是:

“米兰市中心的一栋摩天楼，距离大教堂仅仅500米远……我们认为有必要让它吐露当地的气息……现代建筑的创始人们采取的是反对历史的态度。但是……我们有必要以一种崭新的态度看待历史。”

他将这种全新的态度称为“延续性”。格哈德·考尔曼(Gerhard Kallman)在1958年2月的《建筑论坛》中写道:“这不是一栋可以任意放置、自说自话的建筑，而是充满勇气的创作，提醒人们被忽视的艺术领域:将现在建筑融入历史肌理。”

维拉斯加塔楼的背后是罗杰斯在全球化现代化的过程中另辟蹊径，发展出的一整套理论。在《住宅美化》杂志(Casabella)发表的《面对传统，我们的责任》(1954年8月)中,他攻击了教条主义以及“新田园民粹主义”(Neo- Arcadian populism)，认为他们“就算不是虚伪或彻头彻尾的煽动和欺骗，也是在抱残守缺”，这两种趋势实际上都因缺乏对现实的考虑、缺乏以

图11.17　欧内斯托·罗杰斯和BBRP，维拉斯加塔楼,米兰(1950～1958)

社会责任为出发点解决当今建筑问题的方法感而站在反对现代化的立场上。罗杰斯随后在同样发表在《住宅美化》的《既有环境与当代建筑实践的内涵》（1955年2月）中再一次攻击了从“所谓的现代”建筑“僵化的”、“先验思维”中产生的“自治的幻想”。他呼吁“现代运动的扩容”，忠实于功能主义最初的设想，呼吁建筑在创新的同时将“环境”纳入考虑范围。这里的“环境”与芒福德的论点相仿，不仅是项目真实所处的自然环境，还是“文化”环境，“历史背景”。“考量环境意味着研究历史”（图11.17）。

另外一个对历史和传统民居元素用批判的方式进行应用，而不是模仿或是拼凑的案例是古巴哈瓦那的造型艺术学院(1961 ~ 1965)。1960年1月，菲德尔·卡斯特罗（Fidel Castro）推翻巴蒂斯塔的统治两年后，[19]决定利用废弃的哈瓦那乡村俱乐部基地建造一个服务于古巴人民的艺术与文化中心。该项目包括一系列国家艺术学院：现代舞学院、造型艺术学院、音乐学院和芭蕾学院。受到良好的建筑教育、游历经验丰富的革命者，年轻古巴建筑师里卡多·保罗（Ricardo Porro）设计了该项目的一期建筑。[20]保罗在他的建筑中运用了砖瓦构成的加泰罗尼亚拱顶结构。这一做法正面回应了当时主流的美国国际式风格建筑，并与其他共产主义国家的建筑形成对比。

图11.18　里卡多·保罗，国家艺术学院，哈瓦那，古巴（1961 ~ 1965）

然而与此同时，又极大地代表了 1956 年的新一代的地域主义灵魂。与德卡罗在马泰拉的项目相一致，卡斯特罗将材料的选择、空间的几何结构视做“(人们) 感知权利的宣言……抗拒他们目前缺乏权利的状况”，是对于古巴精神的赞扬，是西班牙殖民地形式与本土古巴黑人形式的综合，让人联想起尼迈耶与布勒·马克思采用地域元素对“巴西风格”进行探索和重新定义的手法。保罗通过曲线探索着女性特征在建筑中的表达,形似阴道的走廊、像乳房的圆屋顶以及场地中的番木瓜树、位于中心的阳具喷泉与尼迈耶在帕普哈歌舞厅中带有性别色彩的几何形状有异曲同工之处。这种变化似乎预示了保罗不久之后的选择,1966 年,他逃离了祖国。法国为他提供了居所。但在 2001 年，古巴政府委托他回到古巴，对该建筑进行修复。

“1956 年的新一代”建筑师中的一些人，如德卡罗，急于在地区现实状

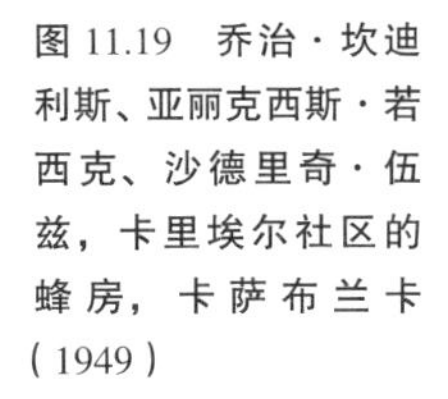

图 11.19　乔治·坎迪利斯、亚丽克西斯·若西克、沙德里奇·伍兹，卡里埃尔社区的蜂房，卡萨布兰卡 (1949)

况中进行设计的同时又对民居建筑毫无兴趣。与之相似的有乔治·坎迪利斯（George Candilis）、亚丽克西斯·若西克（Alexis Josic）与沙德里奇·伍兹（Shadrach Woods），他们曾在马赛公寓的设计和建造阶段为柯布西耶工作过，后于1955年成立了事务所，并面临在北非为“大量人口”设计住宅的实际任务，但他们也未曾对民居建筑有所借鉴。

然而在1949年，若西克、坎迪利斯与伍兹加入ATBAT（the Atelier des Bâtisseurs，建设者工作室）设计卡里埃尔社区的蜂房 [‘Nids d’abeille’（beehives）in the Quartier des Carrières]。考虑到当地气候环境的限制以及卡萨布兰卡无家可归的人们的生活方式，他们设计出一种新型社区形式，将密度非常高的卡斯巴平面与高层建筑、工业化生产的楼板相结合。并试图通过这种方式创造出地中海天井，营造出围合的空中露台，但这种构思最终是徒劳无益的（图11.18、图11.19）。

为了加强设计中的社区氛围，坎迪利斯、若西克与伍兹对当时北美最高水平的形式主义建筑师让·弗朗索瓦·泽瓦克（Jean- François Zevaco）（法国-摩洛哥裔建筑师，曾在巴黎美术学院接受教育，1947年起在卡萨布兰卡进行实践）的作品做出了回应。泽瓦克相信艺术的综合性，他的作品试图从利奥泰以及普罗斯特时期对于环境及文化地域性的肤浅的、殖民风格的解读中脱离开来。[21] 其设计作品——Tit Mellil再教育中心、马拉喀什的服务站都有着雕刻般的形体且非常上镜，诠释着摩洛哥沙漠景观中的光线和形体。但除去强烈的视觉效果外，这些建筑与其所处地区的关系并不大（图11.20）。

图11.20 让·弗朗索瓦·泽瓦克，马拉喀什的服务站（1950）

坎迪利斯、若西克与伍兹试图摆脱20世纪30年代起西格弗里德·吉迪恩所宣传的建筑作为“造型艺术”的概念，以原创的方案抵制形式主义。在对增强社交氛围的“建筑空间”进行重新定义和探索之时，他们遵循的是法国城市地理学者雄巴尔·德劳维（Chombart de Lauwe）的理念，德劳维曾就“城市生态学”进行大量的研究与写作，扩展了吉劳德·索拉维（Giraud- Soulavie）与维达尔·白兰士（Paul Vidal de la Blahe）的理论。该团队中的理论家伍兹发展并诠释了茎干理念，发表在1961年第三期的《蓝方》（Carre Bleu）杂志（由安德烈·施梅林创立的小众评论杂志，为宣传“1956年的新一代”建筑师的反形式主义理念发挥了极大的作用）上。[22]

伍兹称，除“空间”以外，“茎干”系统还能够捕捉“时间”、“运动”以及“人的互动”，这三者共同构成了建筑和城市的实质，并维持着人类社区的运行。他试图通过事务所的一项真实项目——图卢兹一莱·米雷尔新城来证实该理论的可行性。伍兹发表了他为乍得的拉密堡（Fort Lamy）所做的规划，一个基于茎干理论的新社区，将欧洲殖民住所和密集的非洲卡斯巴混合在一起，希望建筑能够引发这两种人群之间的互动。但这一切并

图11.21　沙德里奇·伍兹，拉密堡扩建规划，乍得（1962），在欧洲殖民住所与非洲卡斯巴之间

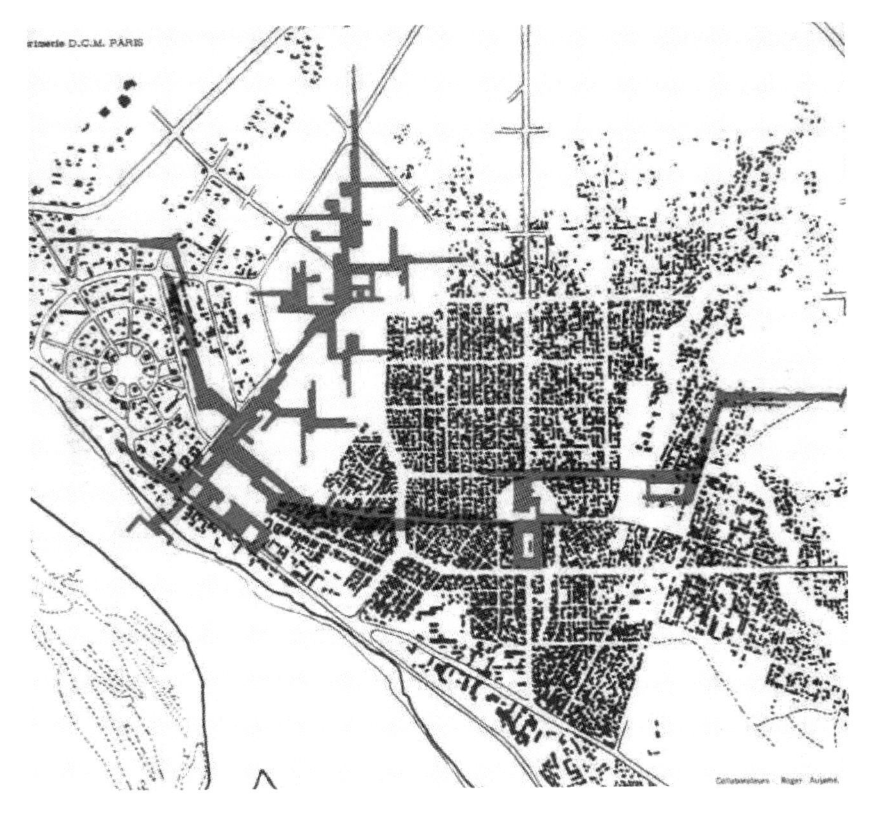

没有发生。伍兹与小组十中的许多成员以及过去的许多建筑师一样，深受环境决定论之害：未经试验就一厢情愿地认为，环境肯定能够控制人的行为。

出生于尼日利亚的 Oluwole Olumuyiwa 与伍兹有着同样的理想，他于 20 世纪 50 年代在英格兰接受教育，后为小组十成员史密森夫妇与雅克布·巴克马工作，在拉各斯设计了一个文化中心，其中包含着数座高低不一的建筑，通过人行步道的“茎干”网络连接在一起。显然，小组十关于流线系统社交作用的理论在国际上产生了广泛的影响，地域主义的定义被拓展，不仅仅致力于微气候的改善，同时涉及交流沟通与社区的概念[23]（图 11.21）。

上述项目的基地位于曾经的殖民地。锡兰（现斯里兰卡）在 1947 年独立；中印半岛的法国殖民统治终结于 1954 年；1956 年，摩洛哥获得了独立，随后在 1960 年和 1962 年，尼日利亚和阿尔及利亚分别获得独立；1963 年，新加坡宣布独立；1964 年 12 月，切·格瓦拉在联合国发表演讲，宣称“殖民主义结束的倒计时已经开始……上百万人民……起立迎接新的生活和需求……以及自治”。

后殖民国家的情况各不相同，他们对于建筑的需求自然也千差万别。大多数曾经的殖民地都位于热带或亚热带地区，即维特鲁威所称地面对着日常环境问题的“地区”，正如我们所见，这里的建筑师们发展出了他们的地域主义策略，即通过借鉴本土民居先例来控制微气候。

新加坡是个例外。它采取了截然不同的道路。它的开国总理李光耀曾宣称空调是 20 世纪最伟大的发明。[24] 这附和了芒福德在 1931 年所说的“在某些情况下，比如办公室中，机械空调可能是大自然有力的助手”。[25] 李光耀对于新加坡的发展有着清晰的规划，通过先进的科技客服热带环境的不便，将它打造为富足的、全球化的现代花园城市。与他的目标相一致，在新加坡宣布独立的十年后，郑庆顺和威廉·利姆（William Lim）设计了黄金坊，或称和合坊（1973），[26] 是二战后、后殖民时期最雄心勃勃且最具原创性的项目之一，在它之前还有一个同样大规模的开发项目，同样由他们设计的新加坡的珍珠坊大厦（1967 ~ 1970）。

黄金坊和珍珠坊项目都容易被误解为强加于地区环境和生活方式之上的激进的大型建筑物。但实际上，他们却都是耐心研究的结果，为了探索出适应新首都自然环境和社会背景的方案。与该地传统城市聚落一样，这两个项目都是多用途的住宅与商业中心组成的综合体，允许人们不用进行通勤即可到达工作岗位，同时又可享受家庭生活与休闲娱乐。这种高密度的组织方式同时包含着生态方面的考虑：在寸土寸金的新加坡“保护了农耕

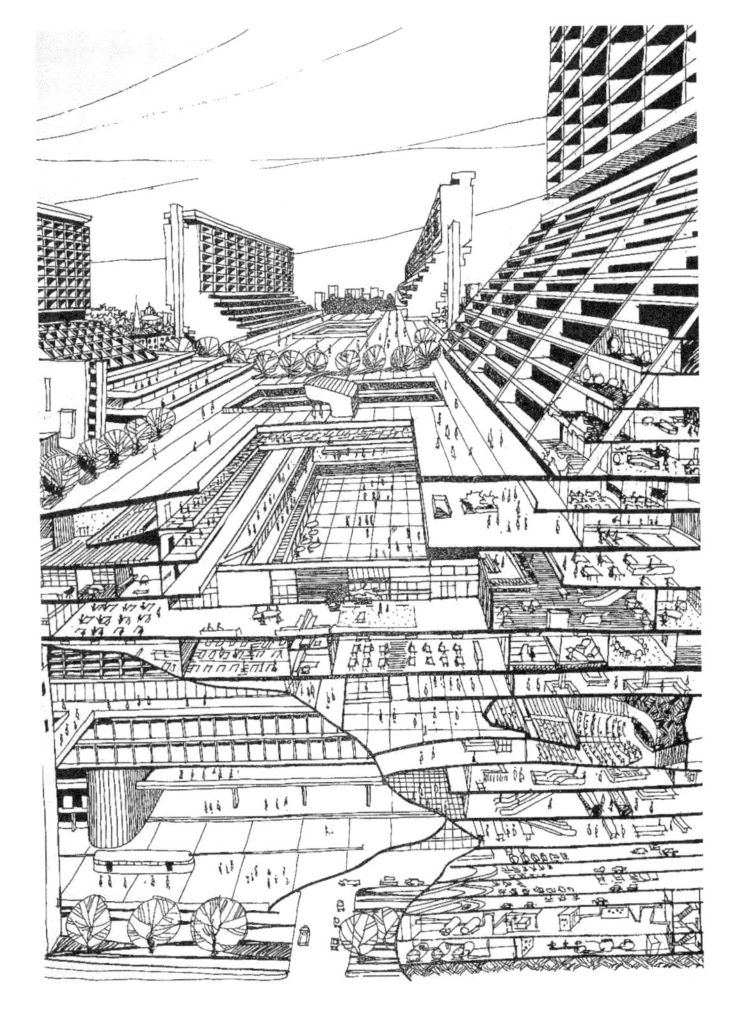

图 11.22　郑庆顺和威廉·利姆，黄金坊综合体剖透视，新加坡（1972）

地”。在黄金坊中，住宅塔楼为能够捕捉海风、减少对空调系统的依赖而设计。从路易斯·康 1953 年的作品、小组十、或许还包括诺伊特拉的急速城市（Rush City Reformed）概念中汲取了营养，流线的组织生成了该方案的平面。[27] 黄金坊的流线生成了独特的都市风光，形成了相互连通、凉爽的内部空间以及有顶棚的户外城市空间（以期能够作为捷运、公交站点或者活动平台使用）。“（在建筑的交通系统和平面设计中）引入高度和……时间的……四维的规划……应取代在水平面上进行的二维规划”，郑庆顺坚持这一观点。[28] “真正的城市是拥挤的——这种拥挤并非来自车辆，而是来自被不同活动聚集在一起的人们”。[29] 他引用了刘易斯·芒福德的观点，说道他心目中的城市理想是在城市中“工作和休闲、理论和实践、个人生活和公共活动和谐地相互影响、相互作用……不同类型的生活相互交织。不会有任何一个阶段被隔离、被独占、被分散"[30]（图 11.22）。

与新加坡的混合式经济及强有力的规划手段、在全球化与地域主义需求之间寻求平衡的策略相比，二战后的希腊走上了截然不同的发展道路，向全球化的力量敞开，允许城市混乱、随心所欲地发展。很快，正如前文所提及的希尔顿大酒店的建成带来的影响，希腊的历史都城雅典的文化、政治、生态环境都处于威胁之中。

日本建筑师黑川纪章（1934 ~ 2007）指出了对雅典卫城与费洛帕波斯山的路径进行修缮的重要性，并将之作为一个示范项目（1953 ~ 1957），竭力传达出 1956 年的新一代建筑师在地域背景下关于过程、运动与互动的概念。[31] 迪米特里·皮吉奥尼斯（Dimitri Pikionis）是这条路径的设计师，他出生于 1887 年，在 19 世纪末求学于慕尼黑和巴黎，在该项目之前作品甚少。但此时，他深切明白自己正进行着具有国际影响力的批判性设计，将对盲目全球化造成的破坏做出评论。

从幼年攀爬比雷埃夫斯位于海边的山坡起，皮吉奥尼斯就对景观中的运动现象学产生了浓厚的兴趣。同时出于对希腊传统民居建筑的着迷，他研习了希腊景观中人行步道的设计。20 世纪 30 年代，通过对比研究卫城平面与阿提卡景观，他开始逐步发展出将几何及道路表面与地区环境相联系的理论。为与卢梭《孤独散步者的遐思》相呼应，[32] 皮吉奥尼斯使用了"感性地形学"（sentimental topography）一词来描述他的理论系统。

埃里希·门德尔松（Erich Mendelsohn）在 1931 年 5 月的《柏林日报》中发表了一篇文章，探讨了同样的问题。当时在皮吉奥尼斯的导览下，门德尔松参观了雅典卫城。不久之后，在柏林机械运动中门德尔松设计了位于以色列雷霍博特的威茨曼住宅（1936 ~ 1937），其中一条迂回盘旋到山顶的路径与皮吉奥尼斯为帕提农神庙提出的提案非常相近，随后皮吉奥尼斯的方案被应用到了费洛帕波斯山。

除了对图案以及民间艺术和建筑元素的大量运用，皮吉奥尼斯还坚信这条路径不是在创造感性的地域主义场景，而是针对当时正在破坏生态、历史景观和人类社区的希腊全球化进程的具有技术与"美感"的批判性回应。他感觉这个方案"读懂了人们天真的情怀并领会到他们准确的判断"[33] 同时又对后世所称的"地景艺术"（land art）进行了充足的思考（图 11.23）。

与此同时，以色列地域主义建筑师、规划师中的代表人物阿图尔·格里克森（Artur Glikson）正努力将地域主义原则应用于当时正飞速发展的以色列。他参观了这条路径，在其中发掘出"社区身份"的认同感，[34] 并认为这个项目是本顿·麦克凯耶著名的阿帕拉契山径的翻版。[35]1960 年，皮

图 11.23　迪米特里·皮吉奥尼斯，费洛帕波斯山路径一隅，雅典（1953 ~ 1957）

吉奥尼斯带领芒福德参观了这条路径，芒福德即刻感受到该作品的价值，并将之记载在他的杰作《城市发展史》（The City in History）中。但最终是“新陈代谢派”先锋建筑师黑川纪章的一篇文章激发了年轻建筑师对这条路径的关注。

意料之中，黑川是丹下健三的学生，也是丹下身边形成的“新陈代谢派”的成员之一，他深深沉浸于运动和“进程”中，并赞同小组十的理论。丹下健三曾参与 1959 年在奥特洛举办的 CIAM 会议，展示了他 1956 年的作品香川县厅舍（图 11.24）。欧内斯托·罗杰斯对于该作品非常欢迎，丹下健三的回应则十分谨慎，反对任何对作品中地域元素的误读。“我不接受全盘地域主义的概念”，他坚称，并补充道“传统能够通过客服其自身的缺点而不断发展，地域主义也应如此”，这正是批判性地域主义的定义：即是，不断自省与反思的地域主义。

远远在此之前，甚至可以追溯到 19 世纪末，一代代的日本人也包括建筑师就开始追寻什么能够真正代表“日本”以及日本建筑的本质特征。明

图 11.24 丹下健三，香川县市政厅，日本（1955 ~ 1958）

治维新时期日本现代文学的杰作《我是猫》（I Am a Cat）（1905 ~ 1906）可以反映出当时日本的困惑，书中描写了日本人（猫）与西方人相遇（人类），却无法与他们沟通。故事以人类杀死了猫的悲惨结局收尾。

19 世纪末，西方建筑在日本国内占据了主导地位，直到 1893 年芝加哥哥伦比亚世界博览会中，一个日本凤凰堂的复制品（the O-Ho-Den Pavilion）获得了成功，日本人才知道他们的建筑在国外也具有感染力。

20 世纪 20 年代末期到 20 世纪 30 年代，日本建筑师不断尝试并主张在建筑中体现地域主义特征，这些尝试与当时法国和德国的生态人类学者关于地域主义以及民族认同的研究不无联系。今和次郎（Wajiro Kon）的《现代研究》（Modernology）（1930）一书中精彩的研究和论述 [37] 正是对日本城市环境进行的调研与探索。他们的首次尝试即是所谓的帝冠（日音 teikan）风格，设计出一种传统日式屋顶，以一种乌鸦喜欢的方式覆盖着一个低层的现代功能建筑，如 1937 年，渡边淳弥（Jun Watanabe）设计的东京帝国博物馆。许多建筑师为这个体现着日本帝国民族精神的纪念性建筑提供了方案。1926 年，堀口舍己（Sutemi Horiguchi）设计了一栋住宅，装饰艺术结构之上覆盖着典型乡村茶社的拱形茅草屋顶。[38] 来自德国的包豪斯建筑师布鲁诺·陶特（Bruno Taut）为了远离纳粹，在 1933 年来到了日本，在 20 世纪对日本地域主义建筑的塑造产生了不可估量的影响。作为日本人眼中的国际专家，他挑选出了极简主义的帝国时期建筑桂离宫和伊势神宫作为典型。在此之后产生了一系列将日本元素与现代建筑进行拼贴的不合时宜的案例，如 1934 年堀口设计的冈田住宅，其有着日式的屋顶，但一半是桂离宫的仿制品，一半是西方住宅。1932 ~ 1933 年间的富士山宅邸实际上是两座建筑，一座是都铎复兴风格的石砌建筑，有着半木质的山墙和石雕装饰；另一座则是 1893 年凤凰堂的复制品。山田守（Mamoru Yamada）位于东京的 T 住宅（1931 ~ 1932）则是用更大的现代住宅将场地上已有的传统日式住宅包裹起来。安东尼·雷蒙德（捷克 - 美国裔建筑师,居住在日本）设计，位于长野县的度假住宅，将柯布西耶的埃拉苏里斯住宅中的蝴蝶屋顶（源自智利的地域建筑）与日式农舍相结合。[39] 丹下健三曾经的助手矶崎新认为，丹下对于日本的定义最令人信服，克服了日本与西方建筑元素在融合过程中产生的冲突。[40]

1949 ~ 1955 年通过广岛和平纪念公园的设计，丹下健三实现了这一目标。在这个案例中如矶崎新所说，丹下使用了“底层架空、屋顶平台、流动空间、暴露的结构以及完全通透”的手法。设计成果“同时借鉴了日本传统建筑——凤凰堂的平面与桂离宫的柱网比例，它们都无可挑剔”。[41]

20 世纪 60 年代，丹下健三的作品中，地域主义主题扮演着主导作用。例如代代木国立综合体育馆（1961 ~ 1964）以其巨大的跨度、高科技的屋顶结构令人联想起奈良东大寺的宏伟大厅；巨型结构附着在脊椎骨状的交通系统上又使人回忆起传统日式屋顶。但在尝试重构现代与民族身份的新陈代谢派看来，丹下作品中最具特色、并渗透到他们的作品中的地域主义元素是“运动”和“进程”，他们认为这两点深深根植于日本的身份。基于这一点，在所有非日本籍建筑师中，他们当时最敬仰的是路易斯·康（且不说小组十，其成员也崇拜着他）。既然如此，日本建筑师所认同的是康 1959 年在奥特洛的演讲中关于运动和流线的理论。

第十二章

地域主义在当下

于1959年举办的奥特洛会议邀请了路易斯·康（Louis Kahn）进行专题演讲。康展示了他在位于费城的宾夕法尼亚大学中所设计的理查德实验室。这场漫长而又充满诗意的演讲涉及了很多方面，但集中于“活动”以及形式创造，与小组十成员的研究重心相吻合，他们将活动视为能够解决“大量人口”以及地域主义问题的突破口之一。国际主义仍然是他们的敌人。此外，温德尔·H·洛维特（Wendell H. Lovett）展示了一个精心设计却空洞的主流“国际主义”项目，引起了失意的“1956年的新一代”的敌对情绪。

同一时期在美国建筑领域还有另一项规模小但非常重要的运动，其关注的问题与奥特洛会议的参与者们基本一致。保罗·鲁道夫（Paul Rudolph），本应成为这项运动的领导者，在当时全神贯注于自身的职业生涯。爱德华·拉腊比·巴恩斯（Edward Larrabee Barnes）在战后作为亨利·德雷福斯的一名助手设计了大批量住宅的原型，与20世纪50年代在美国盛行的折衷主义保持着距离，并转向新英格兰的民居先例。[1]1964年3月，在耶鲁举行的一场演讲中，巴恩斯论及“建筑与环境相和谐”，其中包含着“色彩、规模和气氛”，每栋建筑因此“成了整个发展进程的一部分，而不是自成一体”。作为案例，他展示了位于缅因州鹿岛的干草堆山工艺美术学院（1959 ~ 1961）（图12.01），这是一些小建筑组成的建筑群，由木质平台相联系，仿佛是瓦屋面覆盖的“缅因州渔村”，美妙的海景尽收眼底。位于坡顶下的体量与美国村舍相类似，唤起了美国19世纪著名的雕塑家和散文家霍雷肖·格里诺（Horatio Greenough）那严格主义的理想，它们融入环境的同时使得参观者从芒福德和亨利·梭罗的观点反思与自然共生的重要性。

干草堆山工艺美术学院不仅是个教育机构，还是先进艺术工作者的社区，其目的，用玻西瓦尔（Percival）以及保罗·古德曼（Paul Goodman）的话来说，是为了“让这些被社区生活深深激励的人们来影响社会”。

和巴恩斯的项目类似，由摩尔、林登、特恩布尔、惠特尔 [Moore，Lyndon，Turnbull，Whitaker（MLTW）] 以及劳伦斯·哈尔普林（Lawrence

图 12.01　爱德华·拉腊比·巴恩斯，干草堆山工艺美术学院，鹿岛，缅因州（1959 ~ 1961）

Halprin，1963 ~ 1965）所设计的海边牧场也是在这种批判性地域主义的框架下进行的（图 12.02）。用哈尔普林的话来说，海边牧场渴望成为与自然地貌和谐共生的“有机社区”。在最初的设计中,每层平面都具有场地的“本土特性”，类似于当地谷仓和羊舍的普遍做法，由围栏联系起来的住宅从草甸升起，逐渐到达为防风而建的绿篱的高度。哈尔普林写道，这样做是为了保护海岸线以及沙滩，“海边牧场……成为自然环境与人类住区紧密联系并和谐共生的场所”。

1964 年，海边牧场接近完工之时，在纽约 MOMA 举办的“没有建筑师的建筑”展览开幕。在维也纳接受教育、最后定居于美国的建筑评论家及旅行者伯纳德·鲁道夫斯基（Bernard Rudofsky）举办了这场展览，对世界各地丰富的民居建筑进行展示。

但鲁道夫斯基的展览并没有为MoMA或者地域主义运动翻开新的篇章。不久之后，法国的五月革命及包括美国在内的世界其他地区的起义运动将年轻建筑师的目光吸引到了地域主义上，但他们仅仅是出于悲悯的情怀而并未将地域主义视为优先选择。到了 20 世纪 70 年代，他们又被后现代主义所掌控，这项运动对于地域主义同样不予关注。

但 20 世纪 70 年代大量建造的后现代建筑物所显示出的空虚乏味以及蓬勃发展的全球化浪潮使得一批年轻建筑师于 20 世纪 80 年代伊始重新回归地域主义的议题。这种趋势与当时对西班牙建筑的大量“重新发掘”不谋而合，在此之前由于弗朗哥孤立主义的法西斯政权，西班牙建筑几乎无人知晓。

图 12.02 查理斯·摩尔、多林·林登、小威廉·特恩布尔、理查德·惠特尔、劳伦斯·哈尔普林，海边牧场，大苏尔，加州（1963 ~ 1965）

图 12.03 安东尼奥·高迪，“小学校”屋顶，紧邻圣家族大教堂，巴塞罗那（1936）

图 12.04　路易·多梅内克·蒙塔内尔，圣克鲁斯堡罗医院展示馆（1908）

正如我们所看到的，地域主义在西班牙有着很深的根基，如加泰罗尼亚的文艺复兴现代主义中的复兴趋势，亦如弗朗哥“满目疮痍的地区”项目中的退化。弗朗哥在西班牙施行了民族地域主义建筑，与 20 世纪 30 年代末德国的家园运动以及法国的维希地域主义政策相一致。在这高度受限的理想主义框架中也产生了高质量的作品，例如何塞·路易斯·费尔南德斯德尔阿莫（José Luis Fernández del Amo）所设计的倍加维亚纳村（1954 ~ 1958）（图 12.02 ~ 图 12.04）。

在 20 世纪 70 年代中期，情况有了根本的改变：[2] 例如，被放逐的建筑师何塞普·圣路易斯赛尔特于 1975 年正式回国；巴斯克地区和加泰罗尼亚在 1980 年成为了自治区。但建筑发展并未产生根本性的变化。在 20 世纪 80 年代史无前例的城市化和建设高潮来临之前，西班牙建筑与欧洲其他国家一样可以自由发展。早在 1958 年，何塞·安东尼奥·克拉莱斯和拉蒙·巴斯克斯·莫雷松（José Antonio Corrales and Ramón Vásquez Molezún）在布鲁塞尔世博会所设计的西班牙馆使每个参观者耳目一新，除了新颖以外，它并未受到弗朗哥那回溯乡村封建社会或者纪念性的埃斯科里亚尔建筑群（Escorialismo）的风格影响。同一年，柯德奇和巴利斯（Coderch and Valls）在科斯塔布拉瓦的克雷瓦伦蒂娜修建了一个旅游建筑。这个项目借鉴了柯布西耶的地域主义建筑中融入周围景观的方式，但回到家乡后，大量的项目试图发展出一种符合地中海地域主义的原创手法，从当地民居中得到启示。

在弗朗哥政权的最后几年中，建筑师们成功地摆脱了当时僵化的知识分子思维，同时试图与国境之外自由的世界相联系，避免成为轻率的、时髦符号的被动传递者，包括当时时兴的后现代主义。他们发展出了一种原创的“批判性地域主义者”的方式，对现代主义进行重新思考，与西班牙的传统融合，并用巧妙的方式将现代主义应用到特定的问题中去。正如亚历山大·德拉索达（Alejandro de la Sota）所设计，位于马德里的马拉维亚学校体育馆（1961）；安东尼奥·费尔南迪斯·阿尔巴（Antonio Fernández Alba）所设计，位于萨拉曼卡的德尔罗洛修道院（1962）；弗朗西斯科·哈维尔·萨恩斯·德奥萨（Francisco Javier Sáenz de Oiza）所设计，位于马德里的毕尔巴鄂银行（1971 ~ 1978）（图 12.05）。

风滤（‘Comb of the Wind’，1975 ~ 1977），一个独特的地域主义项目，将公共空间和神秘诗意的巴斯克临水景观与雕塑艺术融合，设计于西班牙政权向民主转化之时，是同为巴斯克人的艺术家爱德华多·奇利达（Eduardo Chillida）和建筑师路易斯·佩尼亚·冈彻奇（Luis Peña Ganchegui）合作的产物，位于圣塞瓦斯蒂安马蹄形海湾的西端，俯瞰着大西洋。由巴斯固那·坎

图 12.05 何塞·路易斯·费尔南德斯德尔阿莫（I.N.C），贝卡维亚纳，卡塞雷斯，西班牙（1956）

波斯（Pascuala Campos）为加利西亚[3]贡巴洛（1971 ~ 1974）一个贫穷的渔村设计的城市家具同样也非常独特。这个项目让人联想起吉安卡洛·德卡罗位于马泰拉的一个设计，他试图找寻社区的身份和价值，让人们选择留在该地区而非移民，同时也试图改变该地区的经济和社会状况。近年来，恩里克·米拉莱斯和贝娜蒂塔·塔格利亚布（EnricMiralles and Benedetta Tagliabue）设计的圣卡塔琳娜市场改造（1997 ~ 2005），即本书的封面所展示的项目，歌颂和保护了高质量的传统市场以及农业生产——屋顶的色彩隐喻了在其中进行销售的水果和蔬菜，尽管受到社会和营养学方面的质疑，这个城市仍不断受到全球化食品文化的蚕食（图 12.06、图 12.07）。

安东尼奥·贝莱斯·卡特朗（Antonio VélezCatrain）在马德里设计的叶赛尼娅住宅（Cubic Block of Yeserias）将现代公寓的功能与地方的天井元素相融合，后者正如大家所知，既能够控制房子内部的小气候，也为面对面的社交提供了空间。类似的手法出现在阿图洛·索瑞亚公寓中,这是由巴戎、阿洛卡、比斯卡特与马丁（Bayón，Aroca，and Bisquert& Martín）设计的一个居住综合体（1976 ~ 1978），位于市中心繁茂的公园内；也出现在了安东尼奥·克鲁兹和安东尼奥·奥尔蒂斯·加西亚·比利亚隆（Antonio Cruz Villalón and Antonio Ortiz García）设计的社会福利住房中，位于塞维利亚历史街区的中心，多娜玛利亚克罗纳街（1974 ~ 1976）。

在 20 世纪 90 年代初期，随着全球化的组织和机构在世界各地涌现，普适的设计模型及设计习惯决定了建筑、城市和景观的形态，消耗了大量的自然与文化资源，并以强大的力量将蕴含着生物多样性及文化多样性的峰与谷平坦化。这时，批判性而并非倒退追溯的地域主义成了全球很多建筑师的关注焦点。

图 12.06　何塞·安东尼奥·克拉莱斯，蒙太奇照片

图 12.07 安东尼奥·费尔南迪斯·阿尔巴，德尔罗洛修道院，萨拉曼卡（1962）

例如伦佐·皮亚诺（Renzo Piano）在新喀里多尼亚的努美阿设计的吉恩·玛丽·芝贝欧文化中心（Jean-Marie Tjibaou Cultural Centre，1993 ~ 1998）。应新喀里多尼亚政府的请求，法国政府同意资助建造一个文化中心以纪念政治领袖吉恩·玛丽·吉巴澳（Jean-Marie Tjibaou）（1989年被刺杀的巴黎大学人类文化学的学生，同时是一位卡纳克民族独立运动的拥护者）。皮亚诺试图在向新喀里多尼亚的文化、传统和历史致敬的同时，加入欧洲的技术和知识，以实现地方性和全球性的整合。他使用了传统的喀里多尼亚棚屋形式、本土的材料和建造方法，并尊重了当地对风向、采光和植被的信仰。这个中心由 10 座“房子”或茅屋组成，它们有着不同功能和主题，分别是：展览区、礼堂、圆形剧场、研究区域、会议厅、图书馆和一组用于传统音乐、舞蹈、绘画和雕塑的建筑。

以相似的手法，雅克·费尔叶（Jacques Ferrier）和让 - 弗朗索瓦·伊里索（Jean-François Irissou）在一个位于法国里昂郊区的高科技公司——道达尔能源公司总部中采用了高科技的结构和功能设备。费尔叶创造性地将先进的结构和功能应用于农业建筑的外形中。“随着时间的推移……法国乡村景观中的功能性结构逐渐成型”。

由米克·皮尔斯（Mick Pearce）设计的位于哈拉雷的办公购物复合中

心——伊斯特盖特（Eastgate），是一个完全采用自然通风、制冷和采暖的独特项目。[4] 这里没有采用全球化建筑中常见的玻璃幕墙。伊斯特盖特效仿了津巴布韦的热带草原上呈点状分布的白蚁丘构造，蚁丘内部能够保持30 ~ 31℃的恒温。草原的温度在 1.7 ~ 40℃之间波动，白蚁在蚁丘的底部挖出一种类似微风采集器的通道，底部潮湿的泥土中的空腔对空气进行冷却，同时热空气能够通过顶部的烟道排出（图 12.08）。

同样的，建筑师、研究学者和作家杨经文（Ken Yeang）一直致力于革新高层建筑，他的生物气候摩天楼能够被动节能、降低能耗并且不采用不可再生能源。[5]

相较之下，程剑锋（Theng Jian Fenn）与设计连接事务所（Design Link Associates）在新加坡的勿洛庭院项目（the Bedok Court，1985）中采取的手法与 1973 年的黄金坊类似，以“自然的方式”对环境进行调节。与之前的居住综合体相比，这个项目针对如何提高社交质量进行了严格的考量。该方案参考了马来西亚低层村舍的原型，比如外廊、入口门廊、在部分分离或是单独的住宅中设计的花园，将这些元素全部运用于这样一个新型高层建筑的设计中，从而提高了环境和社交质量。每个公寓都设有一个有顶棚并且通风良好的前院，成为日常活动发生的场所，并与其他前院及相连的

图 12.08　伦佐·皮亚诺，吉恩·玛丽·芝贝欧文化中心，努美阿，新喀里多尼亚（1993 ~ 1998）

公共走廊保持一定的视线交流。随后菲利普·贝（Philip Bay）[6] 对这个项目建成后的使用状况进行了研究，正如他所观察到的，家庭内部以及住户之间的社交联系被加强，从而加强了社区意识和居住的安全性。

在以色列耶路撒冷旧城城墙外，场地和地区对于建筑的限制更加强烈。摩西·萨夫迪（Moshe Safdie）为希伯来协和学院设计了校园（1976 ~ 1988）[7]，采用了当地的石材，建造了石砌的拱形游廊，并设计了遮阳系统、庭院以及户外教学的场地——一些小的花园。该设计仿佛是这个城市的微缩，将学校这个小社区融入城市肌理中。在相似的背景下，克里斯多夫·贝宁格（Christopher Benninger）在印度的普纳设计了马辛德拉世界联合学院（1997 ~ 2000），该校是十座世界联合学院之一。克里斯多夫也采用了当地的石材，建成缓缓倾斜的石材立面；同时采用了芒格洛尔地区的瓦屋面，形成了类似村落的空间组织，建筑之间的视线交流因此被加强，学院周围的山景也渗透进来。图 12.09

这些 20 世纪末期的地域主义项目具有共同的特征，与自然景观的互动是其中之一。建筑师们越来越懂得如何在加强建筑功能的同时，建筑本身还更加低调，拉格兰哈山间自动扶梯就是一个绝佳的案例。该项目位于西班牙托莱多（1997 ~ 2000），由何塞·安东尼奥·马丁内斯·兰本尼亚（José Antonio Martínez Lapeña）与埃利亚斯·托雷斯·图尔（Elías TorresTur）设

图 12.09　杨经文，古思利高尔夫俱乐部，沙亚兰，马来西亚（2000）

图 12.10　程剑锋与设计连接事务所，勿洛庭院项目，新加坡（1973）

计，托莱多的中世纪城墙被原封不动地保留下来，对历史场景的破坏被降到最低。图 12.11

批判性地域主义的新手法产生了，超越了如画运动时期产生的手法：减少对自然环境的干扰、对新结构进行隐藏或者混合新旧结构，而是使新的结构与场地进行批判性的“对话”，充分展现其特殊性。像本顿·麦克凯耶（Benton MacKaye）与皮吉奥尼斯一样设计一种“路径”——“地景艺术”，抑或采用抽象的手法激发这种对话。

图 12.11　摩西·萨夫迪，希伯来协和学院校园，耶路撒冷，以色列（1976 ~ 1988）

纳瓦拉办公室步行架构中所采用的设计手法与季米特里斯·皮吉奥尼斯（Dimitris Pikionis）的手法相类似。位于意大利卡塔尼亚，卡尔塔吉龙和皮亚扎阿尔梅里纳之间的带状公园（2001），由一个可供骑行、滑冰以及慢跑的路径组成，穿过位于西西里岛中部，卡尔塔吉龙和皮亚扎阿尔梅里纳之间的农田和自然风光。一段35公里长、已遭废弃的铁轨因此被激活。在这条路径行走，你将会遇到20世纪二三十年代间兴建的壮观的高架、隧道和桥梁，意大利传统民居及蜿蜒起伏的山景。正如该项目的建筑师所说：这条铁路“像一个伤疤在这片土地上延伸，将其符合机械时代需求的法则深深刻印在这里”。

德国德尔索尔事务所（German del Sol）在智利圣佩德罗德阿塔卡马设计的温泉风景区同样处理了景观和路径之间的关系。该地区位于安托法加斯塔和瓦尔帕莱索之间，罗亚河在这里流向山谷，半沙漠气候中产生了美丽的水景和天然的温泉。沿着风蚀的河床，一条蜿蜒曲折的路径似乎暗示着地貌形成的过程，并将游客活动的场所联系起来。升起的木板路使得青草得到了保留，行走其上，我们将看见微风拂过长长的河道，如此既对这片土地表示了敬意，又对水景进行了可持续的利用。

隈研吾（Kengo Kuma）对于建筑与环境关系的考量涉及更多方面，他在进行设计之前，尽可能仔细地“倾听”场地的低语。随后他才开始在场地上放置建筑，将建筑的结构与环境的尺度相联系，仿佛是对日本传统木构建筑的致敬。他为艺术家安藤广重设计的中川町马头广茂艺术馆（1998 ~ 2000）位于日本栃木县，在这个设计中隈研吾在屋顶和墙壁中使用了一系列的木格栅结构（1797 ~ 1858）。格栅的变化带来了艺术馆内部空间光线的变化：有时它们成了石墙，有时又变得透明，随着时间的变化材料的颜色和质感也发生着改变。“完全通过格栅系统来构筑建筑”，他写道，“我们希望建筑能够成为光的‘传感器’”，使得建筑能够有助于画家的工作。“安藤广重的作品中富含着自然界的变化”，“像光、风、雨和雾一样的自然因素，其特征和本质就是不断处于变化中”。

位于德克萨斯州，休斯敦的一座小橡树会友屋提供了更为抽象和严格的空间体验（1995 ~ 2001），它由当地建筑师莱斯利·埃尔金斯（Leslie Elkins）和光与空间的艺术家詹姆斯·特瑞尔（James Turrell）合作设计。该项目是依偎在当地植被中一座谦逊、传统的灰色木结构民居，覆盖着休斯敦地区典型的缓缓坡下的屋面。特瑞尔在屋顶的正中央安置了一个“仰望天空的场所”。这种手法强调了这栋建筑的聚会功能，并加强了贵格会信徒之间的联系。同时这变幻莫测的天空使得旁观者开始从现实和理想的角度沉思人类在不断变化的环境中所处的位置。

我们目前为止所探讨的这些项目，除了它们对于所处地区环境和文化因素的考量，都是在建筑师已有的想象图景中构筑的，拉斯金在 19 世纪中期就已经对这个重要因素进行了反复地强调。正如我们所见，在新德国的建设中，重构民族记忆扮演了非常重要的作用，并在大多数国家和地区在 19 世纪及 20 世纪的建筑活动中得到了持续，新的社区建立起来，但许多与环境共存了数个世纪的老社区却被摧毁。

种族隔离后的南非建筑师面对着为新社会建设大量住宅和基础设施的挑战，同时也面临着大量公共空间的建设，对种族隔离时期的错误进行修正的同时，创造性和批判地面对记忆与身份。

地域主义建筑在这个地区有着悠久的历史。殖民者早在 17 世纪就在南非建成了“开普荷兰”。在《南非建筑记录》中，不同于以往的地域主义建筑开始浮现，从贝蒂·斯彭斯（Betty Spence）在 20 世纪四五十年代的出版物开始。斯彭斯对于并未西化的南非本土文化和生活习惯进行了调查，旨在提高房屋建造的效率和居住的舒适度。图 12.12

一组建筑师——雷克斯·马坦森（Rex Martienssen）、戈登·麦金托什（Gordon McIntosh）、诺曼·汉森或是诺曼·伊顿（Norman Hanson or Norman Eaton）——他们所设计的建筑都希望与南非地区相适应，在考虑空间的功能组织的同时形成舒适的微环境。他们的手法得益于勒·柯布西耶的地域主义实验以及 1943 年纽约当代 MoMA 举办的广为赞颂的“巴西建

图 12.12　**莱斯利·埃尔金斯和詹姆斯·特瑞尔，小橡树会友屋，休斯敦，德克萨斯州**（1995 ~ 2001）

造”的展览，尼古拉斯·佩夫斯纳（Nikolaus Pevsner）在1953年的《建筑评论》中将他们的设计成果称为“英联邦中的小巴西”。在对地区要素进行考量之时，他们并没有将社会和文化因素放在主导位置，1952年施陶德事务所设计的砧板屋是个例外。这个项目试图与当地的社会和文化因素进行融合，同时将建筑的立面视做控制环境的机械装置，一个公共走廊将门厅与楼梯联系在一起，铺地采用了当地的技术与样式。

然而在20世纪50年代的后半段，国民党崛起，田园诗人、农民平民主义南非白人移民先驱的意识形态盛行（后者从某种程度上与纳粹主义非常相似），创造出了相当意识形态化的建筑，例如杰勒德·莫尔迪克（Gerard Moerdijk）设计的移民先驱纪念碑。法律的制定，南非的“种族隔离”以及“家园”政策使得年轻一代的建筑师明白了一点——这类有政治目的并无视文化的地域主义设计手段是没有未来的。因此许多建筑师离开了这个国家——朱利安·贝纳特（Julian Beinart）、伊西·本杰明（Issy Benjamin）、罗思提·伯恩斯坦（Rusty Bernstein）、亚瑟·戈德赖希（Arthur Goldreich）、艾克·霍维奇（Ike Horvitch）、泰德·利维（Ted Levy）以及艾伦·李普曼（Alan Lipman）。

宪法山项目是新南非最具野心的建筑工程。这个综合体从物理上和概念上来说都是横跨了一世纪的史诗般的作品，包含着两个部分：原先用于囚禁政治犯人的要塞的遗迹以及作为南非最高法庭使用的新建筑。新老建筑结合在一起，成功地将这里转化为一个双重功能的新场所：记忆在此得到了延续，但没有以竖立纪念碑或是伸张正义的方式。该项目的成功归功于OMM设计工作室与都市方案（Urban Solutions）的合作，也归功于委员会在1997年构思了这个计划并组织了国际竞赛。查尔斯·科里亚（Charles Correa）以及阿尔比·萨克斯法官（Albie Sachs）都是该委员会的成员。这个项目一部分是保护，一部分是修缮，一部分是新建。它的组成成分随着这些历史性事件的发生不断地调整与变化。

随后，相似的手法被运用于一些保护、重新利用和新建的项目中，例如MAS建筑师工作室和都市方案共同设计的沃尔特·西苏鲁奉献广场（Walter Sisulu Square of Dedication）。该项目位于柯利普城（Kliptown）的中心，索维托（Soweto）历史最悠久的居住地。又如彼得·里奇所设计，位于亚力桑德拉（Alexandra）的纳尔逊·曼德拉（Nelson Mandela）中心。这个项目位于曼德拉在20世纪40年代早期曾居住和学习过的小屋旁边，是一个毫不起眼的正交混凝土小道，用一个入口坡道带领游人们从人行道穿越马路，到达对面的桥上。中心内部是关于曼德拉以及亚力桑德拉人民的展览。

“没有建筑我们或许也能够存活，”拉斯金曾经写道，“但没有建筑，我们无法铭记历史”。正如我们所见，他在这里所批判的是当时对于哥特建筑的复制。南非明确地知道不了解社会所处的历史基础就无法构筑起一个好的社会。在这里记忆的作用与民族主义运动中并不相同，在民族主义运动中，使用过去的片段构筑的新记忆帮助人们建立起新的身份。记忆是“地区”的一部分，而正是在“地区”中，未来的建筑和城市将产生抑或是现在的结构被沿用。如同土壤、微气候、场地形态的重要性，历史记忆也应当得到尊重。

第十三章

探寻中国的地域主义建筑

在中国，关于地域主义及地域性特征的探讨出现得相对较晚。内地与外域，传统与现代之间，特别是在技术、文化、生活方式上的抵抗，伴随着中国一系列战争、妥协与武装抗争逐渐展开：1894 年鸦片战争，中国军队战败日本，预示着中国闭关锁国与夜郎自大臆想的终结；1911 年，清朝末代皇帝退位，帝国的封建贵族与信仰体系终于崩塌；随后，孙中山领导的中华民国宣布成立；最终，1919 年 4 月末的巴黎和会中由于西方列强的背叛，中国议案遭受到灾难性损失，导致了之后“五四运动”的爆发，但也从一个侧面向世界表达了中国的地理独立性。

此时，大量贪婪的外族列强已做好准备，开发这个人口稠密、富裕又软弱的国家中无尽的经济资源。而正是在这个混乱、困惑、矛盾不断恶化的时期，许多新的思想（在逆境中）应运而生，地域主义与地域性特征的观点就是其中之一。同时推动新思想产生的，还有从海外（主要是日本、美国及法国）留学归国的学子和国外知识分子。他们都焦急地企盼着，期待见证中国在他们学识见解的影响下产生巨大的转变。1920 年秋至 1921 年秋，伯特纳·罗素（Bertrand Russel）在中国停留，认为中国“在经济而非文化上”落后。作为一个社会学家，他不仅质疑那些认为中国传统保守的观点，也质疑在当时的情况下，中国出现的西方现代资本主义制度潮流，怀疑类似苏联的做法是否正确。于 1919 年 5 月 1 日，“五四运动”爆发前，杜威(John Dewey)抵达上海。在 1921 年离开上海之前，他将许多现代教育方法引入(中国)。然而实际上，早在 1917 年，中国学生就已经体验到先锋理念教育了——一座由工人学校发展而来的夜校为北京平民提供教育课程。

尽管，（这一时期的）建筑界似乎并没有激烈冲突发生，但却出现了许多引其广泛争论的论辩，并引发了人们对几近消声的中国建筑传统与引入西方设计理论意义的思考：

他们问道：当代中国该建设什么样的建筑，为什么？西方古典或现代的建筑实践如何与当下中国实际相关联？古老的中国建筑思想该何去何从？

中国，作为一个独立地域，在其疆土上为其居民建设的建筑与城市是否需要特殊的地域性特征？如果是的话，这些地域性特征又是什么？

其实，19世纪前期，像美国、新德意志帝国等"新立国家"或是像日本、俄国这些面临全球化压力与现代化进程的老牌帝国，也面对着同样的问题——在外国建造方法、空间形式与装饰模式强势入境时，他们需要做出怎样的地域主义——民族主义的回应。

在中国早期抵抗西方建筑入侵的地域主义抗争中，有一个重要事件发生于18世纪30年代的上海。

上海，是当时中国不平等待遇与殖民隔离表现最为明显的城市，也是反保守主义、反帝国主义与反殖民主义运动的中心。这些反抗情绪最终迸发为1925年中一系列的暴力示威游行。

同时，上海也被认为是一个喧闹熙攘的大都市。它是20世纪二三十年代爵士时代[①]里世界第五大城市，在这里，钱财来去如流。上海，更确切地说，是上海外滩，被称为"东方巴黎"，这个外滩区几近难寻中国文化的痕迹。

甚至，"上海外滩"（Bund）一词也源自印欧语系，与中文没有任何关联。同样，上海外滩上矗立的大部分进驻着各式贸易金融公司、国家银行与外交机构的华丽建筑，也是由境外势力建造的，它们与传统的中国经济、社会与文化毫无关联。来自英、法、德、意与日本甚至印度的外国资本，随着外国企业家、投机商人与难民一起涌入上海，并在1842年《南京条约》的庇护下，得以合法在此安家落户并得到保护。不过，尽管外国资本与人口大量涌入，中国资本与所有富有或贫穷的中国人，在20世纪20年代，仍占经济与人口的绝大多数。

上海外滩是黄浦江水域上一段开放又引人注目的公共步行区，被称为亚洲的"英格兰漫步大道"。从城市的角度看，外滩上一系列令人注目的建筑整齐排列。这些建筑由外国建筑师和工程师设计建造，最忠实地遵循西方建筑传统，却与历史悠久的中式建筑和当地环境格格不入。

毋庸置疑，外国建筑师与工程师为这一地区带来了技术与审美的革新。离上海外滩不远处，坐落着拉斯洛·邬达克（László Ede Hudec）设计的上海国际饭店（Park Hotel），始建于1931年，并于1934年完工。这栋由四行储蓄会出资建造的高84米的22层建筑，是当时的亚洲第一高楼，这一纪录一直保持到1952年。建筑中装饰艺术（Art Deco）风格的装饰物，虽然并非独创，但与纽约建筑装饰一样现代与精巧。事实上，这一建筑在外形上与同时代的纽约摩天大楼设计关系密切，却与它所处的地域、环境与文化背景几乎没有关联。同样（与地域、环境与文化背景）不相关的还有

1933 老场坊（原上海工部局宰牲场），这栋预应力混凝土建筑由所谓的“英国建筑设计大师”巴尔菲斯设计，并由上海余洪记营造厂承建。不过，这栋建筑前所未有的结构，也让上海在建造技术、建筑内复杂的流线网络和空间表达的美学上获益匪浅。

无独有偶，由英国企业家维克多·萨松（Victor Sassoon）创建的上海华懋饭店（现称“和平饭店”），又名萨松大厦，同样丰富了上海业界在建筑领域的知识储备，并带来了建造材料使用、功能组织和空间配置上的革新。萨松家族是伊拉克的西班牙籍犹太人，他们起家于巴格达，随后迁居英格兰，后又迁至印度发展，生意做得十分成功。维克多·萨松最初的个人生意涉及鸦片交易，在 1920 年左右，他将财产投资转向上海，大多分布于高利润的房地产及酒店行业。20 世纪 20 年代初，他设想在上海外滩建设一栋多功能建筑，集酒店、商铺、他的私人业务办公，以及服务于客户友人的私人俱乐部于一体。曾在英格兰接受过良好教育的萨松，具有独到精致的西式品味。因此，他对建筑的室内设计提出了最高质量的要求，其中包括引进了世界闻名的法国新艺术派玻璃艺术家莱利卡（Lalique）的作品。建筑冠部呈金字塔结构。关于这一建筑内部装饰与顶部金字塔结构的图像学本源与自我象征意义，特别是它与阿力桑德罗·安托内利（Alessandro Antonelli）1880 年左右的巨作都灵犹太会堂和《寻爱绮梦》中的文艺复兴高楼的关系，一直存在着许多不同观点。这座大楼的建造完全基于当时上海外滩的世界贸易现实。华懋饭店是当时上海外滩的第一高楼，在完工后不多久即成为举世闻名的景点，不仅吸引了权贵人士，也吸引了许多世界著名的文学艺术家与表演名家，查理·卓别林（Charlie Chaplin）也是其中之一。

但是很明显，这些建筑都与上海的地域环境、中国传统工艺、建筑的象征意义和视觉文化，与实实在在的中国百姓关联甚少。对此，银行家与政治家孔祥熙心有谋划。孔祥熙为人儒雅，受过良好的教育，并在耶鲁大学获得经济学硕士学位。1944 年，他作为中国代表团成员参加在美国布雷顿森林举办的联合国货币与金融会议，此次会议很大程度上被认为是第二次世界大战后世界秩序的重塑之会。同时，孔祥熙还是上海中国银行经济办公室主任与经理人。他感到，是时候建造一座完整的建筑作品来回应萨松等人对中国传统建筑的挑战了。

孔祥熙的这一想法实际上是他脑海中另一个更为全面计划的一部分——他希望将中国经济彻底从外国资本主义框架的统治下解救出来。1930 年，在他的带领下，中国银行“打破了外国银行在中国的外币汇兑垄断”。

尽管在建筑方面没有太多尝试，他仍总结说，比萨松那栋“十层储物柜似的”大楼更高的建筑，将会是对他的金融战略最有象征意义的一种完善。

孔祥熙的想法终被采纳。中国银行任命总经理贝祖贻为此次建造的管理委员会委员长。贝祖贻是著名华裔建筑师贝聿铭的父亲，他的儿子将在20世纪80年代中国建筑领域的地域主义发展实践中扮演至关重要的角色，这是后话。

在萨松大厦完工近10年后，中国银行新大楼的奠基仪式在1936年10月举行。这一项目全然由中国人发起并主导，建设资金来自中国银行，并由中国工人建造。它被建造得同堡垒一般，在其行政职能之外，还包括一个特殊地下保管库，以保障来自世界各国的资本存款的安全。

有趣的是，受任设计银行的建筑师与华懋饭店一样，仍是巴马丹拿设计集团（Palmer and Turner）和在伦敦接受建筑教育的中国建筑师陆谦受。

尽管设计师相同，但中国银行大楼与萨松大厦在外形设计上却完全不同。在萨松大厦的立面设计中，建筑师遵循西方古典建筑设计传统，在保持外立面连续的同时强调了三等分的立面分割。然而在中国银行大楼的立面设计中，设计师效仿大部分中国传统结构做法，重点强调建筑正立面的完整性。在建筑的垂直向连接上，这两个方案也采取了截然不同的做法：沙逊大厦显然遵循后文艺复兴的三段式表达，分为基座、中间主体和顶部金字塔顶冠三个部分；中国银行大楼则更为连续化与平面化，遵循中国传统特别是地方传统结构。除了建筑顶部低调的充满中国特色的四方攒尖顶角之外，建筑师在其他部分仍遵循古典中国结构，多采用平面收尾。在不影响建筑庄重的整体形象的基础上，银行大楼的立面中置入了大量的中国象征性图案与形制。有趣的是，在大约半个世纪后的1892年，同样的手法在贝聿铭设计的香山饭店中也使用了。

沙逊对这栋即将建成的比沙逊大厦更高的18层高的银行大楼表达了强烈的抗议。在当时的情况下，建筑的优秀特性并非在于其综合配置，而就在于建筑高度。最终，中国银行大厦地上建筑15层。这样一来，中国银行大厦与萨松大厦这两栋建筑在高度上一模一样。

我们可以说，沙逊大厦这一项目向我们展现了一栋巨大的作为娱乐功能的建筑，它的任务是提供享乐主义下的娱乐消遣空间。相反，中国银行大厦则是一栋主要为其客户提供财产安全与稳定的建筑。但是，更有说服力的观点是，中银大厦项目的建设目的，至少能体现出一些地域主义意愿。

上海这座城市，展现了中国20世纪二三十年代最前沿的设计、建造、建筑业及房地产行业发展，这其中的（地域主义）意愿可以从大量的中英文建筑出版物中得到证实。这些定期出版物装帧精美，封面图案通常展现中国的当时流行主题，例如《中国建筑师与建造商概要》（The China Architects and Builders Compendium）。大部分出版刊物中不仅有文章，还有与建筑技术相关的广告，在一些专业性极强的艺术、国际建筑技术、建筑史等专业书籍中也有这样的情况出现。这证明，一种新的生活方式正如潮水一般涌入，这是一种“现代化生活”，一种新的经济与科学观念。

当沙逊大厦即将完工，而中国银行董事会正在讨论启动大厦建造项目事宜之时，一位毕业于耶鲁大学建筑系，名为亨利·基兰·墨菲（Murphy）的美国建筑师，作为当时国民政府的“建筑顾问”，在哈佛大学作了两场题为“中国建筑：‘现代中国现状之我见’”的讲座。

墨菲（1877 ~ 1945 年）毕业于耶鲁大学（1899 年）。1914 年，37 岁的墨菲来到中国，帮助设计一所位于湖南长沙的中国雅礼大学校园。他在中国驻守 30 年，直到 1937 年日本侵略中国时才离开。有趣的是，在这段中国行结束之后，1926 年，他在美国佛罗里达州的科勒尔盖不尔斯，设计了他最后一系列中国风格的建筑。[1]

这一设计与雅礼大学校园设计相关，哈佛大学学报《深红报》的报道中这样写道，“墨菲先生的建筑灵感源自他在北京期间对于紫禁城建筑的细致学习，这一段经历带给他的，是将中国传统建筑与现代需求相结合的永久兴趣与热情”。

墨菲尝试着将自己的“适应性”理论应用到设计作品中，实际上，这是一种折中主义建筑做法。因此，在他所设计的“新中国”建筑中，除了尊重中国传统建筑的风格特征，借鉴其独特的屋顶形式和其他装饰纹样之外，他还认为，中国传统的建筑空间组织方式阻碍了现代西方建筑学思想，建筑功能配置上的需求。

郭杰伟（Jeffrey Cody）指出，墨菲认为，既然古典哥特建筑可以适应于现代的科学规划与建设需求，那么“说中国传统建筑没有这种适应性就不合逻辑了”。作为一位曾在美国进行古典殖民复兴风格的现代“适应性”实践的建筑师，墨菲设法在当时的中国完成同样的任务。

许多曾在墨菲工作室就职的中国建筑师有着美国求学经历，他们大都在宾夕法尼亚大学接受保罗·科列特、巴黎美院布扎体系的古典建筑教育。在墨菲的建筑设计方法引导下，他们建议将建筑的中国性“连带地”展现，例如将中国传统建筑中的结构特征、图像元素或是一些著名的象征符号作为元素和记忆线索在建筑中出现，而不影响建筑的功能。

在之后的 1918 年，毕业于康奈尔大学的吕彦直在中山陵设计竞赛中夺冠，为孙中山先生在南京城边紫金山山麓设计了一座总平面呈钟形的陵寝。钟的平面形态寓意孙中山先生鸣钟警民，带领中国人民步入新的时代，但不对孙中山先生的思想作更深层次的诠释（1926-1929）[2]。

但是，在萨松大厦和中国银行大楼建设之前，（业界）似乎已经对于墨菲和他的追随者们倡导的中国文艺复兴风格，和用如此建筑手法设计出的一些低文化质量项目渐渐失去了耐心。例如雅礼大学中的建筑，使用了与当地地域特征并不协调的清朝建筑元素。另外不被接受的还有墨菲在北京大学校园内设计的博雅塔，这座形似宝塔的水塔，用混凝土仿传统木构建筑的斗栱。同一时期，类似的对带有地域特征的木作细节的仿建在法国也有发生，并同样引发了不满。[3]

还有，即使是在主要表达中国文化特征的清华大学校园内，也仍有一些格格不入的建筑。这些建筑由 1914 年毕业于伊利诺伊大学厄尔巴纳－尚佩恩分校建筑学院的学生庄俊（Tsin Chuang）设计，他在没有考虑到本地地域化语境的情况下将美式建筑的“现状条件”原型全盘引入，同时，他也忽略了这些美式建筑在当时，也是在忽略了美国本土条件的情况下从意大利引入的。因此，上海外滩中国银行大厦的建筑师希望避免落入这些风格的陷阱。

在 20 世纪 30 年代，地域主义的浪潮支持中国建筑在从西方现代建筑中汲取想法的同时，传承中国传统。这正是日本建筑师在当时所采取的态度。梁思成 20 世纪 10 年代中期毕业于清华大学，后是宾夕法尼亚大学布扎体系下保罗·科列特的学生之一。他批评了当时浮于表面仿建中国建筑元素的建筑实践，例如仿建寺庙建筑的曲面屋顶，而忽略了建筑的比例与其中深刻的结构特征。[4]

正是从“本质”的结构特征出发，而非肤浅的建筑屋顶形式，梁思成与妻子林徽因开始了他们的研究探索。这一研究一方面是针对全球建筑风格广泛性（的补充），另一方面，也在探求中国传统建筑潜在的现代性（图 13.01）。

在梁思成看来，现代建筑已由英美广泛传播至苏联、法国、荷兰，成为一种国际现象；而每一个受其传播影响的国家，都在其基础上形成了具有独特地域特性的“国家风格”，这正与 1949 年毛主席最新讲话中“民族性、科学性、大众性”的文化要求相吻合。因此，梁思成坚信，建筑物的价值并不抽象，它与其所处的地域息息相关。就以 1917 年由中法实业银行（Banque Franco-Chinoise）扩建的老北京饭店这一建筑为例，梁思成评论称，如果这一建筑建于法国海滨，它将是一个成功的项目，但是这样的建筑出现在长

图 13.01　梁思成与林徽因

安街无疑令人深感遗憾。[5]

同样，1937 年，在美国接受建筑教育后回国任教于东北大学的建筑师童寯写道，需要越过装饰的表象，关注结构的本质。他呼吁建立新的中国建筑风格，对 20 世纪的世界建筑作出贡献。在他的论文《建筑编年史》中，他公开批评了关于“中式还是西式立面”的错误争论，认为“只有逻辑与科学的布局才能称为规划……任何将外立面涂上当地‘色彩’的意图都需要仔细研究考量并创新”。[6]

这种研究考量，正是梁思成先生及他的追随者们在做的，他们尝试发展一种真实独创的地域主义建筑，一种根植于区域自然环境与文化历史中的建筑。他们希望以此回答这个问题：“新中国需要什么样的建筑？地域主义建筑是否合适？”

尽管当时的情况下，已没有太多进行理论思考的时间，1946 年，梁思成仍在清华校园中写下：在传统与现代间，“中国建筑”正“处在重要时刻”，必须要有些“新”事物出现，“不然中国建筑定将绝迹”。[7]

中国建筑除了具有情感方面的价值，梁思成还认为它也是对世界十分重要的具有巨大建筑学价值的知识宝库。

尽管梁思成和他的学生充满智慧与热情，但自 1949 年新中国成立以来，中国建筑方面的需求实在太大，以至于仅凭梁思成一己的努力很难得到满足。

所以，在冷战的背景下，中国开始依赖苏联和东德的帮助以满足其巨大的建设需求。许多来自社会主义国家专家设计的建筑，例如北京的“东德 1952”、“军械厂 157”，是“纯进口”项目，它们和由当地人民建设起来的城市基本没什么关系。但当这些工厂被成功改造成 798 艺术区和上海展览大厅（1954 ~ 1955）之后，它们被证明是粗放且易于适应新使用功能的建筑。

苏联也为中国当时的公共建筑建设提供了技术和建造方面的意见。在他们看来，除了“功能性”以外，其建设目标是“纪念性”（俄语‘bolshoi’，意为伟大的），以至常常忘记造价问题。大多数苏联建筑师急于设计建造带有地域主义特征的建筑，这种地域主义特征紧跟当时国内的主要潮流。这些建筑师中的一些人会轻易地对那些带有外在的、易于识别的、从历史地区建筑中截取特征的建筑感到满意，即使这些元素和建筑的其他部分、环境、气候及风俗不相协调。最容易被拿来使用也最具视觉特征的元素是中国传统的大屋顶。在这种情况下，苏联人用墨菲折中式的适应方法来重复他几十年前所做的事情。苏联建筑师有更多一些意识形态上的理由。他们遵从斯大林关于“用历史性的方法来推动不带过去资本主义羁绊的现代化”的信条。为了推进其政治目标，斯大林组织成立了苏联建筑学院，学院的任务是培养比资本主义学校里的建筑师具有更广阔知识储备的专家。学院里的学生需要学习马克思主义、列宁主义还有古典建筑。然而，苏联希望中国能在其影响下发展具有自己地域特征的建筑学。学院院长 Arkedy Mordvinov 和梁思成交流的时候说道，他希望中国的建筑学学生能像爱女朋友一样信奉自己国家的建筑形式。

1958 年，随着“十大建筑”——即一年之内在北京建造十项纪念性建筑以标志中华人民共和国成立十周年的决定的提出，创造功能合理同时具有地域特征的建筑这一问题变得十分急切。目标包含两方面内容：一是希望展现自 19 世纪的一系列屈辱之后建立起民族自豪感和成就感；也希望同时，向全国人民展示新中国的建造力和创造力。一些像人民大会堂和中国革命博物馆的建筑被从“大屋顶”中解放出来。它们主要的立面元素是既具功能性又有纪念性的巨大柱廊，全国 6 亿人民都能理解这样的做法（图 13.02）。

尽管当时的建造经验很少，大部分计划中的建筑还是于 1959 年国庆节（10 月 1 日）如期完成。梁思成对这些方案持批判态度，认为它们没有真正意义上推动新中国建筑的发展。他指出，建筑不能以单个的形式存在于城市中。他对于没有一个合适而理性的北京市整体规划以及他关于把北京的历史中心区转变成博物馆并把现状行政中心移至别处的计划未被采纳而感到不悦。

图 13.02 人民大会堂和中国革命博物馆，（北京，1958 ~ 1959）

一些激进的建筑师和评论家指责，这些建筑在当时如此贫困的情况下显得太过铺张浪费，太形式主义，与实际需求不相符合，他们认为梁思成应该对这种对功能和现代化的蔑视负责。其中最直接的批评来自一个叫何祚庥——毕业于清华大学的年轻科学家。当时正处于何祚庥一生所致力于的“反对不合理性、欺骗性思考以及迷信传统文化”行动的开始阶段。在他看来，梁思成对于传统元素的运用是当时仍存在的保守主义现象中的一类。

在 20 世纪 40 年代末，全国最紧要的需求是“最大住房”（当时欧洲在二战后提出的一个建筑学标语）。（对中国来说）苏联又一次成为必不可少的学习对象，因为它在预制组件和设计集合住宅方面非常有经验。一个关键性问题是如何把住房集合化。苏联人已经把“集合住宅”的概念发展成了“邻里单元集群”。这一规划理念最早于 1912 年在芝加哥被提出，关于 Clarence Arthur Perry 和 William Eugene Drummond 两人谁是原创者的问题一直争执不下。中国建筑师对这些理论在战前就已有所了解，他们 20 世纪 40 年代末访学美国之后又更新了知识架构。另外，中国建筑师对于日本运用类似概念在“满洲”地区的空地上建造房子的尝试也很熟知。

首个建成的“人民新村”项目采取了一种非常谦和的姿态，用了 48 个单元为 1002 个家庭解决了住房问题。这个工程位于上海，上海当时是一个（自 1951 年开放以来）需要为 300 万工人提供居住地的城市。这个项目就是曹杨新村。建设工程 1951 年 9 月开工，1952 年 5 月完工。前上海市副市长潘汉年负责该工程项目，工程随后扩展为整个曹杨新村。居住条件虽很低，但比老城里的石库门要好很多（图 13.03）[8]。

中国建筑师并未采用苏联的例如巨型街区、机械主义等城市设计技术。考虑到文化方面的因素，具有方向性的单元、户外供公共使用的共享空间中精心打造的景观等备受推崇，这些设计要点也成为工程项目取得成功的重要因素。曹阳新村项目就迅速取得了成功，至今仍住在里面的一些最初原住民依然生活得很好。

（除了曹阳新村以外）没有其他和乡村与乡村居民有关的类似项目了。但从另一个角度来说，中国并未忽视这个问题。1962 年 12 月，中国召开了一场关于乡村住宅的研讨会。来年，《建筑学报》就结合印度尼西亚、柬埔寨、埃及、墨西哥、叙利亚、加纳、阿尔巴尼亚等国的经验出版了关于在农业区建造居民点的内容，同时十分关注当地地形和气候。在 1964 年的时候，这些内容对欧洲的明星建筑师构成了挑战。

在城市设计方面吸取了西方理论和技术但秉持地区传统的先锋中最重要的一位是吴良镛。吴 1992 年生于南京，他目睹了日本是如何毁坏整个城市、如何屠戮黎民百姓的，这使得他下定决心将毕生心血投入到城市建设事业中去。他在重庆中央大学学习建筑，1944 年毕业后，开始跟随梁思成教授参与创建清华大学建筑学院的工作。[9]

1946 年，梁思成应邀去美国的耶鲁大学担任一年的客座教授，还应邀去普林斯顿参加了一场议题为“远东地区的文化习俗和社会”的国际会议。在美国期间，他也是联合国总部大楼设计竞赛的顾问董事会成员之一，这

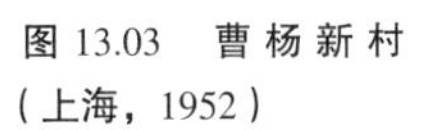

图 13.03　曹杨新村（上海，1952）

座大楼不久后在纽约建成。梁思成在纽约遇到了勒·柯布西耶还有尼迈耶，他很支持他们提出的意见。同时，他也再次遇到了威尔玛、约翰·费尔班克、克拉伦斯·斯坦，还有在哈佛学习的年轻建筑师邬劲旅（King Lui Wu）。梁思成邀请邬劲旅去清华任教，但他本人还是更希望去耶鲁大学。

继梁思成回到清华后，他年轻的助手吴良镛也去了美国。吴良镛在密歇根州的克莱恩布鲁克艺术学院学习，师从沙里宁（Eliel Saarinen），于1949年拿到学位（同年，中国解放战争结束）。之后，吴良镛在沙里宁儿子小沙里宁（Eero Sarrinen）的工作室工作，参与设计了通用汽车技术大楼和位于底特律的一个研究中心（1950），后者是当时最先进的建筑之一。1951年，吴先生回到清华和梁思成一起继续其研究和教学工作。在此之前，吴先生拜访了美国两位最重要的学者，一位是凯瑟琳·鲍厄（Catherine Bauer），美国社交住宅领域名声显赫的专家和推动者；另一位是威廉·伍斯特（William Wurster），"海湾地区"批判地域主义者，也是伯克利学院环境设计系的新系主任。

吴先生的设计兴趣点不仅限于建筑，同时还包括城市设计和区域规划，他认为这三方面是相互关联相互作用的环境组成要素。

吴良镛在清华大学继续其探究、教学和设计工作，但"文化大革命"打断了这一进程。自1978年以来，中国的经济和城市发展十分迅猛，北京市中心又出现一系列新问题，地域主义问题重新获得了关注。其中包括老胡同的命运、传统高密度院落式小街区住宅在主要街道间的小巷中任意发展使得城市网格肌理变得生硬等问题。70年的"文革"对胡同的命运产生了深刻的影响，近年来经济的飞速增长又大大加深了这种影响。吴良镛先生最有意思的理论研究之一，是对于张謇规划建设的南通市的历史保护开发与空间发展的研究。[10]

这一时期，吴先生投入到实践中去。我们之前提到的贝聿铭（其父亲是时任南京国民政府中央银行总裁贝祖诒）受邀在北京郊区设计一座新饭店，即后来的香山饭店。贝聿铭，作为一个有着深厚传统教育背景和设计经验的建筑师，在处理这个设计项目时意识到，人们不仅期望它是一个很好的设计作品，也期望这一作品能在中国外交上向西方开放的这一转型期中成为对中国传统建筑元素表达的一个典型案例（图13.04）。

有趣的是，贝老的香山饭店再次以一种低调的方式在建筑立面上引入了中国式的装饰图案，这和建筑师在位于上海外滩的中国银行中的做法如出一辙。与他们一样，贝聿铭试图在立面构成中保持一种平面化和平静的感觉，在体量组织上力求简洁。2002年，贝聿铭和他的团队设计了苏州博

图 13.04　香山饭店
（贝聿铭，北京，1982）

物馆新馆。这个博物馆主要用以展出中国国画、书法和陶瓷艺术展品，同时，也收藏有大量书籍和碑文。在设计中，贝聿铭了解了当地特殊的文化与生活特征，将富有地域特色的建筑体块组织模式、庭院构成以及采光天窗等元素自然地表达。贝聿铭认为，20 世纪 50 年代杨廷宝设计的北京站新站中强行运用类比传统的设计手法；或者由杨卓成于 1973 年在台湾设计的豪华饭店使用大屋顶增加建筑更具吸引力的做法，均应该被避免。

和贝聿铭一样，冯继忠也曾离开祖国，于维也纳学习建筑，但他在国外的时间要短得多（1939 ~ 1945 年）。回国后，他选择以德国美学家、雕塑家希尔德布兰特关于“空间”的论述为基础，重新解释中国传统。冯老最复杂的项目是位于上海松江区的方塔园，在这个设计中他将德国神秘的表现主义理论和中国建筑中精妙的几何学完美结合（图 13.05）。

“文化大革命”后，梁思成去世。但是新一代建筑师对于批判性回应地域主义建筑的问题跃跃欲试。他们在建筑和城市综合体设计方面的探索和发展，还有吴良镛先生的相关论著，是这一困难的转型期里最值得一提的成就。

吴先生批判地审视地域主义问题，他不仅仅把它看作是一种形式，而是将建筑在更大层面上看成是生态、经济、社会整体系统中的组成部分，看成史诗般具有纪念性的群体，或者看成是日常生活中的工具。

图 13.05　方塔园（冯继忠，上海，1986）

在他研究北京规划的整体框架中，吴先生建议保留原来的社区结构，运用和传统院落系统相连续的建造方式，“有机置换”而不是单纯地保护那些老旧的城市肌理，同时发展出一种叫作“基本院落”的新住宅技术。他将这些理念运用到位于北京市中心的菊儿胡同复兴项目中去（1987 ~ 1993 年）。这是中国城市更新中一次全新的先锋式尝试，避免完全拆除那些在城市中的具有历史性但又荒废着的房子。为了提高街坊的密度，也为了为私人业主提供高的设计标准，同时又保持社区的存在，吴良镛用 2 ~ 3 层屋顶可上人的公寓形成了庭院，借用了中国南方地区鱼骨状循环模式（图 13.06）。

整个计划试图满足人们关于私密性的现代化需求的同时又保持传统的社区模式。居民、建筑师、规划师和当地政府开了协商会，这也成了设计进程中的一部分。吴先生在使得原有城市肌理变得现代化的同时又保持地

图 13.06　菊儿胡同复兴项目的内院（吴良镛，北京，1987 ~ 1993）

域文化多样性和可识别性方面取得了巨大成功。

到了 20 世纪末，中国繁荣的经济形势已确立。但同时参与规划和设计过程的公共部门却缩减了。多数大规模的项目由私营企业驱动，关于设计的多数决定权握在开发商的手中。中国正在飞速发展并以同样的节拍被全球化。受到地域主义启发的设计项目在这片土地上也不断开展，但像张锦秋的作品这样具有品质并严格的并不多。

张锦秋，作为一名女建筑师，是中国工程院院士。她对唐代建筑形制进行了极致而严格地研究，并将其运用到设计中。在陕西历史博物馆中明显体现出来:她的设计理念是将中国的自然与文化背景融入建筑,并取得“和谐”而非单纯模仿传统建筑形制。她并非保守派,为新的项目设计新的建筑,但她的方案始终采用中国传统的唐朝形制，如同莫斯科大剧院芭蕾舞团为保留经典芭蕾传统而作出的努力一般，其成果令人印象深刻（图 13.07）。

到了当下，在许多从全世界各地来的进口公司都不考虑城市历史的连续性或者生态和社会质量的阴影下，关于批判地域主义的争论变得更加深刻也更加关注自身。

和 20 世纪二三十年代建起的上海外滩相类似，中国现在成了外国建筑师的梦想试验田。

肖向毅在中国日报上评论说，“许多新的机会向全世界敞开之际，外国

图 13.07 陕西历史博物馆（张锦秋，陕西，1991）

建筑师蜂拥来到中国”。他们中的大多数对面临的挑战作出了回应；但扎哈哈迪德说，中国是一块“完美的空白画布”——这是忽视地区文脉的说法。

诚然，人们不能仅仅因为这种境况就指责建筑师。就像 Xiang Chongling 教授说的那样，“跳跃式的城市化导致城市盲目发展，忽视人口控制，不切实际地追求经济效益”。[11]

19 世纪在美国也发生过类似的状况，当时美国经历了一段时间经济爆炸式增长，建筑师成为稀缺职业。一些欧洲人或在巴黎美术学院接受教育的美国人推广“布扎”式方案而忽视地域传统、限制和可能性，最终对美国建筑产生了非常消极的后果，如芒福德所观察到的。

尤其在 2008 年金融危机之前浮躁的年代，常常不是由于设计师而是由于业主急于彰显现代性或完全从利益的角度考虑，对地域漠不关心，认为“建筑物唯一的身份就是从环境脱颖而出”。

建筑的规模从以前到现在一直都被认为是最宏伟和客观的指标，以使得自己从普通建筑中脱颖而出。

为了“脱颖而出”，建筑的规模仍被视作最引人入胜、最客观的指标。

位于上海的金融区陆家嘴，632 米高的上海中心将于 2015 年竣工，并将成为世界第二高的建筑。

据苏州城市规划部门的说法，位于江苏苏州的苏州中心广场规划高度超过 700 米。

湖北武汉市正在规划建设一栋 1000 米高的双子塔。

湖南长沙的天空城市在 2013 年开始动工，号称是“世界第一高楼”。

很明显，这些建筑之间相互处于竞争关系。但它们却与所处的人文和自然环境、与所处地域的约束条件和可能性相脱节。

它们除了宣布全球化和翻天覆地的变化已经在中国发生外，还被期待如同“针灸”治疗在人体上的效用一般刺激长时间停滞不前、衰退、守旧的传统城市组织，并使其恢复活力。

事实上，单栋建筑可以带来彻底性变革的想法也并不新奇，而“针灸”的比喻也只是混淆视听。早在 1923 ~ 1925 年，苏联艺术家和建筑师李西斯基（El Lisstzky）就构思了一个被称为“云杆”（Wolkenbügel）的全新建筑类型。他期望这种前所未有的“奇特”建筑形式能够彻底摆脱资产阶级的陈词滥调，能够“唤醒”大众的创新意识。

显然，李西斯基样式（强调把水平向结构举到高处用作功能空间和社交场所这种潜能）给了 CCTV 大楼项目以启示。项目建筑师是否抄袭了李西斯基的社会抱负以及他“建筑具有推动整个城市改变的‘先锋’作用”的看法，这些还都存疑。

CCTV 大楼的结构,引来了全世界的报道和宣传。《纽约时代》杂志称“这可能是 21 世纪最伟大的建筑作品”。

全球化在建筑行业中的传播并不是一帆风顺、毫无阻力的。但不同地方不同建筑师的应对策略确完全不同。

一些建筑师决定用肤浅的方式来诠释他们眼中的“中国性”和区域特征，这就和当年苏联顾问建议采取一种伪传统的方式，让每个公共建筑都戴上中国传统大屋顶一样天真可笑。

考虑到我们这个时代生态、社会和文化的复杂性，要诠释中国的地域性和社区性是极为困难的。但有一条是清楚的，用庄惟敏的话来说，“当今时代，根本不必要去做一个紫禁城的复制品”。

然而，在大多数商业建筑项目中，中国建筑师通过处理建筑外轮廓的形状来模仿一些重要却不相关的著名历史时期的和生活没什么关系的手工制品来克服这种困难。这些建筑中蕴含着地域独特性，就像在北京的一栋新建摩天楼，从古代礼器中汲取灵感形成其样式，因为这个原因，该建筑被称为“中国尊”。[12]

类似地，中国日报报道称，那栋新建的高楼届时将囊括许多从传统文化中汲取而来的元素，这些元素将让人们想起古代中国的城市。建筑的外形会像是一盏孔明灯。[13]

中国建筑师马岩松，是一位在形式和概念上最多产的设计师，他学习于北京建筑大学和耶鲁大学，他和他的同事组成的MAD建筑事务所被大家所熟知。在中国和世界各地的项目中，他提出能够融合建筑与自然、结构和中国园林的建筑以回应公众对于坚硬材料高密度建筑的反应。

山水城市，为中国贵阳的提案，被视为是恢复“自然和人”之间的“和谐关系”的“未来城市”和未来的“社会理想”。毫无疑问，这里有一种强烈的中国形式存在，其源于中国的草书或颠张醉素书法。然而，诱人的模型和制作精巧的装置在展览时很少说这些结构将如何适应一个真正的生态环境和社会环境，以及他们的伪历史结构如何在现实环境中被真正的人们所感知。

难怪，尽管MAD在世界各地已经建设了几个功能成功的建筑，但是许多这些项目都正在且将保持“幽灵”一般空置的状态，其中最声名狼藉的项目是内蒙古的鄂尔多斯市的鄂尔多斯博物馆，事实上，这个城市本身就是一个结构病态的后工业城市，约有100万人口，博物馆场地位于城市外25公里（16英里）（图13.08）。

环球金融中心，在2007年是中国第四高的建筑，其设计者在建筑顶部设置一个圆形洞口来缓解水平应力，同时也希望它能够使得整个方案更具地域性，洞口代表天空，隐喻“天圆地方”。最终该方案顶部的开口在经过一些修改并建成后，人们认为整栋建筑形态如同啤酒“开瓶器”，直到如今也一直这样称呼。

可惜，这些幼稚、琐碎的类比并不能使得他们其中的任何一个显得更

图13.08 鄂尔多斯博物馆（MAD，内蒙古，2006）

加“中国”，不那么与环境格格不入。

当然并非所有的类比和建筑上的隐喻都是幼稚和琐碎的。深层次的类比、对标志带有感情色彩和具有挑战性的运用能够唤醒地域身份感和认同感，这类手法是时间、演化和历史的创造，正如馀力在北京中华世纪坛设计中，于漫长的建筑步道终点设置了一台日晷（图 13.09）。

其他开发商正面临公众的批评，公众认为如今中国的新建筑正变得越来越奇特和怪异，正由于他们要求建筑师从著名的西方历史场景中“借用”建筑并设计出类似的方案。开发商期望通过这种手法使得客户体验到生活在异国他乡的感觉，并声称回家如同去了别处，仿佛在迷人的异域旅行。当然通过本书前面的章节的叙述，我们了解到这种做法并非中国独创。西方的建筑开发商用意大利南部别墅占据英格兰的土地，在意大利和希腊的郊区开发瑞士或苏格兰“农庄”。建筑以这种方式成为其他正在飞速发展的中国工业的一部分，以建筑领域内的合法方式生产着仿制品。

然而其中一些项目后来成为了失败品，不仅是文化上，在经济上也是如此。例如斯皮尔（Speer）的安亭德国新镇，该项目位于上海郊区，以吸引该地区增长的汽车产业员工为目标。斯皮尔本人并非目不识丁，但他被建议设计一座仿效德国小镇的新城，将吸引天真且仰慕德国严谨风格的中国客户。然而尽管中国人确实敬佩德国人的严谨，却并不买账。这片住区达到了中国传统居住单元的标准，却仍然遭遇了商业上的失败。甚至席勒和歌德的雕塑也被放置在了这里，使之更像德国。其他类似的案例还有“奥

图 13.09　中华世纪坛（北京）

地利”如画式风格的哈尔施塔特的复制品，与哈尔施塔特对环境独特性的充分适应和利用刚好形成了对比。整个中国土地上的案例不计其数：天都城，巴黎的复制品，其中有一座仿制的埃菲尔铁塔；浦江颐城，开发商竭力复制任何一个他们认为能代表意大利地域特色的符号。

大多数这种类型项目的问题并不主要在于在中国土地上运用异国符号、技术和手法，而是在于忽视并且时常违背中国地域生态、社会和文化现实。长期来看，这种类型的建筑实践自然将会减少世界的多样性，并将其转化为一个全球化、商业化、平面化的超级市场。

都市实践所设计的土楼公社是一次积极的尝试，他们利用形式上的类比来使得方案本身更加地域化和中国化。都市实践是一个非常高品的中国本土建筑事务所，并有着强烈的社会责任感。该项目位于佛山和广州之间，正如项目名称所揭示的，类比著名的福建土楼。从项目地点到达真正的土楼需要耗时一天。但构成土楼公社居民的城市移民和工人不同于当年逃亡的客家人部落（图 13.10）。[14]

客家人的土楼是世界历史中最好的社区空间之一，他们在这种环形的建筑内创造出了安全、高效和便于交往的空间。居住空间非常紧凑，但每个居民都乐于、也能够便捷地到达中央的露天广场。在广州的现代土楼公社中却没有这种体验。

图 13.10　土楼公舍，都市实践（广东，2008）

由于都市实践的土楼公社其形态养眼且非常有画面感，受到全世界建筑师的欣赏和仰慕，国外建筑师将它视为当代地域建筑的典型案例。然而这个方案只是采用了一个并不恰当的隐喻，土楼的形状实际上阻碍了建筑空间的功能性。与我们上文中提到的1951年建设的上海曹杨新村相比较，土楼公社缺失了社交环境的质量、可持续的现实设计，以及谦逊且最低限的、真实的地域主义，曹杨新村至今仍在使用并被大家所喜爱。

由于城市化在当地乃至世界范围内此起彼伏的战争，为“大量人口”解决居住问题成为20世纪建筑领域最大的挑战，并且至今仍未完全解决。许多早期二战后建设的项目仍在使用，他们的早期居民，如同居住在曹杨新村中的居民一样，对此十分怀念。香港著名建筑师张智强正是出生于20世纪70年代建设的这类集合住宅中，其32平方米的面积与都市实践项目中的完全一致。和土楼公社类似，这类公寓的目标群体是一对夫妇，然而最终往往容纳了两倍多的人口。张智强仍居住在这间公寓内，只不过是独身一人。这是他的家同时也是一座博物馆，容纳了居住者的个人经历以及1976年、1988年、1998年和2007年的空间变化历史，它们与作者生命中的关键时间点相呼应：出生、童年、探索和梦想、奋斗的岁月、不断地实验、最终获得成功。它们同时也对应于香港发展的重要时间节点：从苦难、拥挤、过于劳累的时代来到商业广告与商业宣传大行其道的时代，成为推崇备至的商业中心；从充满紧张和不确定到最终成为中华人民共和国的特区。

多年来，张智强一直居住于这间公寓，对它的空间和内容进行着重新定义，改变它来适应不同的使用者和不同的使用需求，例如祖父母的去世、姐妹和父母的离开，最终他成了这间公寓的所有者。尽管不断进行着重新设计，公寓的地域身份始终得到了保留，如同内向的壁柜一般，各类家具与配件在其中紧密的储存在一起，它们仿佛被放置在行李箱中；通过这种方式，他再现了香港人的集体表征，很大程度上来说是“随身带着行李箱的人们”。在历史中，他们不断来来往往、改变着自己，最终成功地生存下来。

如行李箱一样，这间公寓尽管根植于地域和社区，却有着不断展开的能力，通过这间未开窗的公寓中最主要的家具：投影仪和屏幕，能够看到千里之外的景象。这是香港家庭的传统：在第一个广播与电视节目诞生的两年后，即1969年，有报道称广播与电视节目进入了90%的香港家庭。

非常罕见的，开发商张欣和潘石屹发起了一项避免“仿制品”并强调地域主义的项目，邀请了张智强作为设计师（参与设计的还有限研吾、张永和等）。在他们的构想中这是一个“实验性质”的项目，委托了12位亚洲设计师来设计一组昂贵的私人“度假”住宅，名为“长城脚下的公社”

（2000 ~ 2002）（图 13.11）。

该项目的名称包含了毛泽东时代的“公社”，同时《商业周刊》将之称为“新的中国建筑奇迹”。但是实际上，该项目只是一系列互不相干的房子的集合，并没有形成任何程度的社会机构或地域身份，然而这些特征在 20 世纪 60 年代的美国建筑中都可以见到，例如埃德·巴尔内斯（Ed Barnes）和查尔斯·摩尔（Chrles Moore）的作品。该项目也未能为地域建筑未来的发展方向提供更多想法和指示。

由王路设计天台美术馆（1999 ~ 2000）位于天台县，离上海约 200 公里，位于中国东部沿海，在中国历史上占有至关重要的地位。隋朝建造的国清寺及其他一些重要历史建筑位于天台山脚下，是天台一脉佛教的发源地。许多著名的书法家与诗人都曾在此留下题词或诗句。天台美术馆陈列着一部分书画收藏以及其他种类的文化遗产。王路规避了历史主义或是地域主义的“中国风”，转而研究新建筑植入这样一个丰富但脆弱的自然与文化环境中时，其中存在的问题与解决方式。这栋建筑被“嵌入”到景观中“通过发现、调整与重构”这种“在过去与未来中”的“关系与肌理”。该方案同样使用了胡同中低矮的庭院类型，这种类型对任何博物馆都适用。建筑的表皮也得到了妥当的设计，使用当地的花岗岩创造出粗糙的石材立面，产生出古朴、自然的风格，这种手法若是让设计曼德罗夫人住宅时期的勒·柯布西耶来评判，他也会非常赞同（图 13.12）。

图 13.11　长城脚下的公社（北京，2000 ~ 2002）

毫无疑问，除了建筑类型外，在该方案设计中的主要因素就是材质，天台山当地的石材，建筑师将之利用为建造材料或覆层材质。建筑类型和材料在表达地域身份的手法中最为有力且深刻，优于装饰性元素或图像化的隐喻，后者能够很快引起共鸣但随即就会被遗忘。

类似的概念也体现在王澍和他的妻子陆文宇所做的一系列卓越的设计中，他们在过去15年中合伙经营着“业余建筑工作室”。他们的早期作品之一，位于中国杭州转塘镇的中国美术学院象山校区被构思为山水中的乡镇。每栋建筑都是庭院民居建筑的一种变形。该方案与周边的自然环境相“连续”，引自恩内斯托・罗杰斯（Ernesto Rogers）的评论，在空间布局上，每栋建筑都被安置在象山脚下，以各自不同的方式与象山发生对话。

在这个项目中，材料和技术的选择均以最小化“将来对自然环境的负面影响”为标准。正因此王澍没有采用新材料，而是循环利用了来自浙江省的200万老旧砖瓦，尽管它们如今已被拆除，它们承载的记忆却以另一种方式获得新生。他称随着建筑逐渐被建造起来，环境也恢复了生机。“山脚下原有的溪流、土坝和鱼塘也得到了修缮。水底的沉沙用做建筑周边的覆土。溪流和池塘边种上了芦苇。得益于新的校园，转塘镇从边缘化的状况找回了它的归属感并延续了当地的建造传统，从某种意义上来说，象山也获得了重生”。

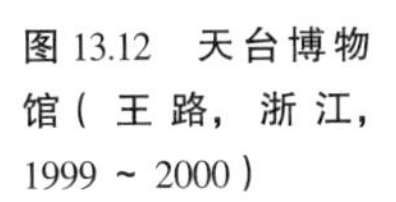

图 13.12　天台博物馆（王路，浙江，1999 ~ 2000）

他在宁波美术馆的设计中蕴含了相似的思想。在宁波美术馆的设计中，他同样“收集和利用了该省东部的再生建筑材料（那里靠近海洋，由于台风的影响，许多房屋坍塌。人们没有足够的时间重建，就将旧砖随意堆放起来）。然而这种随意的堆放在我看来却十分美丽”。[15]

回应着中国也是全世界主流建筑诸多与环境孤立的实例，王澍宣称“由业余建筑师建造的自发的、非法的临时建筑与职业建筑师建造的建筑是平等的”，因为这些建筑是以给人使用为目的，而不是为了获利或进行宣传。它们构成了地域的真实场景。“人性化比建筑本身更重要”。

马达思班（MADA S.P.A.M）观察到红色百叶窗旁对当地石材的利用，展示出了当地农民的建造技术，受到这一点的启发，他们设计出了“玉山石柴”中令人印象深刻的开放空间（玉山，秦岭，1992 ~ 2003）。

石材和平面构成在张珂（2001 年成立的标准营造事务所合伙人之一）和赵杨设计的小型游客设施中扮演了同样重要的角色。避免因循守旧，拥抱所处地域环境和文化方面的限制，从而形成了具有高度创新性的作品（图 13.13）。

建筑构造也基于当地材料，使用了当地一种将木屋顶放置在石材承重墙上的方法。这座小建筑是游客游览雅鲁藏布大峡谷以及尼洋河独特的地势与景观的起点。

与“如画”运动中参考周边环境来确定建筑轮廓的做法不同，张珂和赵扬选择用不规则的空间体量“呼应”环境同时与地区进行“对话”。人们可能会联想到柯布西耶在朗香教堂中所使用的对体量进行切削以及“雕刻”空间的手法。在南迦巴瓦接待站的设计中，设计师将色彩作为西藏视觉文化的重要方面进行考虑。他决定使用当地的矿物颜料来涂抹公共空间室内的石材表面，因此，室内的色彩与穿透建筑的阳光相互作用，光线的变化改变了室内的色彩，与流逝的时间相呼应。设计师坚持随机进行色彩的选择与混合，不仅使得这座建筑感性了起来，周围环境也似乎变得更有人情味。

另外一个案例是同样位于藏区的嘉那嘛呢游客到访中心，建筑位于青海

图 13.13　尼洋河游客中心［张珂（标准营造）与赵杨（赵杨工作室），西藏，2009］

玉树，是藏区极其重要的宗教中心之一，由简盟建筑事务所设计（图 13.14）。

该建筑主要依赖当地的建造技术和石材，雕塑嘛呢石是当地居民的主要职业。这个项目用引人入胜的创新方式回应着最复杂和困难的背景，其所处的物理环境及文化环境都是独一无二的。这个实验性质的方案并没有通过复制传统元素来彰显地域传统和文化。它不仅为游客提供了服务设施，在旅游淡季时还成了当地居民的社区活动中心和教育设施。这成为地域主义手法如何对当代最迫切需求做出回应的好的范例。

在位于福建省下石村的“桥上书屋”项目（2010）中，李晓东在这个边缘山村进行的原创设计埋下了希望的种子。他将村落中的两部分——分别位于一条溪流的两侧的两栋土楼联系起来。建筑的结构部分包括横跨这条溪流的两榀钢桁架，多用途的教育设施被安排在其间（图 13.15）。它将原本被隔断的村庄重新联系起来，并在两侧分别形成服务于两栋土楼（过去曾为内向的堡垒）的过渡空间。过渡空间可被利用为村民的社交空间或用于节庆，学校的一侧可以开敞，从而提供演出的舞台。在采用当代建构手法以及细节的同时，其蜿蜒曲折、穿越溪流的流线来源于传统中国的小径。

至关重要的是，桥上书屋作为一个连接体的同时也是一个都市的介入体，但它不仅与周边环境相结合，与村庄的生活方式相和谐并同时推动着当地文化、社会和经济的复兴。显而易见地，这栋新建筑为这个小小的乡村社区居民带来了社区的氛围以及对未来的希冀。

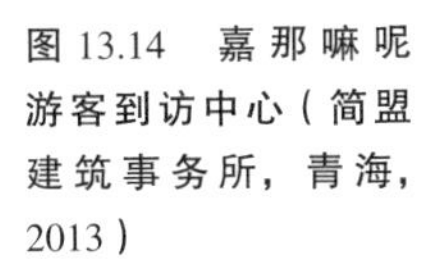

图 13.14　嘉那嘛呢游客到访中心（简盟建筑事务所，青海，2013）

艾未未设计的金华金东区义乌江大坝从规模上与我们先前讨论的这些重要但小规模的项目形成对比，沿河步行道覆盖了整个空白场地，通过其光滑表面上微小却锐利的凸起和雕刻提高了其识别性（图 13.16）。无法分辨它究竟属于巨型雕塑、地景艺术还是景观设计，也难以定义地域主义环境设计应是怎样的规模，或许弄清这些并无意义。这进一步证实地域主义并非一种风格。

图 13.15　桥上书屋，李晓东，福建，2010

图 13.16　金华金东区义乌江大坝（艾未未，浙江，2003）

与我们先前讨论的在乡村地区所进行的设计相类似的，还有景观设计师、地景艺术家和环境设计师俞孔坚的作品。他的项目多为大规模的开发项目，并紧邻高密度的城市地区。

他将他的设计手法称为激进的“大脚”（与过去妇女裹小脚相反）。他对于传统的态度并非来源于对现代化的简单追求（这种态度在新中国的城市建设中非常常见），而是来自于对中国以及世界的生态环境的忧心。为了回应这个问题，俞孔坚紧跟时代的步伐，对地域主义进行了重新定义。

他回顾了二战后欧洲和北美建筑师提出的“大数字”或“伟大社会”的概念所带来的影响。当时人们关注的重点在于提供住所，俞孔坚关注的却是整个生态环境。他指出，20 年内，中国 13 亿人口中，65% 将居住在城市。662 个中国城市中，2/3 的城市缺乏充足的供水，所有的城市及郊区水源都受到了污染。每年有 2500 平方公里的土壤沙化，50 亿吨的土壤被海水吞蚀。在 50 年内，中国 50% 的湿地将会消失，剩余的湿地中，40% 将受到污染。对这些数字的考量不能仅仅作为一种可选方向，而应作为当下的设计活动中的核心，作为重新定义地域以及地域主义的框架。

意料之中的是，他对于库哈斯设计的央视大楼一类的方案予以猛烈的抨击，它们如雨后春笋般出现在中国的城市中，毫不考虑造价，更重要的是漠视对环境、生态以及文化的影响，仿佛在毫无背景的沙漠中进行设计，正在将人类最重要的聚居地之一变为荒漠。

俞孔坚的故乡在浙江省中部，那里因美丽的山水以及丰富的民居建筑而闻名。作为农民的儿子，俞孔坚曾在农田中成长并劳作，于他而言土地既是日常生活的一部分，又是生计的来源。他在中国和哈佛大学接受了设计与学术研究方面的教育（于 1995 年获得设计方向的博士学位），1997 年开始在中国进行设计实践，同时在北京大学进行教学与研究。他在研究中试图综合现代以及传统的设计方法论；他的第一部著作《理想景观探源：风水与理想景观的文化意义》（1998），探讨了中国的传统景观理论。

俞孔坚的代表作品之一是河北省秦皇岛的一个垃圾场改造项目（2008），他将垃圾场改造成了“红飘带”（图 13.17）。基地位于秦皇岛市东郊，唐河边，曾是废弃的垃圾场和旧城区。设计方案试图用最小的改动带来环境质量的显著提高：一个由钢纤维构成、多功能的“红飘带”从场地内部升起，长达半公里，为公园内提供座椅和灯光，同时又成为一种景观装置。云状的四座休息亭被放置在“红飘带”上：“各种植物样本在设计好的洞口中生长”，形成白、黄、紫、蓝四种颜色的花园，点缀在过去的空地上，将这片废弃的垃圾场和旧城区变为了景点。

图 13.17　社区垃圾场改造的红飘带公园（俞孔坚，河北，2008）

“红飘带”是相对规模较小且相对较为简洁的项目，代表了这类治疗性的地域主义实践的趋势。虽然俞孔坚的大部分项目都拥有较大的尺度，但这些项目面对的目标与“红飘带”相类似。例如上海后滩公园项目，该项目同样具有治疗性，并优化了地区发展。该项目位于过去工业用地中，涉及对衰败的滨水区进行重新利用与复兴、建造湿地、控制生态洪水（即设计出一个“灵活的机器”来治理黄浦江的污水），以及发展都市农业。同时它也具有反思性和批判性，试图向 2010 年世博会的参观者证明“生态设施将如何以多样的方式服务于社会和自然”，以及生产性景观能够如何触发人们回忆以及对于未来生态文明的思考。

最近，由俞孔坚设计，位于金华江、义乌江和武义江交汇处的湿地公园获得了世界建筑节最佳景观奖。位于浙江省金华市，占地 26 公顷的燕尾洲公园在地势上防范洪水的侵袭，提供野生动物的栖居地，构成一个漫行步道和桥梁的网络，共同歌颂该地区的独特特性。

俞孔坚的方案多数是大规模的项目，几乎没有基础设施或构筑物这种类型。总之，除去交通枢纽外，在中国建筑与基础设施之间的联系非常微弱。这一点令人诧异，因为中国在对基础设施技术的投资和发展上正逐步领衔全球，当这些技术在城市环境中落实时却不能与现有基础设施兼容。除了少数例外，他们没有对表达地区社会和文化品质给予足够的重视，只是专注于过时的有关规模、壮观的宣传性指标或者专注于获得明星建筑师的方案，而明星建筑师往往对这些品质关注甚少。

在过去的 20 年间，文化建筑、博物馆、图书馆、画廊、纪念馆这些类型的项目逐步减少对短期明星宣传效应的依赖。它们开始更多地探讨地域历史、社会文化和景观环境品质，从长期的角度丰富这个国家未来的多样性。

最具有象征性的建筑便是 2010 年世博会中国馆（图 13.18），其建筑师是当时任华南理工大学建筑学院的院长的何镜堂。将这个项目与 1950 年代的公共建筑相对比会发现非常有趣的差别，当时他们在这些建筑中探寻宣示“中国性”的方法，最终却采用了与功能和结构无关的标志。72 岁的何镜堂在设计中国馆时，将小部分中国古代木结构中的基本标志元素和构件抽象化，用以暗示整个历史长河以及整个中国地域风格的延续。

严讯奇在设计位于广州珠江新城的五层博物馆时（2010 年完工）也抱有同样的期许，他希望将这栋建筑称为一个完整的艺术品（Objet d'Art），以纪念性建筑的尺度提供“完整的体验”。

他没有将中国传统雕刻艺术品视作孤立的展品，而是将它们与建筑空间中的材料和几何关系联系在一起，将整个建筑构思为“城市文化身份”的“一则寓言”，通过“漆器、象牙球、翡翠球或青铜罐”的概念提供给“参观者印象深刻的参观流线和对广东省历史、传统智慧的体验”。严讯奇的设计方法论中令人称奇的方面是他构想出的“宝盒概念”将博物馆中的功能和活动流线用类推的方案包含其中，与“动态的空间几何中随意安放的壁龛”一起，达到一种独特的空间适应性（图 13.19）。

该博物馆的平面布置“受到带有传奇色彩的同轴象牙球雕刻的启发。

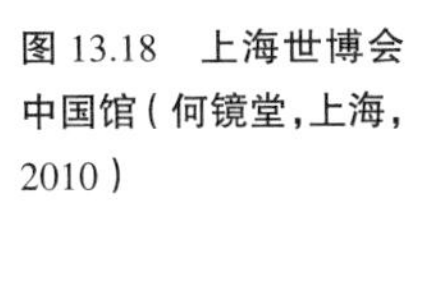
图 13.18 上海世博会中国馆（何镜堂，上海，2010）

象牙球中的每一层采用不同的雕刻图案，从而使得内部产生不同程度的透明性，形成有趣的空间形式，吸引参观者进入其中的展厅”。

云南省博物馆新馆是严讯奇近期的一个项目。从外部看这栋建筑像是亚系地质事件产生的结果或来自过去的神秘城堡，坐落在一个“毫无特色的抽象的……昆明市新开发的郊区”。

这一次严讯奇同样将博物馆看作储藏知识的宝盒，同时进入其中能够产生丰富的空间体验。与一种创造性的手法相联系：此时时间定格在过去而“下一秒就转换到另外一个时间和场景中”。

在这个方案中，严讯奇尝试拥抱传统“石林”的地域特征和丰富性，为达到这一点，他采用了一个漫步系统。通过“千年来大自然所塑造的，当地地理景观中粗野有力、充满戏剧性的美感以及建筑如同层叠的盒子包裹着展品的概念，决定了建筑中所采用的最重要的隐喻，即它像一组装载艺术品的容器——一组空间体块聚集为一个整体，且每个单元都清晰可辨”。

在设计博物馆的内部微环境时，严讯奇充分利用了当地自然气候条件，在消耗最少能源的前提下达到了很高的室内空气质量。

他将自己的设计手法称为“精神手法”（Psychological）。他的建筑从不复制或描绘什么。如同音乐作曲一般，他对建筑空间的组织是为了产生“气氛”和“期待”，同时又与建筑所处的场地和地域发生联系，形成和谐的整体。在他的“怪院子”（2000 ~ 2002）中，传统庭院住宅类型的“痕迹”（the footprint）与“场地特殊的地形和景观朝向”相适应。

图 13.19 广东省博物馆新馆（严迅奇，广东，2010）

在公共建筑的类别中我们要提到的是纪念馆和纪念碑建筑。作为一个不断试图从过去的悲痛以及曾经的荣耀中重生并尝试批判地看待历史的国家,建造这类建筑与其目的并不矛盾。其中大多数建筑纪念的是某一领导人、革命者、英雄或为国家牺牲生命的烈士，并采用历史参照或从先前的杰作中提取符号来指代被纪念者。

然而最悲壮的是那些献给大批逝者、献给历史感、献给社会未来的建筑。

江东门纪念馆（1985）（图 13.20）由齐康设计。他 1952 毕业于南京工学院建筑学专业。随后留校任教，在 1980 年于东南大学创立了先锋的建筑研究所。这个项目把握了那种无法被言语表达或图像化的悲痛感和荣誉感，将它们以一种情感全景图的方式展现，用齐康的话来说是一种“有感觉的空间”，一种“整体环境设计”，以室外空间为主，对当时的 30 万死难者进行纪念。这些充满恐惧和毁灭感的场景能够让每个人感同身受，同时又根植于其所处的特殊地域、实践和人群中。

刘家琨是一名成都建筑师，其设计的鹿野苑石刻博物馆展陈了一系列石刻雕塑,给了人们了解当地传统建构件数以及相关工艺品、建筑物的机会。成都当代美术馆（图 13.21）则以一种巧妙的方式坐落于基地并以开敞的方式面对周边地区和景观，给人们提供学习空间的同时也形成了社区公共空间，容纳市民的活动。

刘家琨工作的动力来源于对地域和社区身份的颂扬，对年轻生命和集体记忆的尊重。纪念馆并不仅仅展示着与英雄牺牲或无辜者死难有关的战

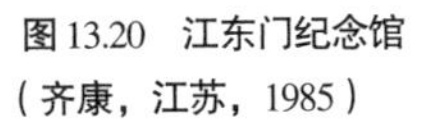
图 13.20　江东门纪念馆（齐康，江苏，1985）

图 13.21　成都当代美术馆（刘家琨，四川，2011）

争记忆，同时也纪念自然灾害的死难者，为人们敲响警钟。因为大部分时候后者并非天灾而是人祸，源自缺乏职业责任感、源自欺诈、高风险的投机以及对安全制度的置若罔闻。

刘家琨所设计的胡慧珊纪念馆位于四川省都江堰市聚源镇，纪念的是一名聚源中学的 15 岁女学生，她在 2008 年 5 月 12 日的地震中死去。该建筑是一个简单的坡屋顶小屋以纪念她，同时也纪念其他在这次灾难中丧生的"平凡""被珍视"的年轻生命，"一个复兴中的国家的基础"。

相似的，由邱文杰和庄学能设计的 921 地震博物馆位于台湾省台中县雾峰乡，具有纪念馆和博物馆的功能。建筑位于一个在地震中损毁的初级中学遗址之上。建筑平面遵循着学校过去的跑道布置。整个园区为每个来参观的人们上了一课，不仅关于地震，也关于建筑安全结构的可能性。其中还包含一部分保留下来的地震中损坏的教室。

在位于四川省安仁镇大邑村，面积共计 10 万平方米的建川博物馆中（图 13.22），有一座不屈战俘纪念馆。程泰宁试图把握百年历史中所发生的悲剧性事件的真相，同时避免使用繁琐的传统符号，它们虽能够吸引人们的注意力但并不能做到对历史的强调。在不屈战俘馆中，他设计出了一种叙事诗般的环境，揭示出中国当时的恐惧、痛苦和愤怒，同时也反映出中国民俗文化的丰富性和值得骄傲的创造力。各场行动随着多条路径展开，像是一场多维电影。

不同的建筑物为场所的身份和识别性作出了巨大的贡献。在充满多样性的世界中，需要这些建筑来吸引人们关注不同地区的独特之处和个性。

图 13.22　建川博物馆·战俘馆（程泰宁，四川，2006）

然而孤立的建筑不能填补一座城市或地区的生态或社会品质，不论它们本身多么优秀，甚至是由“明星”建筑师所设计。

一个地区、一个城市是具有高度复杂性和相关性的环境—社会系统，任何介入和干预都将产生难以预估、非计划中和不可逆的后果。它们需要属于自己的方法论和专用的组织框架。另一方面，在过去的 30 年中随着国家和公众在对人居环境进行生产和控制的环节逐步退出，并更多地交由私人企业来发起，后者认为城市甚至是地区是由孤立建筑组成的，而不是维持着社会和生态品质的整个系统。除此之外，为保持这种品质我们不仅需要恰当的专有技术也需要正确的公共体制。程泰宁呼吁“系统改革”；我们应该如何规范如今混乱的设计市场，发展和改进如今缺失的规章制度？“20 世纪六七十年代活跃的设计机构已经关闭”甚至“20 世纪八九十年代的设计管理处也成了流水作业”，需要“系统改革”。总体来说中国当代建筑不仅与建筑师群体相关也和整个社会有关。

地域主义并非一种风格。它是通过历史发展出的一种文化方式，以纪念、宣传或者保护地表特定区域即我们所称为地区的生态、社会和文化身份。建筑和城市设计是其中最重要的表现方式之一，也是本书的主题。

“地域主义”这个术语数个世纪以来都未曾改变，但是正如本书所阐述的，它的含义和社会用途随着促进具体实践和政策的目的而急剧变化，常常会支持相互冲突的运动和代表截然不同的利益。

在 19 世纪，“地域主义”拥护着数不清的反抗全球化或殖民统治的解放斗争和民族运动。但从 19 世纪下半叶起也被用于消费主义以及种族主义运动（甚至是纳粹），培育出偏狭的观念和侵略性。

“批判性地域主义”出现在我们这个时代，旨在阻碍全球化毁灭性的影响，后者正在将世界的自然、社会和文化多样性，即我们所称的“自然和文化的峰与谷”，转化为全球化的平地，并割裂建筑物之间的联系、促使环境贫瘠化，导致未来的幸福感丧失。同时它也抨击消费主义和任何起到倒退作用的做法，正如我们见到的，地域主义在不远的过去所起的作用。当今的地域主义确保共同发展、社区合作的同时，维持环境的特殊性和多样性。

正如本书所描写的，“地域主义”和“批判性”地域主义都不是永恒不变的、抽象的概念，它们基于历史。如今地域主义要求建筑师和规划师承担责任，面对地区的现实，地区的可能性和限制进行批判性地分析和建造，创造更多的幸福感而不是不假思索地引进和采用“伪神”（False Gods）（甚至“明星”建筑师作品）的解决方案，以盈利或名声为目的，或是同样不假思索地拥抱旧时代的仿制品，不顾它们已经与当下真实的需求、人们对于美好生活的期望相去甚远。一个地域主义项目应当是遵从现实的。你可以用“现实主义”一词来代表如今地域主义的内涵。

结　语

通过对历史的回顾我们可以发现，从罗马帝国时代到当代的全球化时代，有两股地域主义的脉络。其中之一与全球化系统（例如古典建筑及相对近期的国际式风格）相抗衡；另外一种地域主义则坚守着地区的特性与身份。同时我们可以看出地域主义的定义在不断变化，在不同政治、文化运动的发展过程中发挥着不同的作用。

例如在刚刚过去的两个世纪中，地域主义与民族主义运动紧密联系在一起，并且几乎融为一体，为虚假民族身份的构筑以及民族建筑的建设提供了舞台。但借助其构筑虚拟世界的能力，地域主义也被运用于促进商业发展，建造起“逼真”的商业中心、集市、以盈利为目的的住区以及充满仿制品的旅游天堂。在这两种情况中，人们都试图利用地域主义对使用者进行“重新部落化”，将他们桎梏于“虚拟社区”，或将他们围困在消费主义的幻想世界。

但同一时期，地域主义也参与了环境及生态观点的演变，并帮助定义了建筑的全球化进程所产生的大范围、长远的负面影响及其对于文化及生态多样性产生的威胁。

本书最后一章呈现的是“二战”后，全球化新浪潮带来大量重建及城市复兴项目的背景下，批判性地域主义如何产生并与之抗衡。为了创造出更好适应地区条件、环境资源和文化约束的智能结构，批判性地域主义对地方建筑先例进行重新利用与转译，远离过去在运用地域主义的过程中产生的民族主义及消费主义误区。

鉴于此，批判性地域主义建筑实践试图唤醒人们对于现实的关注而非沉溺于幻觉的图景。为了达到这一目的，建筑师们往往将传统元素奇特化而非使它们呈现怀旧或是熟悉的状态。

另一方面，后冷战时期随着苏联的解体，一些新的国家产生，“民族风格”能否表达身份？这一点仍有待探讨。但在我们看来，这类讨论的重要性正在削弱。[1] 对于这些新国家而言，亟待解决的是人民的生存问题、被压抑与被忽视的少数群体引发的政治冲突，以及合法的自给自足无力维持独立的经济状况从而产生的经济危机。

最终，这些新国家面对的最主要的问题将是自然和文化多样性的减少，伴随着前所未有的生态和经济危机。实际上，这是每一个国家都必须面对的问题。“威斯特法利亚”主权国家标准所制定的地区边界完全不能解决多样性减少的问题，各地区之间应该明确的是其各自独特的资源及约束条件，而不仅仅是物理边界。与其被全球化的力量削弱和扁平化，所有地区应该被纳入一个复杂而相互依存的全球系统中，该系统包含物理、社会、文化以及如今最重要的生态等各个方面。

注 释

自序

[1] A. Tzonis, L. Lefaivre, and A. Alofsin, ‘Die Frage des Regionalismus’, in M. Andritzky, L. Burckhardt, and O. Hoffmann (eds) *Füreine andere Architektur*, vol. 1, Frankfurt am Main, 1981.

[2] Eric Hobsbawm, Nations and Nationalism since 1780: *Programme*, *Myth*, *Reality*, Cambridge, 1990.

前言

[1] Thomas Friedman, *The World Is Flat*: *A Brief History of the Twenty-First Century*, New York, 2005.

[2] Walter Christaller, *Die zentralen Orte in Süddeutschland*, Jena, 1933.

[3] Lösch's ‘law of minimum effort’ (1954) and Zipf's ‘principle of least effort’: George Kingsley Zipf, *Human Behavior and the Principle of Least Effort*, Boston, 1949.

[4] Among the seminal studies taking into account modern types of transportation were C. Hammer and F. C. Iklé, “Intercity Telephone and Airborn Traffic Related to Distance and the “Propensity to Interact'”, Sociometry, vol. 20, no. 4, 1957, pp. 306-316; and Wesley H. Long, ‘City Characteristics and the Demand for Interurban Air Travel’, *Land Economics*, vol. 44, no. 2, 1968, pp. 197-204; and, on how cities interact in space, John Q. Stewart and William Warntz, ‘Physics of Population Distribution’ *Journal of Regional Sciences*, vol. 1, 1958, pp. 99-121.

[5] Immanuel Wallerstein, *The Modern World-System*, New York, 1974.

第一章

[1] Plutarch, *De Malignate Herodoti*, 12.1.

[2] Alexander Tzonis and Phoebe Giannisi, *Classical Greek Architecture: The Construction of the Modern*, Paris, 2004.

[3] T. Hamlin, *Architecture through the Ages*, New York, 1940.

[4] M. Heidegger, *Aufenthalte*, Frankfurt am Main, 1989.

[5] Jean-Pierre Vernant, *Mythe et pensée chez les Grecs: études de*

psychologie historique, Paris, 1965.

[6] Peregrine Horden and Nicholas Purcell, *The Corrupting Sea*, Oxford, 2000, p. 275.

[7] A. M. Snodgrass, *Archaeology and the Rise of the Greek State*, New York, 1977.

[8] C. M. Antonaccio, 'Placing the Past: The Bronze Age in the Cultic Topography of Early Greece' , in S. E. Alcock and R. Osborne (eds) *Placing the Gods: Sanctuaries and Sacred Space in Ancient Greece*, Oxford, 1994.

[9] F. de Polignac, *La Naissance de la cité grecque*, 1995.

[10] C. Morgan, 'The Archaeology of Sanctuaries' , in L. G. Mitchell and P. J. Rhodes (eds) *The Development of the Polis in Archaic Greece*, London, 1997.

[11] J. Strauss Clay, *The Politics of Olympus: Form and Meaning in the Major Homeric Hymns*, London, 1989.

[12] Alexander Tzonis and Liane Lefaivre, *Classical* Architecture, Cambridge, MA, 1986; Alexander Tzonis and Phoebe Giannisi, *Classical Greek Architecture: The Construction of the Modern*, Paris, 2004.

[13] John E. Ziolkowski, 'National and Other Contrasts in the Athenian Funeral Orations', in H. A. Khan (ed). *The Birth of the European Identity: The Europe-Asia Contrast in Greek Thought, 490-322 B.C.*, Nottingham, 1994.

第二章

[1] W. S. Heckscher, 'Relics of Pagan Antiquity in Mediæval Settings' , *Journal of the Warburg Institute*, vol. 1, pp. 204-220, 1937-1938. The Casa dei Crescenzi is also discussed in R. Weiss, *The Renaissance Discovery of Classical Antiquity*, Oxford, 1973, p. 10. See also Richard Krautheimer, *Rome, Profile of a City, 312-1308*, Princeton, NJ, 1980.

[2] Krautheimer, *Rome, Profile of a City*, pp. 120-121.

[3] L. Heydenreich, 'Der Palazzo baronale der Colonna in Palestrina', in G. Kauffmann and W. Sauerlände (eds) *Walter Friedländer zum 90. Geburtstag*, Berlin, 1965, p. 87. See also the excellent M. Calvesi, *Il sogno di Polifilo prenestino*, Rome, 1983, especially pp. 34-65.

[4] Krautheimer, *Rome, Profile of a City*, p. 198.

[5] Rosalind B. Brooke, *The Coming of the Friars*, London, 1975.

第三章

[1] David R. Coffin, *Gardens and Gardening in Papal Rome*, Princeton, NJ, 1991, p. 7.

[2] Ibid., p. 61.

[3] Alexander Tzonis and Liane Lefaivre, *Classical Architecture*, Cambridge, MA, 1984.

[4] Coffin, *Gardens and Gardening*, p. 165.

[5] Ibid., p. 71.

[6] Anthony Blunt, *Philibert de l'Orme*, London, 1958.

[7] Liane Lefaivre and Alexander Tzonis, *The Emergence of Modern Architecture: A Documentary History, from 1000 to 1800*, London, 2004.

[8] Philibert de l'Orme, *The First Volume of Architecture*, 1567–1648.

[9] Boris Porchnev, *Les Soulèvements populaires en France au XVIIe siècle*, Paris, 1972.

[10] Roland Mousnier, Fureurs paysannes: les paysans dans les révoltes du XVIIe siècle (France, Russie, Chine), Paris, 1968.

[11] Erik Orsenna, Le Portrait d'un homme heureux: Le Nôtre, Paris, 2000.

[12] Lefaivre and Tzonis, The Emergence of Modern Architecture.

第四章

[1] Joseph Addison, *Spectator*, no. 69, May 19, 1711.

[2] Liane Lefaivre and Alexander Tzonis, *The Emergence of Modern Architecture: A Documentary History, from 1000 to 1800*, London, 2004.

[3] William Temple, *Spectator*, no. 414, June 25, 1712, Lefaivre and Tzonis, *The Emergence of Modern Architecture*, p. 273.

[4] Lawrence Stone, *The Crisis of Aristocracy, 1588–1641, Oxford*, 1965, p. 15.

[5] Pevsner was in of the first art historians to stress the political significance of the Picturesque: N. Pevsner, 'The Genesis of the Picturesque', *Architectural Review*, vol. 96, 1944, pp. 139–146.

[6] William Mason, *The English Garden in Four Books*, 1772–1781, corrected edition 1783.

第五章

[1] Fiske Kimball, *The Creation of the Rococo*, Philadelphia, 1943.

[2] See Charles Nicolas Cochin, quoted in Liane Lefaivre and Alexander Tzonis, *The Emergence of Modern Architecture: A Documentary History, from 1000*

to 1800, London, 2004, p. 341.

[3] See the J.-F. Blondel quotation in Lefaivre and Tzonis, *The Emergence of Modern Architecture*, p. 327.

[4] Kimball, *The Creation of the Rococo*.

[5] Jean Bodin, *Les Six Livres de la r é publique*, 1576.

[6] Lefaivre and Tzonis, *The Emergence of Modern Architecture*.

[7] Johann Jacob Volkmann, *Neueste Reisen durch England*, 1782.

[8] Alexander Pope, *Moral Essays: Epistle to Lord Burlington*, 1731; Lefaivre and Tzonis, *The Emergence of Modern Architecture*, p. 300.

[9] W. D. Robson-Scott, *The Literary Background of the Gothic Revival in Germany*, Oxford, 1965.

[10] Horace Walpole, *The History of the Modern Taste in Gardening*, 1771-1780.

[11] Volkmann, *Neueste Reisen durch England*; John Alexander Kelly, *England and the Englishman in German Literature of the Eighteenth Century*, New York, 1921.

[12] Justus Möser, *Patriotische Phantasien*, 1774-1778, Jerry Z. Muller, *The Mind and the Market: Capitalism in Modern European Thought*, New York, 2002; Jonathan B. *Knudsen, Justus Möser and the German Enlightenment*, Cambridge, 1986.

[13] Lefaivre and Tzonis, *The Emergence of Modern Architecture*.

[14] Robson-Scott, *The Literary Background of the Gothic Revival*, p. 80.

第六章

[1] Johann Gottfried von Herder, *Materials for the Philosophy of the History of Mankind*, 1784; Herder, *Ideen zur Philosophie*, 1784-1791; Herder, *Outlines of a Philosophy of the History of Man*, transl. T. O. Churchill, London, 1800, abridged as *Reflections on the Philosophy of the History of Mankind*, ed. Frank E. Manuel, Chicago, 1968.

[2] Ibid.

[3] Ibid.

[4] Ibid.

[5] Ibid.

[6] Ibid.

[7] Ibid.

[8] Lionel Gossman, *Medievalism and the Ideologies of the Enlightenment: The World and Work of La Curne de Sainte-Palaye*, Baltimore, 1968.

[9] J. Godechot, La Grande Nation 1789–1799: l'expansion de la France dans le monde de 1789 à 1799, Paris, 1981, vol. 1, p. 254.

[10] Alexis de Tocqueville, *L' Ancien Régime et la r é volution*, 1856.

[11] Jacques Godechot, The Counter-revolution: Doctrine and Action 1789–1804, Princeton, NJ, 1981; Florence Gauthier, *La Voie paysanne dans la R é volution française: l' exemple de la Picardie*, Paris, 1977.

[12] Karl Deutsch, *Nationalism and Its Alternatives*, New York, 1969.

[13] *Views of the Lower Rhine, from Brabant, Flanders, Holland, England, and France in April, May and June*, three volumes, 1790.

[14] In the entries 'Baukunst', 1792, and later in 'Kirche', 1796, in Enzyklopädie, 1792–1798; W. D. Robson-Scott, The Literary Background of the Gothic Revival in Germany, Oxford, 1965.

[15] Robson-Scott, *The Literary Background of the Gothic* Revival, p. 245.

[16] Ibid., p. 306.

第七章

[1] Augustus Welby Northmore Pugin, *The True Principles of Pointed or Christian Architecture*, 1814, p. 61.

[2] John Ruskin, 'The Lamp of Memory', in *Seven Lamps of Architecture*, London, 1849.

[3] Nikolaus Pevsner, in the 1969 Walter Neurath Memorial Lecture, 'Ruskin and Viollet-Le-Duc'.

[4] Liane Lefaivre and Alexander Tzonis, *The Emergence of Modern Architecture: A Documentary History, from 1000 to 1800*, London, 2004, pp. 411, 442, 444, 456.

[5] Dora Wiebenson and J. Sisa, *The Architecture of Historic Hungary*, Cambridge, MA, 1998.

[6] Ibid.

[7] François Loyer and Bernard Toulier (eds) *Le Régionalisme: architecture et identit é* , Paris, 2001.

[8] J. Wright, *The Regionalist Movement in France, 1890–1914: Jean Charles-Brun and French Political Thought*, Oxford, 2003.

[9] Frédéric Mistral, *Mes origines: m é moires et r é cits de Frédéric Mistral*, 1915–1925.

[10] Maurice Barrès, *La Terre et les morts: sur quelles réalités fonder la conscience française*, troisième conférence, 1899.

[11] Wright, *The Regionalist Movement in France*.

第八章

[1] Celia Applegate, *A Nation of Provincials: The German Idea of Heimat*, Berkeley, CA, 1990.

[2] *Bund Heimatschutz Zweck im Schutz der deutsche [n] Heimat in ihrer nat ü rlichen und geschichtlich gewordenen Eigenart*, 1904; Christian Otto, 'Modern Environment and Historical Continuity: Heimatschutz Discourse in Germany', *Art Journal*, vol. 43, no. 2, 1983, pp. 148–157; Winfried Nerdinger (ed.) *Architektur, Macht, Erinnerung*., Munich, 2011.

[3] Eric Storm, 'Region-Building in Stone: Nationalism, Regionalism and Architecture in Germany, France and Spain (1900–1920), Working Paper, Leiden, 2007; Eric Storm, 'Regionalism in History, 1890–1945: The Cultural Approach', *European History Quarterly*, vol. 33, no. 2, 2003, pp. 251–265.

[4] Ernst Haeckel, *Generelle Morphologie der Organismen* (General morphology of organisms), 1866; Jost Hermand, 'Rousseau, Goethe, Humboldt', in Joachim Wolschke-Bulman (ed.) *Nature and Ideology: Natural Garden Design in the Twentieth Century*, Washington, DC, 1977; J. Hermand, *Old Dreams of a New Reich: Volkish Utopias and National Socialism*, Bloomingtom, IN, 1992.

[5] P. Vidal de la Blache, *Tableau de la g é ographie de la France*, Paris, 1903; P. Vidal de la Blache, 'Pays de France', *Réforme Sociale*, vol. 48, no. 8, 1904, pp. 333–344; P. Vidal de la Blache, 'Les R é gions françaises', *Revue de Paris*, December 15, 1910; P. Claval, *Introduction à la g é ographie r é gionale*, Paris, 1992; P. Claval, *Histoire de la géographie française de 1870 à nos jours*, Paris, 1998; P. Claval, *La Géographie du XXIe siècle*, Paris, 2003.

[6] Mark Crinson, *Empire Building*, *Orientalism and Victorian Architecture*, London, 1996.

[7] Gwendolyn Wright, *The Politics of Design in French Colonial Urbanism*, Chicago, 1991.

[8] Paul Rabinow, *French Modern: Norms and Forms of the Social Environment,* Chicago, 1989.

[9] Samuel Phillips, *Guide to the Crystal Palace and Park*, 1854: Paul Greenhalgh, *Ephemeral Vistas: The Expositions Universelles, Great Expositions and World' s Fairs, 1851–1939,* Manchester, 1988.

[10] Alfred Normand, *L' Architecture des nations étrangères: étude sur les principales constructions du parc à l' Exposition universelle de Paris,* 1867.

[11] Ibid.

[12] Alberto Villar Movelan, *Arquitectura del regionalismo en Sevilla (1900-1935),* Seville, 2010; M. Trillo de Leyva, *La Exposición Iberoamericana: la transformación urbana de* Sevilla, Seville, 1980.

[13] Philip Whalen, 'Burgundian Regionalism and French Republican Commercial Culture at the 1937 Paris Exposition', *Cultural Analysis*, vol. 6, 2007, pp. 31-62; Shanny L. Peer, *French Uses of Folklore: The Reinvention of Folklore in the 1937 International Exposition,* Bloomington, IN, 1989; Shanny L. Peer, *France on Display: Peasants, Provincials, and Folklore in the 1937 Paris World' s Fair,* Albany, NY, 1998; Peter Feldman, 'Unity in Identity, Disunity in Execution: Expressions of French National Identity at the 1937 Paris World's Fair', *Penn History Review*, vol. 15, no. 1, 2007.

[14] Jean-Paul Vigato, *L' Architecture régionaliste en France, 1890-1950,* Paris, 1994, p. 323.

[15] Margaret Richardson, *Architects of the Arts and Crafts Movement,* London, 1983.

[16] *Fortnightly Review,* March 1903.

[17] Celia Applegate, 'A Europe of Regions: Reflections on the Historiography of Sub-national Places in Modern Times', *American Historical Review,* vol. 104, no. 4, 1999, pp. 1157-1182; Anthony D. Smith, *Nationalism and Modernism: A Critical Survey of Recent Theories of Nations and Nationalism,* London, 1998; Heinz-Gerhard Haupt, Michael G. Muller, and Stuart Woolf (eds) *Regional and National Identities in Europe in the XIXth and XXth Centuries,* Alphen aan den Rijn, the Netherlands, 1998.

第九章

[1] Lewis Mumford, *Sticks and Stones: American Architecture and Civilization,* New York, 1924.

[2] Franz Schulze, *Philip Johnson, Life and Work,* New York, 1994, pp. 102-160. He in turn refers to Michael Sorkin's article "Where Was Philip?', Spy, October 1988, pp. 138-1940, reprinted in his *Exquisite Corpse,* as the original source for this information.

[3] See Elizabeth Mock, *Built in USA,* New York, 1947. This is the source for

the chronology of all the exhiitions mentioned in the next few paragraphs (pp. 124–128).

[4] Liane Lefaivre and Alexander Tzonis, 'Lewis Mumford's Regionalism', *Design Book Review*, vol. 19, Winter 1991, pp. 20–25; Liane Lefaivre and Alexander Tzonis, 'Tropical Lewis Mumford: The First Critical Regionalist Urban Planner', in Doug Kelbaugh and Kit Krankel McCullough (eds) *Writing Urbanism*, London, 2008; Lewis Mumford, 'The Regionalism of Richardson', in *The South in Architecture,* New York, 1941, reproduced in Mumford's *Roots of Contemporary American Architecture,* New York, 1952.

[5] Lewis Mumford, 'Report on Honolulu', in *City Development*, New York, 1945.

[6] Lewis Mumford, *City Development*, 1945, p. 77.

[7] Ibid., p. 95.

[8] Ibid., pp. 89–90.

[9] The first studies of the introduction of regionalism to the Museum of Modern Art are in Liane Lefaivre and Alexander Tzonis, 'The Suppression and Rethinking of Regionalism and Tropicalism after 1945', in Alexander Tzonis, Liane Lefaivre, and Bruno Stagno (eds), *Tropical Architecture: Critical Regionalism in the Age of Globalization,* Chichester, UK, 2001, and in Liane Lefaivre, 'The Post War Suppression of Regionalism', in Liane Lefaivre and Alexander Tzonis, *Critical Regionalism Architecture and Identity in a Globalized World,* Munich, 2003. See also Keith Eggener's subsequent 'John McAndrew, the Museum of Modern Art, and the "Naturalization" of Modern Architecture in America, ca. 1940', in Peter Herrle and Erik Wegerhoff (eds), *Architecture and Identity,* Berlin, 2008.

[10] John McAndrews, *Guide to Modern Architecture: North East States,* New York, 1940.

[11] Elizabeth Mock mentions the street protests in her introduction to *Built in the USA since 1932*. See the next note.

[12] There seems to be some discrepancy here. The MoMA Staff List, under Kassler, Elizabeth Bauer (Elizabeth Bauer Mock) mentions that her tenure was between 1942 and 1946. *Made in USA since 1932,* however, lists her as curator from 1943 on (see p. 128).

[13] Catherine Bauer mentions that Elizabeth Mock is her sister in 'Bauer Speaks Her Mind', *Forum,* March 1946, p. 116.

[14] In *The South in Architecture,* New York, 1941.

[15] All the data concerning the exhibitions mentioned in the previous section are in *Built in USA since 1932,* edited by Elizabeth Mock, foreword by Philip L. Goodwin, New York, 1945, pp. 124–126.

[16] Elizabeth Mock, *Built in USA since 1932,* New York, 1945. Translated into German as *In USA Erbaut 1932–44,* Wiesbaden, 1948.

[17] See MoMA archive, Box 34 (1).

[18] Concerning purely technical matters, more specifically, Mock chided Johnson and Hitchcock for not following a European model such as Richard Neutra's example *in Wie baut America* (How America Builds) of 1927, which had lauded the development of light steel and wood construction in the United States, and she praised Buckminster Fuller's Dymaxion house for its light construction.

[19] Philip Goodwin, *Brazil Builds,* New York, 1943.

[20] Bernard Rudofsky, *Architecture without Architects,* New York, 1964.

[21] The first treatment of this subject is Zilah Quezado Deckker, *Brazil Built: The Architecture of the Modern Movement in Brazil,* London, 2001. Quezado, however, sees the exhibition as a continuation of the exhibition policies of Johnson and Hitchcock.

[22] About the Good Neighbor policy, see Thomas Skidmore, *Politics in Brazil, 1930–1964,* Oxford, 2007 (first published 1967), pp. 44–46.

[23] The quotes are from Goodwin, *Brazil Builds,* p. 98.

[24] Jerzy Soltan, 'A Letter to Eduard F. Sekler: Reminiscences of Post-war Modernism at CIAM and the GSD', in Alexander von Hoffman (ed.), *Form, Modernism and History: Essays in Honor of Eduard Sekler,* Cambridge, MA, 1996. On p. 95, Soltan writes: 'Corbu himself being not available ... guess who was at the top of the list? It was Brazilian architect Oscar Niemeyer. Again an unattainable aim! O. Niemeyer, considered a "registered" member of the Brazilian communist party, was off limits, not politically correct for the U.S., particularly in the fifities!'. The second on the list was Ernesto Rogers, who was 'not available'.

[25] According to the architectural historian Franz Schulze, 'Whether she liked it or not, Mock was about to be gentled into the departmental shade. Philip recalled a luncheon he had had with her and Barr at which, by his own admission, he so pointedly ignored her that she was almost reduced to tears. She evidently never had a chance.' *In his Philip Johnson, Life and Work,* New York, 1994, p. 34.

[26] Lewis Mumford, 'Sky Line', *New Yorker,* October 1947. We first mentioned this article in relation to critical regionalism in Alexander Tzonis and Liane Lefaivre, 'Die Frage des Regionalismus', in M. Andritsky, L. Burckhardt, and O. Hoffman (eds), *Für eine andere Architektur,* vol. 1, Frankfurt, 1981.

[27] Lewis Mumford, *New Yorker,* October 11, 1947.

[28] Paul Schultze-Naumburg *Uhu*, no.7 (April 1926), pp. 30-40.

[29] All quotations from pp. 12-18.

[30] See Edgar Kaufmann Jr, 'What Is Happening to Modern Architecture?', *Arts and Architecture,* vol. 66, no. 9, September 1949, pp. 26-29.

[31] Quoted in Stanford Anderson, 'The "New Empiricism-Bay Region Axis" : Kay Fisker and Postwar Debates on Functionalism, Regionalism, and Monumentality', *Journal of Architectural Education,* vol. 50, no. 3, 1997, pp. 197-207 at p. 204.

[32] Sigfried Giedion, 'A Decade of New Architecture', in *A Decade of New Architecture,* 1951, pp. 1-3.

[33] pp. 16-17.

[34] p. 17.

[35] pp. 13-14.

[36] p. 13.

[37] In particular, the article of 1938 in which Mumford criticized monumentality.

[38] See George Dudley, *A Workshop for Peace: Designing the United Nations Headquarters,* Cambridge, MA, 1994.

[39] Henry-Russell Hitchcock, 'The International Style, Twenty Years Later', *Architectural Record,* August 1951, pp. 89-97.

[40] p. 92.

[41] *Built in the U.S.A: Post-war Architecture,* edited by Henry-Russell Hitchcock and Arthur Drexler, New York, 1952, p. 8.

[42] p. 9.

[43] Mumford, *Sticks and Stones.* In criticizing the 1893 World's Columbian Exposition in Chicago, he accused it of projecting an 'imperial façade' which was the 'very cloak and costume' of 'an imperialist approach to the environment' (p. 29).

[44] Frances Stonor Saunders, *The Cultural Cold War: The CIA and the World of Arts and Letters,* London, 1999; New York, 2000, p. 258.

[45] About this concept, see Peter van Ham, 'The Rise of the Brand State: The

Postmodern Politics of Image and Reputation', *Foreign Affairs,* vol. 80, no. 5, 2001, pp. 2–6.

[46] For more details on the role of MoMA in American expansionist projects during the 1950s, see Saunders, *The Cultural Cold War*.

[47] See *Guide to the Records of the Department of Circulating Exhibitions,* Museum of Modern Art Archives, Box 34.

[48] An interesting, although isolated, documented case of the impact of this program in India is reported to me by Rahul Merohtra, who, growing up in Bombay in the 1950s, recalls himself, as well as his immediate family entourage, made up of architects, being positively impressed by the catalogue.

[49] Anonymous, 'Architecture for the State Department', *Arts and Architecture,* vol. 70, pp. 16–18, 1953. Quoted in Jane Loeffler, *The Architecture of Diplomacy: Building America's Embassies,* New York, 1998, pp. 7 and 206.

[50] p. 11.

[51] Steffen de Rudder, 'Modernistic US Consulates in Germany: Instruments of Self-Expression', in R. Quek and D. Deane (eds) Architecture, *Design and Nation,* Proceedings of the First Theoretical Currents Conference, Nottingham Trent University, September 14–15, 2010, Nottingham.

[52] Jane Loeffler, *The Architecture of Diplomacy,* Princeton, NJ, 1998, p. 88.

[53] See René Spitz, *HFG Ulm: The View behind the Foreground. The Political History of the Ulm School of Design 1953–1968,* Stuttgart, 2002.

[54] Henry-Russell Hitchcock, *Latin American Architecture since 1945,* New York, 1955. See John Loomis, *Revolution of Forms: Cuba's Forgotten Art Schools,* New York, 1999, pp. 9–10, for a similar view of Hitchcock's book.

[55] Hitchcock, *Latin American Architecture, pp*. 13 and 9.

[56] Ibid., p. 111.

[57] Ibid., p. 61.

[58] Ibid., p. 61.

[59] Philip Johnson, *Mies van der Rohe*, New York, 1953.

第十章

[1] Lewis Mumford, 'Sky Line', *New Yorker,* September 22, 1951; Lewis Mumford, 'The UN Assembly: How Do Architects Like It?', *Architectural Forum,* vol. 97, December 1952, pp. 114–115.

[2] Jane Loeffler, *The Architecture of Diplomacy: Building America's Embassies,* New York, 1998, p. 108.

[3] Paul Rudolph, 'UN General Assembly', *Architectural Forum,* vol. 97, October 1952, pp. 144–145.

[4] See Nicolas Quintana, quoted in 'IX Annual Conference of the Cuban Cultural Center of New York', in *Miamiartzine.com,* May 22, 2010 by Irne Sperber.

[5] Roberto Segre, 'La Habana di Sert: CIAM, Ron y Cha Cha Cha', unpublished typescript quoted in Josep Rovira, *Josep Lluís Sert,* London, p. 186.

[6] See Styliane Philippou, 'Vanity Modern in Pre-revolutionary Havana: Cuban Nation and Architecture Imagined in the USA', in R. Quek and D. Deane (eds), *Architecture, Design and the Nation,* Proceedings of the First Theoretical Currents Conference, Nottingham Trent University, September 14–15, 2010, Nottingham. See also J. L. Scarpacci, R. Segre, and M. Coyula, *Havana: Two Faces of the Antillean Metropolis,* Chapel Hill, NC, 1997.

[7] Quoted in Rovira, *Josep Lluís Sert,* p. 182.

[8] Meredith Clausen, *The Pan Am Building,* Cambridge, MA, 1996.

[9] Susan L. Klaus, *Modern Arcadia: Frederick Law Olmsted Jr. and the Plan for Forest Hills,* Boston, 2004.

[10] Donald Miller, *Lewis Mumford: A Life,* New York, 1989, p. 345.

[11] Ludwig Hilberseimer, *The New Regional Pattern: Industries and Gardens, Workshops and Farms,* Chicago, 1949.

[12] Roger Clark, *School of Design: The Kamphoefer Years 1948–1973,* Raleigh, NC, 2007.

[13] See Miller, *Lewis Mumford,* p. 444.

[14] See Norma Evenson, *Chandigarh,* Berkeley, CA, 1966.

[15] Roger Clark, *School of Design.*

[16] Ibid.

[17] Ibid.

[18] Mary Mix went on to write a classic regionalist typology of American domestic architecture, introduced by James Marston Fitch at Columbia, called *The American House,* New York, 1980.

[19] Mary Mix, *Americanische Architektur seit 1947,* St. Gallen, Switzerland, 1951, cited in Frank Hartmuth, 'The Late Victory of Neues Bauen: German Architecture after World War II', *Rassegna,* vol. 15, no. 54/2, June 1993, pp. 58–67. In relation to Raymond's building in Pondicheri, see Pankaj vir

Gupta, Christine Mueller, and Cyrus Samii, *Golconde: The Introduction of Modernism in India,* Laurel, MD, 2010.

[20] For a full overview of Rudolph's regionalist practice at this time, see Christopher Domin and Joseph King, *Paul Rudolph: The Florida Houses, Princeton,* NJ, 2002.

[21] Rudolph, quoted in Domin and King, p. 140. The article appeared in *Architecture d'Aujourd'hui,* March 1949.

[22] See 'Rudolph and the Roof: How to Make a Revolution on a Small Budget', *House and Home,* June 1953, pp. 140–141, and Guy Rothenstein, 'Sprayed on Vinyl Plastic Sheeting', *Progressive Architecture,* July 1953, pp. 98–99. See also Christopher Domin and Joseph King, *Paul Rudolph: The Florida Houses,* New York, 2002.

[23] Paul Rudolph, *Perspecta* 4, Yale University, 1957.

[24] Paul Rudolph, 'Focus on Regionalism at the Gulf States Conference', *Architectural Record,* vol. 114, no. 5, 1953. Quoted in Domin and King, *Paul Rudolph.*

[25] Harwell Hamilton Harris, 'Regionalism and Nationalism', *Student Publication of the School of Design as North Carolina State College,* vol. 14, no. 5, 1964–1965, p. 27. Quoted in Domin and King, *Paul Rudolph,* p. 139.

[26] Lucy Lippard, *The Lure of the Local: Senses of Place in a Multicultural Society,* New York, 1997.

[27] Gilles A. Tiberghien, *Land Art,* New York, 1995.

[28] J. B. Jackson (writing under the pseudonym H. G. West), *Landscape,* vol. 1, 1951, pp. 29–30. The authorship is confirmed in Helen Lefkowitz Horowitz, 'J. B. Jackson and the Discovery of the American Landscape', in Helen Lefkowitz Horowitz, *Landscape in Sight: Looking at America,* New Haven, CT, 1997.

[29] Peter van Ham, 'The Rise of the Brand State: The Postmodern Politics of Image and Reputation', *Foreign Affairs,* vol. 80, no. 5, 2001, pp. 2–6.

[30] Sigfried Giedion, 'The New Regional Approach', *Architectural Record,* January 1954, reprinted in his *Architecture, You and Me,* Cambridge, MA, 1958.

[31] Ibid.

[32] Henrique Mindlin, *Modern Architecture in Brazil,* New York, 1956. Here Giedion writes an introduction that praises Brazilian architecture for its ability to deal with regionalist matters, such as the tropical climate and the

interracial issues (pp. 17–18).

[33] Pietro Belluschi, 'The Meaning of Regionalism in Architecture', *Architectural Record,* December 1955, p. 132.

[34] Ibid.

[35] Jane Loeffler, T*he Architecture of Diplomacy,* Princeton, NJ, 1998, p. 9.

[36] Sert Archive. Quoted in Rovina, *Josep Lluís Sert,* p. 325.

[37] Loeffler, *The Architecture of Diplomacy,* p. 152.

[38] 'US Architecture Abroad', *Architectural Forum,* vol. 3, 1953, pp. 101–115.

[39] Loeffler, *The Architecture of Diplomacy,* p. 179.

[40] Ron Robin, *Enclaves of America: The Rhetoric of American Political Architecture Abroad, 1900–1965,* Princeton, NJ, 1992.

[41] Samuel Isenstadt, 'Faith in a Better Future: Jose Llu í s Sert's Baghdad Embassy', *Journal of Architectural Education,* vol. 50, February 1997, pp. 172–178.

[42] Belluschi, 'The Meaning of Regionalism in Architecture', pp. 132–139.

[43] Jane Loeffler, *Designing Diplomacy,* Princeton, NJ, 1998, p. 81.

[44] *The Mies van der Rohe Archive,* vol. 17, general editor Alexander Tzonis, consulting editor Franz Schultz, New York, 1992.

[45] For a description of the incident, see Thomas Hines, *Richard Neutra and the Search for Modern Architecture,* Oxford, 1982, p. 244.

[46] See Martin Schwartz, *Architectureandthelight ofday.Blogspot.com.*

[47] Alessandra Latour (ed.) *Louis I. Kahn: Writings, Lectures, Interviews,* New York, 1991, pp. 122–123.

[48] Ibid.

[49] Ibid.

[50] Ibid., p. 125.

[51] Annabel Jane Wharton, *Building the Cold War: Hilton International Hotels and Modern Architecture,* Chicago, 2001, p. 37.

[52] Conrad Hilton, *Be My Guest,* Englewood Cliffs, NJ, 1957. Quoted in Wharton, *Building the Cold War,* p. 8.

[53] Hilton, *Be My Guest,* quoted in Wharton, *Building the Cold War,* p. 9.

[54] Zeynep Çlik, *Displaying the Orient: Architecture of Islam at Nineteenth-Century World' s Fairs,* Berkeley, California, 1992.

[55] See Nathaniel Owings, *The Spaces in Between: An Architect's Journey,* Boston, 1973, p. 104. Quoted in Wharton, Building the Cold War, p. 21.

[56] Wharton, *Building the Cold War,* p. 26.

[57] Quoted in Vincent Scully, 'The Athens Hilton: A Study in Vandalism', *Architectural Forum,* vol. 119, 1963, pp. 101–102.

[58] Scully, 'The Athens Hilton'.

[59] Lefteris Theodosis, ' "Containing" Baghdad: Constantinos Doxiadis's Program for a Developing Nation', in Pedro Azara (ed.) *Ciudad del Espejismo: Bagdad, de Wright a Venturi,* Barcelona, 2008, pp. 167–172.

[60] Constantinos Doxiadis, 'The Rising Tide and the Planner', *Ekistics,* vol. 7, no. 39, January 1959, pp. 4–10 at p. 6. Quoted in Panayiota I. Pyla, 'Baghdad's Urban Restructuring, 1958', in Sandy Isenstadt and Kishwar Rizvi, *Modernism and the Middle East: Architecture and Politics in the Twentieth Century,* Seattle, 2008, pp. 97–115 at p. 99.

[61] Panayota I. Pyla, 'Baghdad's Urban Restructuring, 1958: Aesthetics and Politics of Nation Building', in Isenstadt and Rzvi, *Modernism and the Middle East,* p. 107.

[62] Doxiadis, 'The Rising Tide and the Planner', p. 6. Quoted in Pyla, 'Baghdad's Urban Restructuring, 1958', p. 99.

[63] See John C. Harkness, *The Walter Gropius Archive,* vol 4, general editor Alexander Tzonis, New York, 1991, pp. 189–192; see also Mira Marefat, 'The Unversal University: How Bauhaus Came to Baghdad', in Azara (ed.) *Ciudad del Espejismo,* pp. 157–166. See also Gwendolyn Wright, 'Global Ambition and Local Knowledge', in Isenstadt and Rizi, *Modernism and the Middle East,* pp. 221–254, and especially Magus T. Bernhardsson, 'Visions of Iraq: Modernizing the Past in 1950s Baghdad', in Isenstadt and Rizvi, *Modernism and the Middle East,* pp. 82–96.

[64] Ernesto Rogers, 'Architecture of the Middle East', *Casabella,* vol. 242, August 1960, p. vii. Quoted in Marefat, 'The Universal University'. Marefat argues that Gropius was applying 'Bauhaus principles' and no regionalism in his design, although all the evidence is to the contrary, in particular this statement by Rogers which she quotes.

[65] Walter Gropius, 'Planning a University', *Christian Science Monitor,* April 2, 1958, p. 9. Quoted in Marefat, 'The Universal University', p. 164.

[66] The Frank Lloyd Wright quotation is in Bernhardsson, 'Visions of Iraq', p. 88. The episode as it is presented here is borrowed from Bernhardsson's account. See also Mina Marefat, 'Wright's Baghdad', in Anthony Alofsin (ed.) *Frank Lloyd Wright: Europe and Beyond,* Berkeley, CA, 1999.

第十一章

[1] Immanuel Kant, Critique of Pure Reason, trans. N. Kemp Smith, New York, 1965; *Critique of Practical Reason,* trans. L. White Beck, Indianapolis and New York, 1956; *Critique of Judgement,* trans. J. H. Bernard, New York, 1974. 'Defamiliarization' was a term introduced by Victor Shklovsky, member of the Russian Formalist group in Russia and influential in the emergence of avant-garde literary experiments in the 1910s and 1920s. See his 'Art as Technique' (1917) in L. T. Lemon and M. Reis (trans.) *Russian Formalist Criticism: Four Essays,* Lincoln, NE, 1965. For the definition of the concepts 'critical' and 'defamiliarization', see also Alexander Tzonis and Liane Lefaivre, *Classical Architecture,* Cambridge, 1986; Alexander Tzonis and Liane Lefaivre, 'Critical Regionalism', in S. Amourgis (ed.) *Critical Regionalism,* Pomona, CA.

[2] See also Theodor Adorno, *Kant's Critique of Pure Reason,* ed. R. Tiedermann, transl. R. Livingstone, Stanford, CA, 2000.

[3] The best history of the movement is the exhibition catalogue *Brasil 1920-1950: De la antropofagia,* Instituto Valenciano de Arte Moderno, Centro Julio González, 26 October 2000-14 January 2001. For the connection between Niemeyer and the Anthropofagist movement, see Styliane Philippou, *Oscar Niemeyer: Curves of Irreverence,* London, 2008.

[4] David Underwood, *Oscar Niemeyer and Free-Form Modernism,* New York, Braziller, 1994, p. 48.

[5] Lina Bo Bardi, Lina Bo Bardi, Milan, 1994.

[6] James Stirling, 'Regionalism and Modern Architecture', *Architect's Yearbook,* 1950.

[7] Ibid., p. 27.

[8] Jerzy Soltan in conversation with Alexander Tzonis over the course of many years.

[9] Minnette de *Silva, Minnette de Silva: The Life and Work of an Asian Woman Architect,* vol. 1, Kandy, 1998. All quotations and illustrations here are taken from that book. See also Bo Bardi, *Lina Bo Bardi.*

[10] See Ijlal Muzaffar, 'The Periphery Within: Modern Architecture and the Making of the Third World', PhD dissertation, MIT, 2008.

[11] See Pankaj vir Gupta, Christine Mueller and Cyrus Samii, *Golconde: The Introduction of Modernism in India,* Laurel, MD, 2010.

[12] Jane Drew and Maxwell Fry, *Tropical Architecture in the Humid Zone,*

London, 1956.

[13] This is confirmed by one of the former owners of one of the original houses. See Manthia Diawara, *Maison Tropicale* (a film), Maumaus, Lisbon, 2009.

[14] De Silva, *Minnette de Silva,* p. 126.

[15] Ibid., p. 94.

[16] Ibid., p. 190.

[17] Gautam Bhatia, *Laurie Baker: Life, Work, Writings,* Harmonsdworth, UK, 1991. See also Laurie Baker's homepage.

[18] Hassan-Udin Kahn, *Charles Correa*, London, 1987.

[19] John Loomis, *Revolution of Forms: Cuba's Forgotten Art Schools,* Princeton, NJ, 1999.

[20] Alexander Tzonis, Liane Lefaivre and Bruno Stagno (eds), *Tropical Architecture: Critical Regionalism in an Age of Globalization,* Chichester, UK, 2001.

[21] See Chapter 9 for more on Lyautey and Prost.

[22] Noriaki Kurokawa, 'Architecture of the Road', *Kenshiku Bunka,* January 1963.

[23] See Udo Kultermann, *New Directions in African Architecture,* London, 1969, and Nnamdi Elleh, 'Architecture and Nationalism in Africa, 1945-1994', in Okwui Enwezor (ed.) *The Short Century: Independence and Liberation Movements in Africa, 1945-1994,* Munich, 2001.

[24] See Philip Bay, 'Three Tropical Design Paradigms', in Tzonis et al. (eds), *Tropical Architecture.* The article quotes Lee Kuan Yu on p. 231.

[25] Lewis Mumford, *The Brown Decades: A Study of the Arts of America, 1865-1895,* New York, 1931.

[26] See Rem Koolhaas's 'Singapore Songlines' in Rem Koolhaas and Bruce Mau, *S,M,L,XL,* New York, 1995, pp. 1011-1087. He does not deal with them as tropicalist buildings, however.

[27] See our 'Beyond Monuments, beyond Zip-a- tone, into Space/Time: Contextualizing Shadrach Woods's Berlin Free University, a Humanist Architecture', *in Free University, Berlin: Candilis, Josic, Woods, Schiedhelm,* London, 1999.

[28] Tay Kheng Soon, 'Environment and Nation Building', in *65-67 SPUR,* Singapore, 1967, pp. 43-48 at p. 46.

[29] Ibid., p. 44.

[30] Ibid., p. 43.

[31] Kisho Kurakawa, *Kenchiku Bunka,* January 1963, pp. 37–42 at p. 37.

[32] Jean-Jacques Rousseau, *Les Rêveries du promeneur solitaire,* Geneva, 1782.

[33] Alexander Tzonis and Liane Lefaivre, 'Dimitris Pikionis. Régionaliste des années 50', *Le Moniteur Architecture AMC,* no. 99, June-July 1999, pp. 60–69; Alexander Tzonis and Liane Lefaivre, 'Pikionis and Transvisibility', *Thresholds,* vol. 19, 1999, pp. 15–21.

[34] Artur Glikson, unpublished letter to Lewis Mumford, February 19, 1952. With the permission of Sophia Mumford and Andrew Glikson.

[35] Andrew Glikson, unpublished tribute to his father, Artur Glikson, in *'Dialogues' : A Photographic Album Presented as a Gift to Lewis Mumford (1895–1990) by Artur Glikson (1911–1966).* With the permission of Andrew Glikson, 1990.

[36] Lewis Mumford, *The City in History,* Harmondsworth, UK, 1961. Graphic section 1, plates 10–12.

[37] Izumi Kuroishi, 'Kon Wajiro: A Quest for the Architecture as a Container of Everyday Life', dissertation, January 1, 1998.

[38] Arata Isozaki, *Japan-ness in Architecture, Cambridge,* MA, 2006, p. 11.

[39] David B. Stewart, *The Making of a Modern Japanese Architecture,* Tokyo, 1987, pp. 1–129.

[40] Isozaki, *Japan-ness in Architecture.*

[41] Ibid., p. 17.

第十二章

[1] Alexander Tzonis, Liane Lefaivre and Richard Diamond, *Architecture in North America since 1960,* London, 1995.

[2] '1975-1981: Years of Conflict', in Luis Fernández Galiano (ed.), *Spain Builds: Arquitectura en España 1975–2005,* Madrid, pp. 52–63.

[3] Alexander Tzonis and Liane Lefaivre, 'El regionalismo crítico y la arquitectura española actual', *Arquitectura y Vivienda,* vol. 3, 1985, pp. 4–19.

[4] Liane Lefaivre and Alexander Tzonis, 'Mick Pearce: Redefining Tropicalism as an Architecture of Diversity', *Prince Claus Fund Journal,* December 2003.

[5] Ken Yeang, *The Green Skyscraper: The Basis for Designing Ecological Sustainable Buildings,* l999.

[6] Philip Bay, *Towards a More Robust and Holistic Precedent Knowledge for*

Tropical Design: Semi-open Spaces in High-Rise Residential Development, Singapore, National University of Singapore, 2004.

[7] *Le Carré Bleu,* no. 3/4, 1999, *Architecture in Israel 1948-1998,* ed. Anna Orgel and Alexander Tzonis, pp. 5-9.

[8] Alexander Tzonis, Introduction to Gary Chang, *My 32m² Apartment: A 30-Year Transformation,* Hong Kong, 2008.

[9] Alexander Tzonis, 'An Architecture of Realism', *UIA Beijing Charter, The Future of Architecture,* July 2002, pp. 11-14.

[10] Eduard Koegler, 'Using the Past to Serve the Future', in Peter Herrle and Erik Wegerhoff, *Architecture and Identity,* Berlin, 2008.

[11] Jeffrey W. Cody, *Building in China: Henry K. Murphy's Adaptive Architecture, 1914-1935,* Hong Kong, 2001.

[12] 'Chinese Homes Proposed for Coral Gables', *Miami Daily News and Metropolis,* 5, January 1926, p. 28.

[13] Eduard Koegler, 'Using the Past to Serve the Future: The Quest for an Architectural Chinese Renaissance Style Representing Republican China in the 1920s-1930s', in Herrle and Wegerhoff (eds), *Architecture and Identity.* See also Tan Zhengzhe, 'Liang Sicheng and Tong Jun', thesis, National University of Singapore, 2005.

[14] Cody, *Building in China,* p. 44.

[15] An impressive number of Shanghai magazines of architecture debated the question of Chinese identity in buildings among them, *The China Architects and Builders Compendium* (1924-1935), *The China Builder* (1930-1931), *The Chinese Architect* (1932-1937) and *The Builder* (1932-1937). Zhao Ling, personal communication.

[16] Tong Chuin (Jr), 'Architecture Chronicle', *T'ien Hsia Monthly,* vol. 5, no. 3, October 1937, pp. 308-312.

[17] Liang Sicheng, *A Pictorial History of Chinese Architecture: A Study of the Development of Its Structural System and the Evolution of Its Types,* ed. Wilma Fairbanks, Cambridge, MA, 1984.

[18] Interview with Wangshu, *Frame* 19, Nils Groot, April 2009, pp. 54-63.

[19] The offices of four principals, Zhang Ke, Zhang Hong, Hou Zhenghua, and Claudia Taborda.

[20] Kongjian Yu and Mary Padua, *The Art of Survival: Recovering Landscape Architecture*, Beijing, 2006.

第十三章

[1] 'Chinese Homes Proposed for Coral Gables' Miami Daily News and Metropolis, 5th-1-1926: 28.

[2] 爱德华·科勒.借鉴过去服务未来——1920-1930年间中华民国对于中国建筑风格复兴的探索，pp.455-468；皮特·海默尔，艾瑞克·温格霍夫.建筑与特征，柏林：柏林工业大学，2008；谭正哲.梁思成与童寯，论文，新加坡国立大学，2005.

[3] 在大量的上海地区建筑杂志中，都有对建筑的中国特征这一议题进行的讨论，包括《中国建筑师与建造商概要》(1924-1935)、《中国建造商》(1931-1935)、《中国建筑师》(1932-1937)和《建造商》(1932-1937)。赵玲，私人交流提供。

[4] 王军.城记.2011: 182.

[5] 王军.城记.2011.

[6] 童寯.建筑编年史，天下月刊5，第三辑(1937.10): 308-312

[7] 梁思成.图像中国建筑史：关于中国建筑结构体系的发展及其形制演变的研究.费慰梅编辑.Cambridge, MA, MIT Press, 1984.

[8] 王哲峰.环球时报，2013-11-20

[9] Alexander Tzonis. 'An Architecture of Realism' UIA Beijing Charter. The Future of Architecture. July, 2002

[10] A Pioneering City of Modern China. 2006

[11] Xiao Xiangyi. 'Crowning glory'. China Daily. 14-10-2011.

[12] Beijing's tallest skyscraper to be built. China Daily. 2011-09-19.

[13] Zheng Jinran, 'Firm to get skyscraper project off the ground'. 06-09-2011.

[14] 赵徐.生活圈.中国日报，2009-03-04.

[15] Interview with Wangshu, Frame 19, Nils Groot, April 2009: 54-63.

结语

[1] Jürgen Osterhammel and Niels P. Petersson, *Globalization: A Short History,* Princeton, NJ, 2005. Eruptions such as Masahiko Fujivara's *The Dignity of a Nation,* reviewed by David Pilling in the *Financial Times* of April 14, 2010, suggest that nationalism is not likely to vanish very soon, but as an architectural issue it appears to be taking a secondary place.

中英文对照翻译

第一章

regional architecture	地域建筑
classical imperial	皇家古典
Greco-Roman architecture	希腊罗马式建筑
‘kinds’、‘kind’	类型
ethnic identity	民族认同感
globalization	全球化
de-globalization	去全球化
polis	城邦
city-state	城市国家
classical architecture	古典建筑

第二章

imperial administration	帝国政权
ruling races	统治阶级
Leonine Hexameters	利欧六步格诗
renovatio	复兴（计划）
Roman Empire	罗马帝国
post-Roman Empire	后罗马帝国
Holy Roman Empire	神圣罗马帝国
centralization	集中化
republicanism	共和制
regionalist	地域主义者
commune	罗马公社
roman republic	罗马共和国

第三章

international	国际化
iternal	本土化
West-East global axis	东－西全球轴心国关系
Free Imperial Cities	自由帝国城市

territorial towns	防御性市镇
Post-Westphalian	后威斯特伐利亚
sovereign states	主权国家
Fronde	投石党
parlement	最高法院（法国大革命前）
diggers	掘地派
levellers	平等派
mercantilism	重商主义

第四章

ferme ornée	观赏性农场
picturesque	如画
the genius of the place	睿智的土地
Improvements	土地“改良运动”
Reign of Terror	恐怖统治

第五章

genre pittoresque	“如画”流派
ferme ornée	装饰的农场
Philosophes	启蒙运动者
environmentalist-regionalist	环境地域主义
Physiocrats	重农学派
sterile classes	贫瘠阶级
Enchanted Islands	魔幻岛
heimat	故乡情结
universalist	普遍主义
rationalist	理性主义
paternalist	家长主义

第六章

Sturm und Drang	狂飙突进运动
collective spirit（Voldsgeist）	集体精神
Revolution	法国大革命
royal despotism	君主专制
1799 coup de tat	雾月政变
Mainz Republic	美因茨共和国

第七章

Moral Regionalism	道德地域主义
Environmental Regionalism	环境地域主义
July Revolution	七月革命
Spring of Nations movement	民族之春运动

第八章

orientalist	东方主义
nationalist	民族主义
heimat	家园
German-speaking world	德语世界
vernacular	民俗文化
cottages	村舍
Progressive Architecture	建筑进展
International Office of Foreign Affairs	国际外交事务办公室

第九章

picturesque	如画运动

第十章

RPAA	美国区域规划协会
CIAM	国际建筑师协会

第十一章

neoconservative	新保守主义
neo-Palladianism	新帕拉迪奥
neo-historicism	新历史主义
Architectural Association	建筑联盟学院
Vernacular	民俗文化
Vernacular building	民居建筑
emotionalism	唯情主义
American Economic Cooperation Administration (ECA)	美国经济合作署
neo-Arcadian populism	新田园民粹主义
Cubanidad	巴西精神
environmental determinism	环境决定论
Rush City Reformed	急速城市

结语

regionalist/regionalism	地域主义
region	地区 / 地域
flat	扁平
Globalist	全球主义
global	全球
community	社区
Ghost Community	虚拟社区